普通高等教育"十四五"系列教材

地质工程概论

主 编 张 勤 张 俊

中国水利水电出版社
www.waterpub.com.cn
·北京·

内 容 提 要

　　本教材紧紧围绕地质工程学科的基本概念、基本理论及从事研究的基本方法进行编写。内容主要包括地质工程概念、地质学基础、工程地质、水文地质及常见地质工程问题及研究，编写过程中紧密结合工程实际案例，参照相关的规范规程，较全面地反映了近年来我国地质工程领域所取得的科研成果和生产实践经验。

　　本教材主要供本科地质工程专业大一学生学习使用，亦可作为地质学、资源勘查工程、勘查技术与工程等专业，以及土木、水利等专业教学和参考用书，也可供相关专业的工程技术人员和研究人员使用。

图书在版编目（ＣＩＰ）数据

地质工程概论 / 张勤，张俊主编. -- 北京 : 中国
水利水电出版社，2021.2
普通高等教育"十四五"系列教材
ISBN 978-7-5170-9449-4

Ⅰ．①地… Ⅱ．①张… ②张… Ⅲ．①工程地质－高
等教育－教材 Ⅳ．①P642

中国版本图书馆CIP数据核字（2021）第039012号

书　　　名	普通高等教育"十四五"系列教材 **地质工程概论** DIZHI GONGCHENG GAILUN
作　　　者	主编　张勤　张俊
出 版 发 行	中国水利水电出版社 （北京市海淀区玉渊潭南路 1 号 D 座　100038） 网址：www. waterpub. com. cn E - mail：sales@waterpub. com. cn 电话：（010）68367658（营销中心）
经　　　售	北京科水图书销售中心（零售） 电话：（010）88383994、63202643、68545874 全国各地新华书店和相关出版物销售网点
排　　　版	中国水利水电出版社微机排版中心
印　　　刷	北京瑞斯通印务发展有限公司
规　　　格	184mm×260mm　16 开本　12.75 印张　310 千字
版　　　次	2021 年 2 月第 1 版　2021 年 2 月第 1 次印刷
印　　　数	0001—2000 册
定　　　价	**39.00 元**

前　言

　　地质工程专业的名称最早出现于 1998 年教育部颁布的《普通高等学校本科专业目录》，作为专业名称虽然仅有 20 余年的时间，但其所研究的内容和相关的人才培养却有着长期的历史。

　　中华人民共和国成立之初，国家出于对各类专门人才的需求进行了院校调整，1952 年成立了北京地质学院（现中国地质大学）、长春地质学院（现并入吉林大学），20 世纪 50 年代又相继成立了成都地质学院（现成都理工大学）、河北地质学院（现河北地质大学）、西安地质学院（现并入长安大学）等，陆续开办了水文地质与工程地质专业和探矿工程（技术）专业（1992 年改为勘察工程专业）。同时，各行业如水利、水电、煤炭、冶金、铁道、交通等部门所属院校以及部分综合性大学也根据各自实际情况设立了水文地质与工程地质专业以及钻凿技术专业或开设了与之相关的部分专业课程，为国家培养了一大批高素质的专业技术人才，在固体矿产勘查与开发、地下水及地热资源开发与利用、石油天然气勘探与开发、建筑基础工程、市政建设、道路桥梁建设、国防、建材、水利、水电等诸多领域建立了不可磨灭的功勋，为国民经济发展做出巨大贡献，形成了相对稳定的专业——水文地质与工程地质专业以及钻探（勘察工程）专业。

　　1998 年教育部对本科专业目录进行了大幅度调整，将水文地质与工程地质（部分）（080103）、勘察工程（080108）、应用地球化学（部分）（080104）和应用地球物理（080105）4 个专业合并成立勘查技术与工程（080104）专业；同时设立了涵盖勘查技术与工程与资源勘查工程［由地质矿产勘查（080101）、石油与天然气地质勘查（080102）和应用地球化学（部分）（080104）3 个专业合并而成］两个专业的引导性专业——地质工程（080106Y）。当时的地质工程由近 10 个传统专业合并而成，涉及面很广，因侧重点不一而导致各校所开办的地质工程专业内涵差异较大。

　　2012 年教育部颁布的《普通高等学校本科专业目录（2012 年）》，在地质类设置了 3 个基本专业——地质工程（081401）、勘查技术与工程（081402）

及资源勘查工程（081403）。2020 年 2 月，教育部在普通高等学校本科专业目录（2012 年）基础上，增补了近年来批准增设的目录外新专业，形成了最新的普通高等学校本科专业目录（2020 年版）。其中，在地质类增补了地下水科学与工程（081404T）和旅游地学与规划工程（081405T）两个特设专业。至此，地质工程专业主要包括传统的工程地质与岩土钻掘（探矿工程），不再涵盖其他工科地质类专业（尤其是属于勘查技术与工程、资源勘查工程的内容）。原来采用地质工程专业招生的一些高校正逐步将其中属于勘查技术与工程、资源勘查工程的部分调整出来成立新的相应专业；而起初将工程地质、勘查工程归置为勘查技术与工程专业的高校，又将这两部分从勘查技术与工程专业中分离出来设置地质工程专业。

地质工程专业是地质类专业之一。地质类专业是研究矿产资源开发、工程建设、灾害防治与环境保护等领域地质问题的工科类专业，主要依托地质资源与地质工程一级学科，与社会和经济可持续发展密切相关，在国家社会经济发展中具有核心战略地位和举足轻重的作用。地质工程专业主要侧重于研究与地质体相关的工程勘查、设计、监测、施工的理论、方法和技术，是地质学科与工程学科交叉的学科，包括工程地质与岩土钻掘两个主要方向。

地质工程学科是属于地球科学的一门应用型学科，它是在传统的水文地质学、工程地质学的基础上发展起来的，其发展与当代科学以及人类的各项工程活动密切相关。据调研，国内多所高校开设地质工程概论、入学教育与专业导论等课程作为地质工程专业的入门课程。但是由于缺乏教材或者参考书，正常教学活动受到影响。经过多次商讨，我校地质工程教研室老师们抱着"吃螃蟹"的心态尝试编写一本《地质工程概论》教材，希望通过比较全面的介绍地质工程学科的基本概念、基本理论及其应用，使同学们初步了解该学科的专业内涵，为本科阶段的专业基础课程和专业课程学习打下良好的基础。

本教材是编者们结合自己多年为地质工程专业本科生讲授《地质工程概论》课程的教学经验，针对地质工程专业本科教学实际需要而编写的一本教材，具有以下特色。

（1）内容体系完整。《地质工程概论》作为地质工程专业的入门教材，紧紧围绕地质工程学科的基本概念、基本理论及从事相关研究的基本方法进行教材编写。教学内容主要由绪论、地质学基础、工程地质、水文地质、常见地质工程问题及研究共计五个部分组成。

（2）理论与实践紧密结合。教材编写过程中结合大量工程实例，同时每章后附有思考题，教师可在随堂进行讲解，也可以让学生查阅资料进行自学。既可以加深对理论知识的理解，又提高了运用理论知识的能力，使得学生能更深入地了解工程项目，为以后工作打下坚实基础。

（3）规范性。教材内容反映国家在地质工程方面的最新政策、法律法规、规程、规范的内容，将相关内容恰当地贯穿到整个教材体系当中。

本教材的读者对象主要是本科地质工程专业大一学生，通过本教材的出版希望能对他们的专业教学有所帮助，亦可以作为地质学、资源勘查工程、勘查技术与工程等专业，以及水利、土木等专业教学和参考用书，也可供相关专业的工程技术人员和研究人员使用。

《地质工程概论》内容的编写以地质工程专业所涉及的基本理论、方法为主，同时兼顾大一新生的学习实际。本教材共分五章，主要内容是：第一章为绪论，介绍地质工程定义、研究对象、研究内容、研究方法以及学习方法等。第二章为地质学基础模块，包括地质构造与物质组成、矿物、岩石、地质构造、常见地质作用等；第三章为工程地质模块，包括水文地质学基础知识、基本任务、基本要求及水文地质相关问题；第四章为水文地质模块，包括水文地质学基础知识、基本任务、基本要求及工程地质相关问题；第五章为常见地质工程问题及研究，包括地质工程理论在水利水电工程、地基基础、城市地质调查、地下空间开发利用、斜坡地质灾害防治、矿产资源勘查与开发利用等方面的应用。同时，为了便于读者学习和掌握各章节核心内容，每章后面附有本章关键词、思考题和参考文献。

本教材由张勤、张俊担任主编，吴蓉、沈露担任副主编。第一章绪论部分由张勤负责编写，第二章地质学基础部分由张俊负责编写，第三章工程地质部分由沈露负责编写，第四章水文地质部分由吴蓉负责编写，第五章常见地质工程问题及研究部分由张俊负责编写。张勤和张俊对全书进行了统稿。

在本教材的编写过程中参考、引用了部分国内外相关文献、书籍等资料，在此向资料作者们表示诚挚的感谢。

本教材的出版得到了安徽省教育厅省级规划教材（编号：2017ghjc418）、安徽省教育厅水文地质工程地质教学团队（编号：2017jxtd151）、安徽省教育厅一流本科人才示范引领基地（编号：2018rcsfjd007、2019rcsfjd095）、安徽省教育厅高校优秀青年人才支持计划项目（编号：gxyq2019151）、安徽省教育厅高校学科（专业）拔尖人才学术资助项目（编号：gxbjZD2020100）、安徽省新工科研究与实践项目（皖教秘高〔2020〕60号）、皖江工学院重点学科建设（编号：WGXK19003）等质量工程项目的联合资助。

另外，本教材在编写、出版过程中得到了皖江工学院朱洪高董事长、吴继敏校长、阮怀宁副校长、土木工程学院陈礼和院长、教务部门和地质工程教研室全体同事的关心和大力支持，在此一并表示感谢。

由于各章是由不同人员分头编写，编写中力求统一并避免重复及遗漏，但因时间紧，有些工作做得不够细致，加之编者水平有限，书中可能还存在不妥之处，诚恳希望读者在使用本教材的过程中提出宝贵意见，以便我们能及时修订和完善。

编者

2020 年 10 月

目 录

第一章 绪 论

第一节 概 述

目前，我国正处于经济快速发展阶段，同时也面临着人口增长、资源短缺、生态破坏、能源危机等问题。为解决这些问题，必须坚持走经济建设与人口、资源、环境协调发展的道路，而地质工程专业在这其中就具有举足轻重的作用。

为了满足社会经济发展的需求以及人类生活的需要，国家今后仍要加大各项工程建设的力度，包括城镇建设、交通、水利、电力等。这些工程建设规模越来越大、工程结构和地质条件越来越复杂，对周围地质环境的影响也越来越严重，所面临的各种工程地质问题不断增多，难度不断增大。

金沙江白鹤滩水电站坝址区地质剖面如图 1-1 所示，坝址区柱状节理玄武岩与一般柱状节理玄武岩相比，特点明显，其柱状节理起伏、不规则，柱体断面不规则且切割不完全，柱体内微裂隙发育，岩体内缓倾角构造结构面也较发育，岩体完整性较差，呈断续镶嵌结构。石安池等（2008）在柱状节理玄武岩工程地质调查、岩体弹性波测试、多种现场岩体变形试验等工作基础上，系统分析了白鹤滩柱状节理玄武岩的基本力学特性和不同试验加载条件下的岩体变形机制。

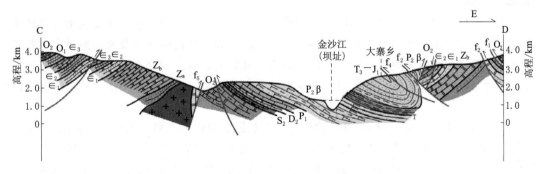

图 1-1 金沙江白鹤滩水电站坝址区地质剖面示意图

现在国家对于能源和矿产资源的需求不断加大，除了传统能源的开发外，还要探索新型能源，例如煤层气、页岩气等。在能源的勘探和开采过程中，就涉及找矿勘探、岩土钻掘技术以及资源安全高效开发的地质保障问题。

随着科学技术的发展，非常规能源勘探、科学钻探项目逐步增多，大口径取芯钻探技术也在不断发展与完善。松页油二井是中国地质调查局沈阳地质调查中心为探明松辽盆地白垩系青山口组泥页岩层段的页岩油赋存状况部署的一口页岩油参数井，位于松辽盆地北部古龙凹陷，设计井深 2340m，全井段开展综合测录井工作，设计取芯 200m。钻井取芯是此井主要工作内容之一，要求目的层取芯 200m，其中密闭取芯 18m。从钻井实践可以看出，KT194 型取芯钻具配套孔底动力复合回转的钻进工艺能够较好地适应松辽盆地页岩油钻井取芯钻进的实际需要，适应该地区的地层特性，选用的钻进参数、钻具组合和操作方法合理，使用的 KCl 聚胺强抑制钻井液体系能够满足该地区使用动力钻具的需要。大口径孔底动力取芯技术的应用为其他地区页岩气、页岩油等非常规油气资源勘探取芯提供了一种成功的经验方法。

中国是世界上最早认识和开发利用煤炭资源的国家之一，煤炭一直是我国的主体能源。长期开采使得一些大型煤矿区的浅部资源逐年减少或枯竭，国内已有 120 多对矿井开采深度超过 600m，其中 70 多对矿井的采深超过 800m，10 对矿井进入 1000m 以深生产。按照目前的开采强度和 8～12m/a 的延深速度，预计未来 20 年内中国大多数矿井将进入 800～1500m 的开采深度。我国深部煤炭资源丰富，但勘查程度低，开采地质保障薄弱。据第三次全国煤炭资源预测，全国五大含煤区垂深在 2000m 以内的煤炭资源总量为 55697.49 亿 t，其中探明保有资源量 10176.45 亿 t，预测资源量 45521.04 亿 t，仅华北含煤区东部山东、河北、河南、安徽、江苏、江西和山西等七省的老矿区埋深在 600～1000m 的预测资源量在 1822.68 亿 t，埋深在 1000～1500m 的预测资源量约为 2494.11 亿 t。全国含煤面积约 60 万 km^2，近 2/3 为煤田地质空白区，其中大部分是深部区。过去对煤炭资源勘查主要集中在 600m 以浅，深部煤矿床地质勘查工作薄弱，已知信息少，勘查思路、技术手段和方法尚不成熟，煤炭资源赋存与开发地质条件的探测模式和综合研究不够深入，深部资源勘探和开采的风险大。因此，全面认识影响深部矿井安全高效生产的主要地质因素，研究深部煤矿床勘查类型和深部矿井开采地质条件精细探查技术体系，对于制定矿区规划与深部矿井设计，保障煤矿安全高效生产和能源经济健康发展等，具有重要的理论意义和战略价值。

随着人类各项工程活动的加剧，我们赖以生存的地球所承担的负荷逐渐在加大，地质环境日趋恶劣。山体崩塌、滑坡、泥石流、地面塌陷等自然地质灾害及人为地质灾害频频发生，尤其是我国西南地区，严重威胁着周边百姓的生命财产安全，阻碍着社会经济的发展。评价与预测地质灾害，最大限度减少地质灾害所带来的损失，加强地质环境的保护迫在眉睫。

2008 年 5 月 12 日 14 时 28 分，四川省汶川县发生里氏 8.0 级特大地震，截至 2008 年 9 月 18 日 12 时，共造成 69227 人死亡，374643 人受伤，17923 人失踪，是中华人民共和国成立以来破坏力最大的地震，也是唐山大地震后伤亡最严重的一次地震。由于地震主灾区位于四川西部山区，山高谷深，地质构造复杂，断裂发育，属于滑坡和泥石流等山地灾害多发区。此次地震不仅直接引发了大量的崩塌、滑坡、碎屑流等次生灾害，还进一步引发了堰塞湖和泥石流等链式灾害。祁生文等（2009）对汶川地震极重灾区地质背景进行了系统研究，并分析了次生斜坡灾害空间发育规律；黄润秋等（2009）通过灾后对地震地质灾害的现场调查和遥感解译，共获得地质灾害点 11308 处，对地震地质灾害发育分布有了总体认识，在此基础上利用 GIS 技术对地震地质灾害的分布与距发震断裂距离坡度、高程、岩性等因素的关系进行统计分析，形成了对汶川大地震触发地质灾害发育分布规律的初步认识。一系列研究成果对灾后重建、高山峡谷地震多发区的防灾减灾等具有重要借鉴意义。

国家一系列重大战略的实施也离不开地质工程专业的支撑。例如在海洋工程中，深海勘探和海底资源开发就要依靠岩土钻掘技术；正在实施的探月工程，月壤的取样等也离不开岩土钻掘技术；世界各国联合实施的大陆科学钻探更是要岩土钻掘技术大显身手。

2018年5月26日，自然资源部中国地质调查局在黑龙江省安达市松科二井工程现场举行完井仪式。松科二井于2014年4月13日开钻，历时4年多时间，完钻井深7018m，成为亚洲国家实施的最深大陆科学钻井和国际大陆科学钻探计划成立22年来实施的最深钻井。该工程攻克了超高温钻探和大口径取芯等关键技术难题，创造了四项世界纪录，取得了一系列重要成果，达到国际先进水平，在深部钻探技术和白垩纪陆相古气候研究方面达到国际领先水平。大陆科学钻探工程是一项集科学与技术于一体的综合性工程，也是多学科、多领域的系统集成。从特定意义上说，松科二井成就了一次地质领域联合攻关取得突破的典范，实现了理论、技术、工程、装备的重大突破，对拓展我国深部能源勘查开发新空间、引领白垩纪古气候研究和服务"百年大庆"建设具有重要意义。

因此，地质工程在国民经济发展中地位越来越重要，其重要作用也是其他学科无法替代的。不仅目前是这样，而且将来也一定如此，甚至随着经济的发展，其重要性只会越来越大。

第二节　地质工程学的产生

当代工程地质学和岩体力学相互结合，不断深化、拓展和延伸，产生了一门新的学科——地质工程学。从工程地质发展到地质工程，是一个质的飞跃。地质工程学的产生和发展，是人类社会发展的要求和工程实践的结果。我国的地质工程研究是随着20世纪50年代初大规模建设发展起来的，已经走过了近70年的历程，在理论和实践上都得到了很大的发展，同时加深了对地质工程的学科特点的认识。

20世纪80年代以来，随着人类工程建设的规模越来越大，在工程建设中出现了一种新的工程类型——地质工程。一些大型工程，如日本的青涵海底隧道、英吉利海峡的海底隧道、美国赫尔姆斯水电站地下厂房及我国的三峡水利工程和小浪底水利工程等，在兴建中提出了许多工程地质和岩体力学方面的棘手问题。在工程设计和施工过程中，如何认识和解决这些岩体力学问题，往往会对工程进展起到决定性的作用。

20世纪40年代以后，特别是在法国的Malpasset大坝和意大利的Vajont水库等工程失事的惨痛教训的影响下，人们开始寻求能够考虑岩体裂隙影响的计算模型，建立了各向异性的等效连续介质模型，解决了一大批岩体工程问题。

岩体力学作为一门新兴学科形成于20世纪50年代，其发展主要经历了三个阶段，即连续介质模型—等效连续介质模型—不连续介质模型。早期的岩体力学视岩体为连续介质，采用材料力学或弹性力学的方法来处理岩体力学问题，因此早期的岩体力学实质是关于岩石或者岩块的力学。

20世纪60年代以来，随着计算机及计算技术的发展，在等效连续介质模型中开始引入数值方法来模拟岩体中断裂、裂隙等结构面；同时，随着各种岩体结构形式的揭示及块体理论、离散单元法等的创立，形成了岩体力学的不连续介质模型，并使之从理论研究逐步进入工程应用。

20世纪70—80年代，我国著名工程地质学家谷德振院士运用岩体力学观点，在研究岩体的工程地质力学及岩体结构等方面取得了显著进展。他提出了岩体结构这一重要概念，并对岩体结构进行了分类，强调岩体结构控制了岩体的变形、破坏及其力学性质。这些研究成果经过不断发展，逐渐形成了"工程地质力学"这一重要理论体系。该理论的创立对解决大型岩体工程建设问题具有重要意义。

20世纪80年代，随着工程规模和数量的不断扩大，在大型工程建设中不仅需要对复杂地质体进行评价和预测，而且需要对复杂地质体进行有效的改造和控制。这些问题的解决涉及工程地质学、岩体力学和工程设计等多种学科的综合和渗透，单靠原有的工程地质理论和技术已远远不能满足工程上的各种要求。岩体力学使工程地质研究趋于定量化，工程地质又是岩体力学发展的基础，两者相互结合，通过吸取其他学科知识，在原来的基础上不断拓展和延伸，逐渐发展形成了一门新的学科——地质工程学。

进入21世纪，随着经济建设的发展和现代高新技术的兴起，地质工程得到了前所未有的发展，地质工程学研究的内容在不断丰富，范畴也在不断扩展。地质工程所涉及的领域已由传统的水利工程（堤坝、水库）、建筑工程（基坑、地下洞室）、隧道工程和边坡工程扩大至地震工程、海洋工程、环境保护、地下水资源利用、地热开发、地下蓄能、地下空间开发利用等诸多领域。

第三节 地质工程的定义

1974年，E. Hock和J. W. Bray合著的 *Rock Slope engineering* 一书，首次把岩石边坡作为工程来研究，强调了根据基本地质资料分析与良好的工程知识的结合，提出解决岩石边坡设计问题的方法，体现了地质工程设计的一些基本思想。

1976年，美国工程地质学家R. E. Goodman在 *Methods of Geological Engineering in Discontinuous Rocks* 著作中，首次使用了"地质工程（Geological Engineering）"这个术语，提出了地质工程的概念。他认为地质工程的主要任务是调查和评价地质条件，对不良地质条件进行处理，同时将岩体看作工程结构的一部分。但在Goodman的研究中，地质工程仍停留于工程地质勘查领域，只是更强调岩体的工程特性而已。

1984年，中国科学院地质研究所孙广忠教授提出了岩体改造原理，强调工程地质、岩石力学和地质工程三位体，他是我国最早将地质工程作为一个命题进行探讨的学者。他在1993年出版了专著《工程地质与地质工程》，对地质工程的定义、特性、工作内容、工作方法进行了论述；1996年出版了专著《地质工程理论与实践》，论述了地质工程的概念、定义、理论和方法，提出地质工程的基本原理是地质控制论；2004年出版了专著《地质工程学原理》，提出"地质工程是以地质体做建筑材料、以地质体做工程结构或以地质体赋存环境做建筑环境建筑起来的一种特殊工程，如地基、边坡、地下工程、钻井、地质灾害防治、地质环境整治等可以统称为地质工程"。孙广忠教授论述了地质工程基本理论：地质构造控制论、岩体结构控制论、土体结构控制论和地质环境因素控制论，以及在这个基本理论指导下建立的、解决实际地质工程问题的应用技术理论：地质环境评价、岩土体质量评价、岩土体分析、地质工程勘测、设计及施工、工程地质超前预报和地质体改造等方面的理论技术与方法。

1992 年，中国工程院院士、著名工程地质与环境地质专家胡海涛提出了狭义和广义地质工程的划分。其中，广义地质工程主要对地质体进行改良——强化或弱化，或对一个地区的资源开发、地质灾害防治和地质环境保护等进行改善地质环境的各项工程。而狭义的地质工程指各类工程，如建筑、土木、水利、道路和采矿都不可避免地要进行地基、边坡和地下洞室开挖以及防渗、排水等。在这一层次上，地质工程基本上等同于岩土工程。

1992 年，南京大学罗国煜教授在对地质工程的研究中，强调了充分利用地质体潜能和对地质体进行改造的观点。他认为地质工程立足于地质体特性，应用的不是一般工程技术，而是具有鲜明特色的地质工程技术，地质工程服务于三个层次：全球性系统、地区性系统和地带性系统。

1994 年，现任自然资源部地质灾害技术指导中心（中国地质环境监测院）副主任、首席科学家殷跃平教授指出，地质工程是工程地质的新拓展，它是与岩土工程密不可分的一种技术。岩土工程主要解决建立于工程岩体之上的地基稳定，以及一般边坡和洞室稳定的评价、改造和控制问题，岩土体结构是岩土工程的核心。而地质工程所面对的是复杂地质体，并且这种地质体处在不断地变形破坏过程中，它解决的是建立于复杂地质体之上的山体稳定性和区域地壳稳定性的评价、改造与控制问题。

2006 年，浙江大学尚岳全教授指出，地质工程应包括两个基本点：一是地质条件对工程安全的控制性作用，二是地质灾害防治技术的开发和应用。地质工程学的研究对象是以地质体为主要工程结构的一类特殊工程，如边坡工程、地下洞室工程、地基工程等。地质工程学研究的基本思路是以地质条件研究为基础，有针对性地提出合理的工程施工方法和加固治理工程措施及防灾设计。

以上所述为众多专家学者从不同的角度对地质工程的定义进行了阐述，将地质工程的研究范畴主要定位于服务工程建设领域。虽然各自定义不同，但是都强调了地质工程的重要研究对象是地质体。地质体不仅作为工程地质体服务于工程建设，而且地质体本身也是自然环境与资源开发、利用和保护的对象，如地质体的水资源利用、地热开发、地质-地貌景观开发与遗址保护、核废料地下埋置、滑坡体防治与利用、跨流域调水、生态环境保护等。如何合理地利用并保护地质体的自然环境，如何协调人类工程活动与自然环境的关系，已经成为整个人类社会日益关注的问题。社会发展和工程实践使得地质工程的研究范畴大大扩展，也赋予了地质工程这一学科新的内涵。

地质工程是在人类利用地球的自然环境、物质材料和自然资源等各项人类活动中，涉及地质体的评价、处理、改造和控制的科学技术。地质体主要是指在内、外动力作用下形成并经过地质演化，受环境因素包括地下水、地温、地压等制约的岩土体。简单地说，地质工程是一门研究和解决与地质体有关的工程问题的应用型学科。

地质工程的概念是随着工程建设的需要、工程实践经验、工程技术与工程地质学的发展以及系统理论应用而逐步形成的，其基本特征是把地质体作为工程结构的一部分，将地质工程作为一个系统来考虑，并充分认识地质体、环境因素、工程措施三者间的相互作用，把科学、技术、管理三者结合起来。地质工程是由地质学科和工程学科大跨度交叉与综合所形成的新的独立学科，强调地质条件对工程安全的控制性作用，注重以工程措施对地质环境改造和加固技术的应用，谋求工程建设投资与地质环境协调的最佳效益。伴随着工程建设经验的积累和工程建设技术水平的提高，人们利用和控制地质环境的能力得到了很大的提升。同时受建设场地资源的制约，始终有大量的工程建设处于复杂的地质环境条件中。为了确保工程建设的成功，不仅需要深入研究地质条件，更需要有效地利用和改造地质环境。地质工程正是在这样的背景下形成和发展的，地质工程的思想也是在工程实践中产生的。

第四节　地质工程的研究对象

地质工程是连接地质研究和工程应用之间的桥梁，是各项工程的基础。工程活动内容决定着对地质体级别的要求，也确定了对地质工程认识的程度；反过来，地质体的赋存环境和工程适应性也决定了工程活动的程度。工程活动和地质体研究之间是通过地质工程研究实现的（图 1-2）。由于地质工程的直接服务对象是各类工程活动，所以地质工程的研究也体现在各种工程实践中（表 1-1）。

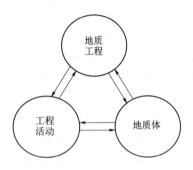

图 1-2　工程活动、地质体与地质工程三者关系

地质工程的研究对象主要是赋存在一定的地质环境中的岩体和土体。就其属性来说，它属于自然产物，是一种具有工程意义的地质体，是地质历史的产物，其形成是受到各种地质作用的控制。同时，作为工程所依存的地质体而言，其又赋存于一定的地质系统中，保持着与周围环境之间的相互依存和相互作用关系，导致地质体的工程性质变得十分复杂，主要表现为以下三个方面：

表 1-1　　　　　　　　　　　　工程实践中的地质工程

工程活动	地 质 工 程
土木工程	高层建筑地基、边坡及地下空间开发等
水利水电工程	坝基工程、水库边坡、引水隧洞、地下厂房、防渗工程等
交通工程	边坡工程、路基与桥梁、隧道工程、港口与码头等
矿业工程	露天矿边坡、井巷工程、地下采场等
油气开采工程	深井工程、燃气输送管道工程等
地质灾害	滑坡、崩塌、泥石流等灾害防治
核电工程	电厂基础、高放废物深地质处置
海洋工程	海上钻井、海底隧道等
国防工程	各类掩体工程等

（1）不连续性。由于地质体中存在断层、节理、片理、接触界面等各种结构面，使得其力学性质上具有不连续性。

（2）非均匀性。地质体的物理力学性质随着空间位置不同而具有一定的差异。

（3）各向异性。地质体的性质随着结构面分布和物质成分变化的方向性而变化。

当然，对于地质工程的研究是以地质学理论为基础，以工程应用为目的的动态研究过程。对它的研究需要用发展的眼光来看，包括地质体的规模、动力模式、演化规律等。工程中所涉及的地质体是复杂的，其演化过程更是复杂多变的，这种复杂性主要体现在以下5点：

（1）研究对象的复杂性。系统的复杂性源于地质体本身就一个特殊的、开放的复杂巨系统（Open Complex Giant Systems，OCGS）。如地质灾害系统是一个具有众多因素且规模巨大，多子系统、多层次，结构复杂、功能综合的系统。从滑坡灾害系统来看，它包括自然环境和社会经济两个子系统，同时两者又各自包含多个相应的子系统，这些子系统又存在地质构造、地貌特征、地下水及洪水、降雨因子、人类工程活动、人口社会经济以及管理体制等多个要素。地质灾害系统不仅具有多层次、多子系统，而且各个子系统之间又具有复杂的关联。这些关联不但表现在结构上，而且还表现在内容上，它们以物质流、能量流或信息流的方式进行关联。它们之间极其复杂的关联，导致了地质灾害的群发现象。例如降雨或地震导致崩塌，崩塌物质加载在斜坡上，使滑坡发生，而滑坡碎屑物为泥石流提供补给，易导致泥石流产生，等等。

（2）实践手段的复杂性。为解决各种现实的、复杂的工程问题，需要采取的工程手段也是复杂多变，并且与地质体存在复杂的相互作用。

（3）地质体内在的复杂性。地质体内部是复杂的，其演化过程包含大量的相互关联、相关影响、相互作用，甚至有时是牵一发而动全身，对地质体内部来说，它的演化本身是统筹兼顾的，全面协调发展的。

（4）地质工程系统是开放性的，其演化过程具有能量积累与能量耗散，与其赋存环境不断地发生着交换关系，这又影响着系统的演化行为，同时地质工程系统具有自我调节能力，当环境发生变化时，系统对其接收到的信息进行反馈，进而相应的调节自身结构，实现对赋存环境的适应性。

（5）系统具有时间属性，包括工程时间尺度、地质时间尺度。工程时间尺度只关心其工程运营期间的稳定性，属于短时间的尺度问题；对于地质时间尺度来说，工程失效是肯定的，这也是地质历史演化的必然性。

第五节　地质工程的研究内容

工程建设的类型很多，如工业民用建筑、铁路、公路、水运、水利水电、矿山、海港工程和近海石油开采以及国防工程等（表1-1）。每一类型建筑又由一系列建筑物群体组成，如高楼大厦、工业厂房、道路、桥梁、隧道、地铁、运河、海港、堤坝、电站、矿井、巷道、油库、飞机场等。这些建筑物有些位于地面上，有的则埋于地面以下，它们都脱离不开地壳，无不与地质环境息息相关。他们的形式不同、规模各异，对地质环境的适应性以及对地质环境的相互作用也越来越强烈，越来越复杂。

工程建设对地质环境的作用，主要是通过应力变化和地下水动力特征变化而表现出来的。如建筑物自身重量对地基岩土体施加的荷载、坝体所受库水的水平推力、边坡和基坑开挖形成的卸荷效应、地下洞室开挖对围岩应力的影响，都会引起岩土体的应力状况发生变化，从而使得岩土体产生变形甚至破坏。一定范围内的变化是允许的，过量的变化甚至破坏就会使建筑物失稳。另外，建筑物的施工和运行经常引起地下水的变化，从而给工程和环境带来危害。

地质工程的研究任务决定了它的研究内容，归纳起来主要有以下四个方面。

（一）岩土工程性质

地球上任何建筑物都离不开岩土体，无论是分析工程地质条件，还是评价工程地质问题，首先就要对岩土体的工程性质进行研究。岩土体的工程地质性质通常指物理性质、水理性质和力学性质。其研究内容主要包括岩土的工程地质性质及其形成变化规律，各项参数的测试技术和方法，岩土体的类型和分布规律，以及对其不良性质进行改善等。

（二）工程动力地质作用

地壳表层由于受到各种自然营力（包括地球内动力和外动力）的作用，以及人类的工程经济活动等，都会影响建筑物的稳定和正常使用。这种对工程建筑有影响的自然和人为的地质作用即工程动力地质作用。习惯上将由于自然营力引起的各种地质现象叫作物理地质现象，由于人类工程经济活动引起的地质现象叫作工程地质现象。工程动力地质作用的研究主要在于其形成机制、规模、分布、发展演化的规律及其所产生的有关工程地质问题，对它们进行定性和定量的评价，以及有效的防治与改造。

（三）工程地质勘查理论和技术方法

为了查明建筑场地的工程地质条件，论证工程地质问题，正确地提出工程地质评价，以提供建筑物设计、施工和使用所需的各项地质资料，就需进行工程地质勘查。不同类型、结构和规模的建筑物，对工程地质条件的要求以及可能产生的工程地质问题各不相同，因而勘查方法的选择、工作的布置原则以及工作量的使用也不相同。为了保证各类建筑物的安全和正常使用，首先必须详细而深入地研究可能产生的各种工程地质问题，然后在此基础上合理安排勘查工作。

（四）区域工程地质

不同区域由于自然地质条件不同，因而其工程地质条件各异。认识并掌握广大地域工程地质条件的形成和分布规律，预测这些条件在人类工程经济活动影响下的变化规律，并按工程地质条件进行区划，做出工程地质区划图。

通过以上分析可知，地质工程是一门应用性非常强的学科，它在工程建设中的地位十分重要，服务对象非常广泛，所研究的内容也十分丰富。

第六节 地质工程的研究方法

地质工程的研究方法是与其研究内容相适应的。总的来说，主要有自然历史分析法、数学力学分析法、模型模拟试验法和工程地质类比法等。

一、自然历史分析法

自然历史分析法是地质工程研究中最基本的一种方法。地质工程所研究的对象——地质体和各种地质现象，是在自然历史地质过程中形成的，而且随着所处条件的变化，还在不断发展演化着。所以对动力地质作用或建筑物场地进行工程地质研究时，首先要做好基础地质调查工作，查明自然地质条件和各种地质现象以及他们之间的关系，预测其发展演化的趋势。只有这样，才能真正查明所研究地区的工程地质条件，并作为进一步研究工程地质问题的基础。如对斜坡变形与破坏问题进行研究时，要从形态研究入手，确定斜坡变形与破坏的类型、规模及边界条件，分析斜坡变形破坏的机制、影响因素，以展现其空间分布格局，进而分析其形成、发展演化过程和发育阶段，从空间分布和时间序列上揭示其内在的规律，预测其在人类工程经济活动下的变化，为深入进行斜坡稳定性工程地质评价奠定基础。又如研究坝基抗滑稳定性问题时，必须先查明坝基岩体的地层岩性特点、地质结构及地下水活动条件，尤其要注意研究软弱泥化夹层的存在和岩体中其他各种破裂结构面的分布及其组合关系，找出可能的滑移面和切割面以及他们与工程作用力的关系，研究滑移面的工程地质性质，以作为进一步研究坝基抗滑稳定的基础。

二、数学力学分析法

数学力学分析法是在自然历史分析法的基础上展开的，对某一工程地质问题或工程动力地质现象，根据所确定的边界条件和计算参数，运用理论公式或经验公式进行定量计算。例如在斜坡稳定性计算中通常采用的刚体极限平衡理论法，就是假定斜坡岩土体为刚体的前提下，将各种作用力以滑动力和抗滑力的形式集中作用于可能的滑移破坏面上，求出该面上的边坡稳定系数作为评价的依据。为了搞清边界条件和合理地选用各项计算参数，需要进行工程地质勘探、试验等，有时则要耗费大量的人力和财力。所以除大型或重要的建筑物外，一般建筑物则往往采用经验数据类比进行计算。

由于自然地质条件比较复杂，在计算时常常需要把条件进行适当简化，并将空间问题简化为平面问题来处理。一般的情况是，先建立地质模型（物理模型），随后抽象为数学模型代入各项计算参数进行计算。当前由于现代电子计算技术的发展，各种数学、力学计算模型越来越多地运用于工程地质领域中。弹性力学和弹塑性力学理论的有限单元法也日益广泛地应用于斜坡稳定性、坝基抗滑稳定性、地面沉降及水库诱发地震危险性等的分析计算。这种方法在计算空间问题、非均一、非线性的复杂问题时更显示出它的优越性。此外，模糊数学、数量化方法、灰色理论等的引入，为工程地质定量评价开辟了新的途径。

三、模型模拟试验法

该方法可以帮助我们探索自然地质作用的规律，进一步揭示工程动力地质作用或工程地质问题产生的力学机制、发展演化的全过程，以便我们做出正确的工程地质评价。有些自然规律或建筑物与地质环境相互作用的关系可以用简洁的数学表达式来表示；而有些数学表达式则十分复杂且难解，甚至因不易发现其作用的规律而无法用数学表达式来表示，此时，模型模拟试验法就十分奏效。进行模型模拟试验除了要有工程力学、岩体力学、土力学、水力学、地下水动力学等理论指导外，还必须有量纲原理和相似原理作指导。

根据试验所依据的基础规律与实际作用的基础规律是否一致，可以区分模型试验与模拟试验，例如用渗流槽进行坝基渗漏试验，是属于模型试验的方法，因为试验所依据的是达西定律，与实际控制坝基渗漏的基础规律相同。

在地质工程中常用的模型试验有：地表流水和地下水渗流作用、斜坡稳定、地基稳定、水工建筑物抗滑稳定、地下洞室围岩稳定、煤层顶底板采动破坏等工程岩土体稳定性试验。常用的模拟试验有光测弹性和光测塑性模拟试验、模拟地下水渗流的电网络模拟试验等。

图1-3为成都理工大学地质灾害防治与地质环境保护国家重点实验室的TLJ500型土工离心试验平台，它采用全新"一体化吊篮"设计，有效负载达到1.2t，振动时最大离心加速度达100g，最大振动加速度达32g，最大速度达0.75m/s，有效模型体积达到0.44m³，是此前同类设备的4倍以上，可模拟地震原型体积达到了44m³。

图1-3 成都理工大学地质灾害防治与地质环境保护国家重点实验室的
TLJ500型土工离心试验平台示意图

四、工程地质类比法

工程地质类比法（又称工程地质比拟法）是一种常用的工程地质研究方法，具有简单、实用等特点，可用于定性评价，也可用作半定量评价。它是将已有工程建筑物的各种工程地质问题的评价经验运用到自然地质条件大致相同的、拟建的、同类建筑物中去进行对比，从而为拟建工程的评价和设计提供参数的一种方法。显然，这种方法的基础是相似性，即自然地质条件、建筑物的工作方式、所预测的工程地质问题都应大致相同或相似。它往往受研究者的经验所限制。由于自然地质条件等不可能完全相同，类比时又往往把条件加以简化，所以这种方法是较为粗略的，一般适用于小型工程或初步评价。

在地质条件复杂地区，勘测工作初期资料缺乏时，常采用工程地质类比法对工程地质问题进行分区和作出相应的工程地质评价。但是，由于这种方法的不定量性及其经验性、地区性强的特点，加之在以往的使用中大多是通过对一两个或少数因素的对比，从而得到标准数据，因此其研究结果十分粗糙，常与实际地质情况出入较大，所提供参数指标的可靠度自然不高，严重地影响了工程地质类比法的使用。编者曾把模糊数学中相似优先比的原理及有关模糊性度量应用于工程地质类比中，不仅可以弥补以往工程地质类比法中由于经验性和地区性等人为因素造成的影响，而且能使评价从定性分析走向定量化，为拟建工程提供比较可靠的设计指标。

随着地质工程行业的快速发展，地质工程技术也在不断变化和革新，具体从技术层面来看，主要包括地质体勘查评价技术、地质体试验测试技术、地质体改造和控制技术三部分。具体来看，有如下技术手段：

（1）地质勘查技术。包括主量元素测定、稀土元素测定、同位素测定、矿物包裹体分析、重力勘探、磁法勘探、地震勘探、电法勘探、地震 CT 技术、地质雷达等。

（2）实验室岩石力学试验技术。包括单轴常规岩石力学测试、三轴常规岩石力学测试岩石硬度、抗剪和抗拉强度测试、蠕变实验、声学测试、CFS 试验技术等。

（3）现场岩体力学测试技术。包括岩土体原位测试技术、位移反分析技术等。

（4）数值分析技术。包括适用于分析岩体渐进破坏和失稳及模拟大变形的三维数值分析软件 FLAC3D 等。

（5）监测技术。包括 GPS 技术、RS 技术、全站仪和其他各种监测仪监测等。

（6）信息分析技术。包括 GIS 技术、位移时空综合分析技术等。

（7）改造技术。包括多功能锚固、注浆、反馈动态设计等。

第七节　主要内容和学习方法

本教材编写的宗旨是为了让地质工程专业的学生能掌握地质工程涉及的基本原理和方法，并力求实用，在内容安排方面主要围绕地质学基础、水文地质、工程地质以及常见地质工程问题及研究四个方面进行展开，涉及矿物岩石、常见地质构造与地质作用；水文地质与工程地质基础知识、工作要求及相关问题，地质工程理论在水利水电工程、地基基础、城市地质调查、地下空间开发利用、斜坡地质灾害防治、矿产资源勘查与开发利用等方面的应用。

地质工程概论课程涉及的内容较为广泛。考虑到授课学时的限制，可有重点地选择内容进行教学。首先应学习基本理论知识，了解常见的研究方法和手段，然后结合授课时讲解的众多工程案例进一步加深对各种地质工程问题的理解，掌握其形成条件、演化规律。然后通过课后的思考题以及相关考核深化理解所学知识。后期再结合认识实习、填图实习、生产实习、课程设计、现场试验等实践性环节进一步理解、巩固和深化具体的地质过程，巩固课程上的学习内容，从而具备设计和解决各种地质工程问题的能力。在学习过程中，切勿生吞活剥、死记硬背，主要掌握本专业主要研究内容和研究手段，掌握分析问题的思路和方法，以便在以后的课程学习和实际工作过程中用以解决所遇到的问题。

本 章 关 键 词

地质工程、地质体、自然历史分析、数学力学分析、模型模拟试验、工程地质类比

思考题

1. 地质工程学的产业及发展。
2. 地质工程的定义及其研究对象。
3. 地质工程的主要研究内容。
4. 地质工程的主要研究方法和技术手段。
5. 阐述地质工程在国民经济建设中的重要性。

参 考 文 献

[1] 陈剑. 地质工程学的产生、发展与展望 [J]. 岩石力学与工程学报, 2005, 24 (1): 154 - 159.

[2] Fan, X, Scaringi, G, Korup, O, et al. Earthquake - induced Chains of Geologic Hazards: Patterns, Mechanisms, and Impacts [J]. Reviews of Geophysics, 2019, 57: 421 - 503.

[3] Goodman R E. Methods of Geological Engineering in Discontinuous Rocks [M]. St. Paul: West Publishing Co., 1976.

[4] 郭跃, 林孝松. 地质灾害系统的复杂性分析 [J]. 重庆师范大学学报 (自然科学版), 2001, 18 (4): 1 - 7.

[5] Hoek E, Bray J. Rock Slope Engineering [M]. London: Institution of Mining and Metallurgy, 1974.

[6] 黄润秋, 李为乐. "5·12" 汶川大地震触发地质灾害的发育分布规律研究 [C] //宋胜武. 汶川大地震工程震害调查分析与研究. 北京: 科学出版社, 2009.

[7] 李仲奎, 徐千军, 罗光福, 等. 大型地下水电站厂房洞群三维地质力学模型试验 [J]. 水利学报, 2002, 33 (5): 31 - 36.

[8] 祁生文, 许强, 刘春玲. 汶川地震极重灾区地质背景及次生斜坡灾害空间发育规律 [J]. 工程地质学报, 2009, 17 (1): 39 - 49.

[9] 石安池, 唐鸣发, 周其健. 金沙江白鹤滩水电站柱状节理玄武岩岩体变形特性研究 [J]. 岩石力学与工程学报, 2008, 27 (10): 2079 - 2086.

[10] 孙广忠. 工程地质与地质工程 [M]. 北京: 地震出版社, 1993.

[11] 孙广忠. 地质工程理论与实践 [M]. 北京: 地震出版社, 1996.

[12] 孙广忠, 孙毅. 地质工程学原理 [M]. 北京: 地质出版社, 2004.

[13] 尚岳全, 王清, 蒋军, 等. 地质工程学 [M]. 北京: 清华大学出版社, 2006.

[14] 谢和平, 陈忠辉, 周宏伟, 等. 基于工程体与地质体相互作用的两体力学模型初探 [J]. 岩石力学与工程学报, 2004, 24 (9): 1457 - 1464.

[15] 谢和平, 陈忠辉, 易成, 等. 基于工程体-地质体相互作用的接触面变形破坏研究 [J]. 岩石力学与工程学报, 2008, 27 (9): 1767 - 1780.

[16] 张发明. 地质工程设计 [M]. 北京: 中国水利水电出版社, 2008.

[17] 张发明. 地质工程设计: 第二版 [M]. 北京: 中国水利水电出版社, 2018.

[18] 张勤, 厉渝生, 陈志坚, 等. 小浪底地下厂房围岩稳定计算地质模型的研究 [J]. 人民黄河, 1993, (7): 27 - 31.

[19] 张勤, 陈志坚, 朱代洪, 等. 层状裂隙岩体稳定性分析的主要问题 [J]. 岩土工程学报, 2001, 23 (6): 753 - 756.

［20］ 张勤. 模糊数学在工程地质类比中的应用［J］. 河海大学学报：自然科学版，1990，18（4）：1-6.

［21］ 朱芝同，伍晓龙，董向宇，等. 松辽盆地页岩油勘探大口径取芯技术［J］. 探矿工程：岩土钻掘工
　　　程，2019，46（1）：52-57.

［22］ 张勤，陈志坚. 岩土工程地质［M］. 郑州：黄河水利出版社，2000.

第二章 地 质 学 基 础

地质学是一门研究地球的科学。它是关于地球的物质组成、内部构造、外部特征、各圈层间的作用和演变历史的知识体系。地壳是人类赖以生存的场所，一切工程建（构）筑物都建筑在地壳上，它构成人类生存和工程建设的环境和物质基础，同时也是建筑材料和各类矿产资源的主要来源地。

本章主要介绍与各项工程建设密切相关的地质学基础知识和基本理论，包括地球概况、矿物与岩石、地质作用、地质年代、地质构造等，以便能根据不同的工程地质条件分析、预测可能存在和发生的各种工程地质问题及其对建筑物和地质环境的影响和危害，并能根据不同的工程地质条件采取安全、经济、合理的设计方案。

第一节 地 球 概 况

地球是不规则的椭球体，根据大地测量和地球卫星测量可知，地球的赤道半径约为6378km，两极半径约为6357km，平均半径约为6371km。地球表面积约为 $5.1 \times 10^8 km^2$，其中：大陆面积约为 $1.48 \times 10^8 km^2$，约占地球表面积的 29%；海洋面积约为 $3.6 \times 10^8 km^2$，约占地球表面积的 71%。地球的体积为 $1.083 \times 10^{12} km^3$，平均密度为 $5.52 \ kg/m^3$。

一、地壳运动的特征

地壳运动是由于地球内力作用所引起的地壳的机械运动，地壳中的各种地质构造，基本上都是地壳运动的结果，因而地壳运动又称为构造运动。它可以使地壳发生变形、变位，形成各种形迹的地质构造。它可以引起岩石圈的演变，促使大陆、洋底的增生和消亡，并形成海沟和山脉；同时还导致发生地震、火山爆发等。地壳运动主要特征如下。

（一）地壳运动的方向性

以大地水准面为基准，按运动方向可以把地壳运动分为水平运动（或造山运动）和垂直运动（或造陆运动）。水平运动是指地壳部分沿平行于地表即沿地球各地表面切线方向的运动，主要表现为岩石圈的水平挤压或拉伸，引起岩层的褶皱和断裂，可形成巨大的褶皱山系、裂谷和大陆漂移等。垂直运动是指垂直于地表即沿地球铅垂线方向的升降运动，主要表现为岩石圈的垂直上升或下降，引起地壳大面积的隆起与凹陷，形成海侵和海退等。一般情况下，地壳运动是十分缓慢的，人们难以察觉，但其长期的累积效应却是惊人的。如喜马拉雅山脉从海底上升为海平面以上 8844.68m 的高山，平均上升速度为2.4cm/a。有时，地壳运动则会以十分剧烈的方式表现出来，如地震、火山喷发等。

（二）地壳运动的普遍性和长期性

地壳运动具有普遍性和长期性。自地壳形成以来，在地球的旋转能、重力和地球内部的热能、化学能作用下，以及地球外部的太阳辐射能、日月引力能等作用下，任何地方、任何时间都在运动着。从地壳的构造运动来看，最快速的地壳运动是地震。此外，尚有许多不为人们所能觉察到的十分缓慢的运动，如地壳的升降和板块的移动，它们在漫长的地质时期中才会显示出极大的变化。岩石中保留着地壳运动的各种形迹，如岩层的褶皱和断裂等。因此，地壳运动过去有、现在有，将来也不会停歇。

（三）地壳运动速度和幅度的不均一性

地壳运动具有非匀速性。地壳运动速度有快有慢，即使是缓慢的运动，其运动速度也不是均等的。喜马拉雅山脉的变化就说明了这一点。根据研究，在 3×10^8 年前的晚古生代，这里只是一个海峡（古地中海），约在 4×10^7 年前才开始上升，当时以约 $0.05\mathrm{cm/a}$ 的速度慢慢抬高，直至 2×10^6 年前才初具山体的规模。随后，上升速度加快，据 1862—1932 年的 70 年间的观察资料可以看出，上升的平均速度为 $1.82\mathrm{cm/a}$。据长期观测，目前仍然以 $2.4\mathrm{cm/a}$ 的速度加快上升。总的来说，地壳运动的速度在时间上和空间上是不均等的。

二、地球的内部构造

地球是内部具有同心圈层构造的球体。根据不同的圈层特点，地球从地表到地心可分为地壳、地幔和地核（图 2-1）。

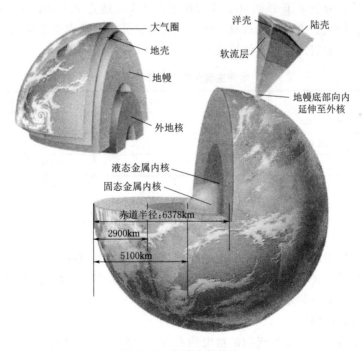

图 2-1　地球内部构造

（一）地壳

地壳是地球体的表层，是人类赖以生存的场所，水圈和生物圈的大部分都分布在地壳上。在阳光、大气、水、生物和地球内部活动作用下，地壳也是各种地质作用发生的场所。人类开采的各种矿产资源均埋藏于地壳上部的岩石圈中，所有工程建筑物、构筑物也都建筑在地壳上，同时地壳也是各种建筑材料的主要来源地。因此，地壳是地球科学研究的主要对象，它是人类生存和各项工程建设的物质基础。地壳平均厚度约为33km，由地表所见的各种岩石组成。一般的工程活动大多在距地壳表层1～2km的深度范围内进行，也有在较大深度范围内进行的工程活动，如石油和天然气项目的钻探深度可达7km甚至更深。

（二）地幔

地幔是介于地壳和地核之间的构造层，也称中间层或过渡层，它是地球的主体部分。地幔厚度约为2900km。根据其物质成分和所处的状态，可将其分为下地幔和上地幔。下地幔主要是由金属氧化物和硫化物组成，而上地幔主要由富含铁、镁的硅酸盐物质组成。地壳和地幔顶部的固态物质称之为岩石圈。

（三）地核

地核位于地幔以下，其半径约为3500km，是地球的核心部分。物质成分主要以铁为主，通常以铁镍合金的方式存在。靠近地幔的外核主要呈液态或熔融状态，而内核由于极高压的原因呈现结晶的固体状态，并且刚性很高。

岩石是由矿物组成的，而矿物则是由各种化学元素和化合物组成。美国地质学家、化学家克拉克（F. W. Clark）用了数十年的时间，从世界各地采集了大量的、具有代表性的岩石标本进行化学分析，于1889年首次提出了厚16km地壳中所含的50多种元素的含量值。为了纪念克拉克做出的巨大贡献，国际上把各种元素在地壳中含量的百分数称为克拉克值。地壳中主要元素的克拉克值见表2-1。

表 2-1　　　　　　　　　　　地壳主要化学元素克拉克值

元素	含量/%	元素	含量/%	元素	含量/%
氧（O）	49.13	铁（Fe）	4.20	钾（K）	2.35
硅（Si）	26.00	钙（Ca）	3.25	镁（Mg）	2.35
铝（Al）	7.45	钠（Na）	2.40	氢（H）	1.00

第二节　矿物与岩石

矿物是自然界中的化学元素在一定的物理化学条件下生成的天然物质，具有一定的化学成分和物理性质。矿物除少数是由单质元素组成外，大多是由化合物构成。它是各种地质作用的产物，是岩石的基本组成部分。

一、常见造岩矿物

迄今为止，自然界中已发现的矿物大约有3000多种，除个别以气态（如硫化氢等）、液态（如水、自然汞等）出现外，绝大多数均呈固态。矿物会受到其所处地质条件的制约，当地质条件变化到一定程度时，矿物的稳定性便会遭到破坏，使得原有的成分、结构和性质发生变化，从而衍生出在新条件下稳定的次生矿物。因此，研究矿物有助于我们去了解地球的演化历史。

造岩矿物指构成岩石的主要成分且对岩石性质有较大影响的矿物，目前常见造岩矿物有 20 余种。

（一）造岩矿物的形态

绝大多数造岩矿物是晶质矿物，其内部质点（原子、分子、离子）在三维空间内呈有规律的周期性排列，具有各自特定的晶体结构（图 2-2）。不同矿物具有不同的晶形和形态特征，这也是我们识别矿物的一个基本准则；而同一种矿物在不同的地质条件下，也会呈现出不同的结晶习性。故矿物的形态不仅是鉴别矿物的依据，而且也是推断其形成时所处地质条件的依据。

一般来说，当生长条件合适（如生长速度较慢、周围有自由空间）时，结晶质矿物才能形成有规则的几何外形，具有良好固有形态的晶体，称为自形晶体或单晶体（图 2-3）。但由于生长空间的局限，矿物晶体则往往发育不良，形成不规则外形，具有不规则外形的晶体称为他形晶体。岩石中的造岩矿物多为他形晶体的集合体。

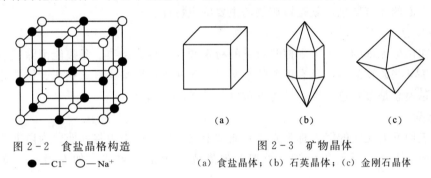

图 2-2　食盐晶格构造
● —Cl⁻　○ —Na⁺

图 2-3　矿物晶体
(a) 食盐晶体；(b) 石英晶体；(c) 金刚石晶体

非晶质矿物的内部质点呈无规律、杂乱无章的排列，没有一定的几何外形，故通常按照集合体的形态来识别矿物。

1. 常见的单晶体矿物形态

常见的单晶体矿物形态有：片状、鳞片状，如云母、绿泥石等；板状，如斜长石、板状石膏等；柱状，如角闪石（长柱状）、辉石（短柱状）等；立方体状，如岩盐、方铅矿、黄铁矿等；菱面体状，如方解石、白云石等；菱形十二面体状，如石榴子石等。

2. 常见的结晶质和非结晶质矿物集合体形态

常见的结晶质和非结晶质矿物集合体形态有：①粒状、块状、土状——矿物晶体在空间三个方向接近等长的集合体，颗粒边界较明显的称为粒状，如橄榄石等，颗粒边界不明显的称为块状，如石英等，疏松的块状称为土状，如高岭土等；②放射状，如红柱石等；③纤维状，如石棉、纤维石膏等；④钟乳状——如方解石、褐铁矿等；⑤鲕状、豆状、肾状、葡萄状——矿物集合体呈具有同心球形的结核构造，鱼卵大小的称为鲕状，如方解石等，近似黄豆大小的称为豆状，如赤铁矿等，不规则的球形体称为肾状和葡萄状，如赤铁矿等。

（二）造岩矿物的物理性质

造岩矿物的物理性质是由矿物的化学成分和内部结构所决定的，通常包括颜色、条痕、光泽、透明度、解理、断口、硬度、密度、弹性、挠性及延展性等。它是对矿物进行肉眼鉴定的主要依据。

1. 颜色

矿物的颜色是矿物对不同波长的可见光波吸收和反射程度的反映,按矿物成色原因可以分为自色、他色和假色。

(1) 自色是矿物的化学成分和内部结构所决定的矿物自身的固有颜色。如黄铁矿的铜黄色,孔雀石的翠绿色等。一般来说,含铁、锰质较多的矿物,如黑云母、普通角闪石、普通辉石等,颜色较深,多呈灰绿、褐绿、黑绿甚至黑色;含硅、铝、钙等成分较多的矿物,如石英、长石、方解石等,颜色较浅,多呈白、灰白、淡红、淡黄等浅色。

(2) 他色是矿物由于外来有色物质的混入所呈现出来的颜色。如纯净的石英晶体是无色透明的,常常会因为有色杂质的混入而呈现紫色、玫瑰色、烟灰色等。

(3) 假色是矿物因内部裂隙或者表面的氧化薄膜引起光线干涉而形成的颜色。如方解石解理面上常出现的虹彩。通常不透明矿物氧化膜引起的颜色错色具有较大的鉴定意义,如斑铜矿表面的深蓝紫色,就是该矿物的主要鉴定特征。

2. 条痕

矿物在白色无釉的瓷板上划擦时留下的粉末颜色,称为条痕。条痕能消除假色、显示自色,对于某些矿物的鉴定具有重要的意义。如赤铁矿可以呈赤红、钢灰、铁黑等多种颜色,而其条痕总是樱红色;黄铁矿为铜黄色,其条痕为黑色。

3. 光泽

矿物表面反射光线的能力称为光泽,通常根据其反射能力由强而弱分为以下几种:

(1) 金属光泽。反射很强烈,类似金属磨光面上的反射光,如方铅矿、黄铁矿的光泽。

(2) 半金属光泽。反射强烈,类似一般未经磨光金属的反光,如磁铁矿的光泽。

(3) 金刚光泽。反射较强,状若钻石,如金刚石、闪锌矿的光泽。

(4) 玻璃光泽。状若普通平板玻璃的光泽,如石英、长石的光泽。

(5) 油脂光泽及树脂光泽。如同涂上一层油脂后的反光称为油脂光泽,一般见于浅色矿物,如石英断口上的光泽;呈现如松香等树脂表面的光泽称为树脂光泽,多见于黄色、黄褐色等较深颜色的矿物,如部分闪锌矿的光泽。

(6) 珍珠光泽。如同珍珠表面或贝壳凹面上呈现出的柔和多彩的乳白色光泽,如云母的光泽。

(7) 丝绢光泽。呈现蚕丝或丝织品似的光泽,一般为纤维状集合体矿物所具有,如石棉、绢云母、纤维石膏的光泽。

(8) 土状光泽。矿物表面光泽暗淡如同土块,如高岭石呈现的光泽。

4. 透明度

矿物的透明度即矿物容许可见光透射而过的能力,矿物对光的吸收率和矿物的厚度等因素影响着矿物的透明度。一般来说,非金属矿物的吸收率低,大多是透明的,而金属矿物的吸收率高,基本不透明。通常根据透明度将矿物分成以下三大类:

(1) 透明矿物。绝大部分光线可以穿过矿物,隔着矿物的薄片可以清楚地看到对面物体,如无色水晶、冰洲石(纯净方解石晶体)等。

(2) 半透明矿物。光线可以部分穿过矿物,隔着矿物的薄片可以模糊地看到对面的物体，如一般石英集合体、辰砂等。

（3）不透明矿物。光线几乎不能穿过矿物，如磁铁矿、石墨等。

5. 解理

矿物晶体在外力作用下能沿一定方向破裂成光滑平面的性质称为解理，裂成的光滑平面称为解理面。矿物解理的产生是其内部质点规则排列的结果，解理常平行于晶体结构中质点间联结力弱的方向发生。如果矿物晶体内部的几个方向上结合力都较弱，则会具有多组解理。根据矿物产生解理面的完全程度，可将解理分为四种：

（1）极完全解理。极易裂开成薄片，解理面非常平滑、大而平整，如云母。

（2）完全解理。矿物沿解理面裂开成块状或板状，解理面平滑，如方解石。

（3）中等解理。解理面不太平滑，如长石、角闪石。

（4）不完全解理。很难出现完整的解理面，如橄榄石、磷灰石。

6. 断口

矿物在外力作用下，沿着任意方向产生不规则断裂，其凹凸不平的断裂面称为断口。断口有以下几种常见形态：

（1）贝壳状断口。呈椭圆形的光滑曲面，具有同心圆纹，类似于贝壳，如石英。

（2）平坦状断口。断面平坦，如蛇纹石。

（3）参差状断口。呈参差不齐的形状，大多数矿物均为参差状断口，如磷灰石。

（4）锯齿状断口。呈尖锐锯齿状，如自然铜。

（5）纤维状断口。呈纤维丝状，如石棉。

7. 硬度

矿物抵抗外力刻画、压入、研磨的能力，称为硬度。硬度是进行矿物鉴定的一个重要特征。一般采用两种矿物相互刻画的方法来确定矿物的相对硬度。目前常用10种不同硬度的矿物构成的摩氏硬度计（表2-2）作为硬度等级的标准，其他矿物通过与摩氏硬度计中的标准矿物相互刻画从而确定其硬度大小。在野外，通常会借助指甲（硬度2.5）、小刀（硬度5.0～5.5）、玻璃（硬度5.5）作为辅助标准，来鉴定矿物硬度。

表2-2　　　　　　　　　　摩氏硬度计

矿物	滑石	石膏	方解石	萤石	磷灰石	长石	石英	黄玉	刚玉	金刚石
硬度	1	2	3	4	5	6	7	8	9	10

8. 密度

这里的密度指的是相对密度，也即比重，它是矿物（纯净的单矿物）的质量与4℃时同体积水的质量的比值。一般分为轻、中等、重三级，大多数矿物密度为中等，介于2.5～4.0之间。

9. 弹性、挠性及延展性

矿物在外力作用下发生弯曲变形，外力解除后能恢复到原来状态的性质称为弹性，如云母的薄片具有弹性。矿物在外力作用下发生弯曲变形，外力解除后不能恢复原来状态的性质称为挠性，如滑石、绿泥石具有挠性。矿物在锤击或拉伸作用下，能变成薄片或细丝的性质称为延展性，如自然金、自然铜等。

（三）矿物的种类

组成三大岩类的造岩矿物，最常见的仅 20 多种。在鉴定矿物时，最常用和最简单的方法就是肉眼鉴定。需强调的是，肉眼鉴定时应以矿物的新鲜面作为鉴定对象。一般用眼睛或借助放大镜仔细观察矿物的外表形态，再借助小刀等工具逐次确定出形状、颜色、光泽、透明度、硬度、解理、比重等特征，最终准确地鉴别矿物。当然，肉眼鉴定矿物只是野外的一种粗略鉴定方法，通常还是需要进行室内鉴定，即将试样制成薄片，通过镜下鉴定准确地对矿物进行命名。下面简要介绍主要造岩矿物及其物理性质。

1. 石英

石英是岩石中最常见的矿物之一，常发育成单晶并形成晶簇。纯净的石英晶体为无色透明的六方双锥，称为水晶。一般岩石中的石英呈致密状及粒状集合体，常呈白色、乳白色。石英晶面为玻璃光泽，断口为油脂光泽，贝壳状断口，硬度为 7，相对密度为 2.65。

2. 长石

长石是一大族矿物，是地壳中分布最广泛的矿物。它在岩石命名和分类时起重要作用。按成分可将长石分为三类：钾长石（$KAlSiO_3$）、钠长石（$NaAlSi_3O_8$）和钙长石（$CaAlSi_3O_8$）。以钾长石为主的称为正长石，单晶为柱状或板状，集合体为粒状或块状，在岩石中常呈肉红色或湿玫瑰红色，有两组正交解理，解理面呈玻璃光泽，硬度为 6，相对密度为 2.54～2.57，常和石英伴生于酸性花岗岩中；由不同比例的钠长石和钙长石组成的称为斜长石，单晶为柱状或板状，集合体为粒状，多为白色或灰黄色，呈玻璃光泽，有两组近似正交的解理，硬度为 6～6.5，相对密度为 2.61～2.75，常与角闪石和解石共生于较深色的岩浆岩中。

3. 云母

含钾、铁、镁、铝等多种金属阳离子的铝硅酸盐矿物称为云母。按所含阳离子的不同，可分为白云母和黑云母。

（1）白云母。单晶为板状、片状，横截面为六边形，易剥成薄片，薄片无色透明且有弹性，玻璃光泽；集合体呈浅黄、浅绿色，薄片有弹性，玻璃光泽，解理面显珍珠光泽，有一组极完全解理，硬度为 2.5～3，相对密度为 2.76～3.12。

（2）黑云母。单晶为板状、片状，横截面为六边形，易剥成薄片，薄片有弹性，富含铁的呈黑色，富含镁的呈金黄色，有一组极完全解理，珍珠光泽，半透明，硬度为 2～3，相对密度为 3.02～3.12。

4. 普通角闪石

单晶为长柱状，横截面为六边形，集合体为针状、粒状，多呈暗绿至黑色，完全解理（交角为 56°和 124°），硬度为 5～6，相对密度为 3.1～3.6。

5. 普通辉石

单晶呈短柱状或粒状，横截面为近八角形，集合体呈块状，多为黑色或黑褐色，玻璃光泽，有两组完全解理（交角为 87°和 93°），硬度为 5.5～6.0，相对密度为 3.23～3.56，常见于颜色较深的基性和超基性岩浆岩中，多与斜长石伴生。

6. 橄榄石

晶体为短柱状，多不完整，常呈粒状集合体，颜色为浅黄绿至橄榄绿色，含铁越多，颜色越深，玻璃光泽，呈不完全解理，断口贝壳状，油脂光泽，硬度为 6.5～7.0，相对密度为 3.3～3.5，常见于基性和超基性岩浆岩中。

7. 方解石

单晶为菱形六面体，常呈粒状或块状集合体，纯净方解石晶体无色透明，称为冰洲石，因含杂质呈灰白色、浅黄、黄褐等色，玻璃光泽，有三组完全解理，硬度为 3.0，相对密度为 2.6～2.8，是石灰岩和大理岩的主要成分，遇冷的稀盐酸会剧烈起泡。

8. 白云石

单晶为菱形六面体，常呈粒状集合体，纯净晶体无色透明，含杂质呈浅黄、灰褐等色，玻璃光泽，有三组完全解理，硬度为 3.5～4.0，相对密度为 2.8～2.9，是白云岩的主要矿物成分，遇稀冷盐酸起泡不明显，遇热的稀盐酸会起泡，遇紫红色镁试剂会变蓝色。

9. 石膏

单晶为板状、柱状、片状，常呈纤维状或块状集合体，纯晶体无色透明，含杂质呈灰、黄、褐色，平面反光为玻璃光泽，纤维状反光为丝绢光泽，有一组极完全解理，能劈裂成薄片，薄片没有弹性而有挠性，硬度为 2.0，相对密度为 2.3～2.37，在适当条件下可脱水成硬石膏。

10. 硬石膏

单晶为板状或柱状，集合体呈粒状、块状，纯净晶体无色透明，通常为白色，玻璃光泽，有三组完全解理，硬度为 3～3.5，相对密度为 2.8～3.0，硬石膏在常温常压下，遇水生成石膏，体积将膨胀 30%，并由此产生膨胀压力，可能引起建筑物基础及隧道衬砌等变形，对工程建筑产生严重危害。

11. 高岭石

单晶极小，肉眼不可见，集合体多为土状或块状，纯净高岭石呈白色，含杂质时呈浅红、浅黄、浅灰及浅绿色等，土状或蜡状光泽，硬度为 1.0～2.0，相对密度为 2.58～2.63，干燥的高岭石块体有粗糙感，容易捏成粉末，且吸水性强，潮湿时可塑，有滑感。

12. 黄铁矿

单晶为立方体或五角十二面体，晶面上有条纹，常见粒状或块状集合体，呈铜黄色，金属光泽，断口参差状，条痕为黑色，硬度为 6.0～6.5，相对密度为 4.9～5.2。黄铁矿是地壳中分布最广的硫化物，是制取硫酸的主要原料。岩石中的黄铁矿容易氧化分解成硫酸和铁的氧化物，对（钢筋）混凝土结构物产生腐蚀作用。

13. 滑石

单晶为六方菱形，很少见，常呈致密块状、片状或鳞片状集合体，纯净滑石呈白色，含杂质呈浅黄色、线褐色等，有一组极完全解理，晶面呈珍珠或玻璃光泽，断口为蜡状光泽，薄片无弹性而有挠性，手摸会有滑感，硬度为 1，相对密度为 2.7～2.8。

14. 绿泥石

绿泥石是一族种类繁多的矿物，是很复杂的铝硅酸盐化合物，常以片状或鳞片状集合体出现，颜色暗绿，珍珠光泽，有一组完全解理，薄片有挠性，硬度为 2.0～3.0，相对密度为 2.6～2.85，绿泥石常出现在温度不高的热液变质岩中。由绿泥石组成的岩石强度低，工程性质差。

15. 蒙脱石

隐晶质土状或鳞片状集合体，白色或灰白色，含杂质可呈黄、红、蓝或绿色，土状光泽或蜡状光泽，硬度为 1.0～2.0，相对密度为 2.0～3.0。蒙脱石是膨胀土的主要成分，吸水性强，遇水其体积可以膨胀几倍，具有很强的吸附能力和阳离子交换能力，有很强的可塑性，是常见的主要黏土矿物之一。

二、岩石

岩石是天然生成的且具有一定结构、构造的矿物集合体，是组成地壳的基本物质，是内、外动力地质作用的产物。岩石学是地质学的一个分支，主要研究岩石的成分、结构、构造、成因、演化等。岩石的种类按照其成因可以分为岩浆岩、沉积岩和变质岩三大类。地表以沉积岩为主，大约占大陆面积的 75％ 和海洋底面的绝大部分；而地壳深处则以岩浆岩、变质岩为主。

对于人类的各项工程建设来说，岩石是其物质基础。岩石（或岩体）的物理力学性质及其结构、构造特征决定着工程的安全和稳定性。因此，进行岩石学方面的研究，不仅可以指导找矿勘探和矿产资源开发利用，而且对工程建设、交通运输及国防建设均具有重要的意义。

（一）岩浆岩

岩浆岩又称火成岩，在大陆或海洋，在地表或地下，岩浆岩都有着广泛的分布。

1. 岩浆岩的成因

岩浆是在上地幔和地壳深处形成的、以硅酸盐为主要成分的，且富含挥发性物质的炽热、黏稠的熔融体，通常处于高温（600～1300℃）、高压（数千兆帕）状态下。由岩浆冷凝、固结所形成的岩石称为岩浆岩。当地壳运动时，岩浆会沿着地壳的薄弱、裂隙地带上升，若未到达地表即逐渐冷却并凝结而成的岩浆岩称为侵入岩；若岩浆上升喷出地表，在地表冷却并凝结而成的岩浆岩则称为喷出岩或火山岩。根据形成深度的不同，可将侵入岩划分为浅成岩和深成岩。一般以地表以下 3km 为界，形成于 3km 以浅的称为浅成岩，形成于 3km 以下的称为深成岩。由于岩浆在冷凝和结晶过程中失去了大量的挥发份，故岩浆岩和岩浆在成分上会有一定的差异。

2. 岩浆岩的产状

岩浆岩的产状是指岩浆岩体的形态、大小、深度及其与围岩的关系。岩浆岩的产状既与岩浆的成分、物理化学条件密切相关，也受周围岩体及环境的控制。查明岩浆岩的产状有助于了解其形成条件，对工程活动具有一定意义。常见的岩浆岩产状有以下几种：

（1）岩基。岩基是一种规模巨大的深成侵入岩体，分布面积一般大于 $100km^2$，甚至可达数百至数千平方千米。岩基内常常会含有围岩的崩落碎块，即捕房体。岩基大多是由酸性岩浆冷凝而成的花岗岩类岩体，晶粒粗大，岩性均匀，是良好的建筑地基。如长江三峡坝址区域就选在面积约 $200km^2$ 的花岗岩——闪长岩岩基上。

（2）岩株。岩株是岩基边缘的分支或是独立的侵入体，深部与岩基相连，面积一般为几十平方千米以内。岩株形状不规则，与围岩接触面陡直，岩性均一，为稳定性良好的地基。

（3）岩盘。岩盘多是酸性或中性岩浆侵入层状岩层面后，因黏性大，流动不远而成的上凸下平的近似透镜体状，其形成深度一般较浅，规模较小。

（4）岩床。岩床是由黏性较小、流动性较大的基性岩浆沿着岩层层面贯入，形成与地层整合的板状侵入体，其表面一般无明显凹凸，厚度不大，分布较广。

（5）岩墙和岩脉。岩浆沿着围岩中的裂隙和断裂带侵入而形成的狭长的岩浆岩体称为岩墙和岩脉。其中岩体较宽、形状较规则、近于直立的板状岩体称为岩墙；岩体窄小、形状不规则、与层理斜交的脉状侵入体称为岩脉。岩墙和岩脉多在围岩构造型隙发育处，岩体较薄，与围岩接触面大，冷凝速度快，易形成很多收缩裂隙，其岩体稳定性较差，地下水活动活跃。

（6）火山锥。黏性较大的岩浆沿火山口喷出地表后与火山碎屑物结合，在火山口附近堆积而成的锥状岩体或钟状的山体称为火山锥或岩钟。火山锥可以单独出现，但大多是成群出现，如黑龙江的五大连池火山群和山西大同火山群。

3. 岩浆岩的物质组成

（1）化学成分。地壳中的元素几乎在岩浆岩中都存在，只是含量有差异。在岩浆岩中，O、Si、Al、Fe、Ca、Mg、Na、K、Ti 等元素含量最高，而 O 的含量居首位。因此，岩浆岩的化学成分常以氧化物的形式存在，主要有 SiO_2、Al_2O_3、Fe_2O_3、FeO、MgO、CaO、Na_2O、K_2O、H_2O 等。其中 SiO_2 含量最高，它的含量大小直接影响着岩浆岩的矿物成分变化，也决定着岩浆岩的性质。根据 SiO_2 含量多少，可将岩浆岩分为四类：超基性岩（SiO_2 含量小于 45%）、基性岩（SiO_2 含量为 45%～52%）、中性岩（SiO_2 含量为 52%～65%）、酸性岩（SiO_2 的含量大于 65%）。

一般来说，岩浆岩中各种氧化物含量的变化存在一定规律。如从超基性岩到酸性岩，SiO_2 含量逐渐增多，Na_2O、K_2O 含量也逐渐增多，而 FeO、MgO 含量则逐渐减少。

（2）矿物成分。通常组成岩浆岩的矿物有 30 多种，但常见的仅十几种。其中以长石含量最多，一般占岩浆岩成分的 60% 以上，石英次之。故长石和石英是对岩浆岩进行分类和鉴定的重要依据。

1）根据造岩矿物的化学成分和颜色深浅，可将其划分为两类：

a. 浅色矿物：SiO_2、Al_2O_3 含量高，颜色较浅，如石英、正长石、斜长石、白云母等；

b. 深色矿物：SiO_2、Al_2O_3 含量较低，FeO、MgO 含量较高，颜色较深，如橄榄石、辉石、角闪石、黑闪石等。

2）根据造岩矿物在岩浆岩中的含量和在分类命名中所起的作用，可将其划分为三类：

a. 主要矿物：主要矿物在岩石中含量最多，是划分岩石大类、确定岩石名称的依据，如石英和钾长石是花岗岩类的主要矿物，缺少它们就不能定名为花岗岩。

b. 次要矿物：在岩石中含量较少，对划分岩石大类不起主要作用，但在确定岩石名称中起重要作用。如花岗岩中含有少量角闪石或黑云母时，它们就可以作为划分花岗岩种属的依据，可将此类岩石命名为角闪花岗岩或黑云母花岗岩。

c. 副矿物：在岩石中含量很少，通常小于 1%，个别可达 5%，在一般的岩浆岩分类和命名中均不起作用，如花岗岩中的微量磁铁矿、萤石等。

4. 岩浆岩的结构

岩浆岩的结构是指组成岩石的矿物的结晶程度、晶粒大小、形状及其晶粒之间的相互关系。其结构特征与岩浆的化学成分等有关，也与岩石形成时的物理化学状态、成岩环境有关，如岩浆的温度、压力、黏度、冷凝速度等都影响着岩浆岩的结构。根据结构的定义，可从以下三个方面对岩浆岩的结构进行分类：

(1) 按结晶程度（主要是根据岩石中结晶物质和非结晶玻璃质的含量比例来划分），可将岩浆岩的结构分成三类：

1) 全晶质结构。岩石全部由结晶矿物组成，多见于深成侵入岩。

2) 半晶质结构。同时存在结晶质矿物颗粒和未结晶玻璃质的岩石结构，多见于喷出岩及部分浅成岩的边缘。

3) 玻璃质结构。岩石全部由熔岩冷凝的玻璃质组成，是部分喷出岩的特有结构，一般呈玻璃光泽，性脆，具有贝壳状断口。

(2) 按矿物晶粒大小，可分为两类：

1) 显晶质结构。岩石中的矿物结晶颗粒，凭肉眼或放大镜能够分辨，根据主要矿物颗粒的直径大小，显晶质结构又可分为以下几种：粗粒结构（矿物的结晶颗粒大于5mm）、中粒结构（矿物的结晶颗粒为 2～5mm）、细粒结构（矿物的结晶颗粒为 0.2～2mm）、微粒结构（矿物的结晶颗粒小于 0.2mm）。

2) 隐晶质结构。岩石中的矿物颗粒很细，肉眼和一般放大镜下不能分辨，在显微镜下才能观察出晶粒特征。具隐晶质结构的岩石外貌呈致密状，肉眼观察时易与玻璃质结构相混淆，但隐晶质结构的岩石一般没有玻璃光泽和贝壳状断口，常具有瓷状断口，脆性程度低。

(3) 按矿物晶粒的相对大小，可分为三类：

1) 等粒结构。岩石中主要矿物颗粒大小大致相等。

2) 不等粒结构。岩石中主要矿物颗粒大小不等，粒径相差不大。

3) 斑状结构。岩石中矿物颗粒大小相差悬殊，大颗粒散布在小颗粒之中。大颗粒称为斑晶，小颗粒称为基质。若基质为隐晶质或玻璃质，这种结构称为斑状结构；若基质为显晶质，则称为似斑状结构。

5. 岩浆岩的构造

岩浆岩的构造指岩石外表的整体特征，由矿物的空间排列方式和充填方式决定，其特征主要取决于岩浆冷凝时的环境。常见的岩浆岩构造主要有以下几种：

(1) 块状构造。组成岩石的矿物无定向排列，均匀分布于岩石中，岩石呈均匀块状。如花岗岩、花岗斑岩等一系列深成岩与浅成岩的构造。

(2) 流纹状构造。不同颜色的矿物、拉长的气孔沿熔岩的流动方向呈平行排列，形成不同颜色条带相间排列的流动构造，一般气孔的拉长方向指示熔岩流动方向。

(3) 气孔状构造。岩石中有很多大小不一、互不连通的气孔，它是岩浆喷出地表后，其中的气体和挥发性物质来不及全部逸出而保留在已经冷凝的熔岩中而形成的，常为玄武岩等喷出岩所具有。

(4) 杏仁状构造。具有气孔状构造的岩石，在后期其气孔被一些次生外来矿物充填所形成的构造，充填物有方解石、石英、沸石、玉髓等，如某些玄武岩和安山岩的构造。

6. 岩浆岩的分类及常见岩浆岩的特征

（1）岩浆岩的分类。自然界中的岩浆岩种类繁多，彼此之间的成分、结构、构造、产状及成因等均存在差异，同时也存在着一定的过渡关系，证明了它们之间有着密切的内在联系。本节根据岩浆岩的成分、结构、构造、产状、成因和共生规律等特征，对岩浆岩进行了分类，见表 2-3。

表 2-3   岩 浆 岩 分 类 表

颜色				浅 ————————→ 深				
岩浆类型				酸性	中性		基性	超基性
SiO_2 含量/%				>65	52~65		45~52	<45
成因类型	产状	构造	主要矿物	石英 正长石 斜长石	正长石 斜长石	角闪石 斜长石	斜长石 辉石	橄榄石 辉石
			次要矿物 / 结构	云母 角闪石	角闪石 黑云母 辉石 石英（5%）	辉石 黑云母 正长石（<5%） 石英（5%）	橄榄石 角闪石 黑云母	角闪石 斜长石 黑云母
喷出岩	岩钟	杏仁 气孔 流纹 块状	非晶质 （玻璃质）	火山玻璃：黑曜岩、浮岩等				少见
	岩流		隐晶质 斑状	流纹岩	粗面岩	安山岩	玄武岩	少见
侵入岩	浅成	岩床 岩墙	块状	斑状 全晶细粒	花岗斑岩	正长斑岩	闪长玢岩	辉绿岩	少见
	深成	岩株 岩基		结晶斑状 全晶中、粗粒	花岗岩	正长岩	闪长岩	辉长岩	橄榄岩 辉岩

（2）常见岩浆岩的特征。

1）酸性岩类。

a. 花岗岩：颜色多为肉红、灰白，主要矿物为石英、正长石和斜长石，次要矿物为黑云母和角闪石等；全晶质粒状结构，块状构造；是深成侵入岩，产状多为岩基和岩株。花岗岩分布广泛，质地均匀、坚固，是良好的天然建筑材料。

b. 花岗斑岩：颜色灰红或浅红；矿物成分同花岗岩；具斑状结构，斑晶和基质均为长石和石英，产状常为小型岩体或大岩体的边缘；是浅成侵入岩。

c. 流纹岩：一般为浅灰、粉红及紫灰色；矿物成分与花岗岩相似；斑状或隐晶结构，斑晶为石英和长石，基质为隐晶质或玻璃质；具典型的流纹构造，也有气孔状构造；是喷出岩。

2）中性岩类。

a. 闪长岩：多为浅灰至灰绿色；矿物成分以斜长石、角闪石为主，其次为解石和黑云母；全晶质等粒结构；块状构造；是深成侵入岩。其结构致密，强度高，具有较高的韧性和抗风化能力，是良好的建筑材料。

b. 闪长玢岩：灰色及灰绿色；矿物成分同闪长岩；斑状结构，斑晶多为斜长石，少量为角闪石；块状构造；是浅成侵入岩。岩石中常有绿泥石、高岭石和方解石等次生矿物。

c. 安山岩：呈灰色、灰紫色、灰褐色；矿物成分同闪长岩；斑状结构，斑晶多为斜长石；杏仁或气孔状构造，气孔中常充填方解石；是喷出岩。

d. 正长岩：呈浅灰色至肉红色；主要矿物为正长石，也含少量斜长石，其次为黑云母和角闪石，一般石英含量极少；全晶质等粒结构，块状构造；是深成侵入岩。其物理力学性质与花岗岩相似，但不如花岗岩坚硬，抗风化能力差。

e. 正长斑岩：呈浅灰色或肉红色；矿物成分同正长岩；具斑状结构，斑晶主要为正长石，基质为微晶或隐晶结构，较致密，块状构造；是浅成侵入岩。

f. 粗面岩：呈浅灰色或浅红色；矿物成分与正长岩相近；具斑状或隐晶结构，斑晶为正长石，基质多为隐晶质，带有细小孔隙，表面粗糙，是正长岩的喷出岩。

3）基性岩类。

a. 辉长岩：灰黑或深绿色；主要矿物为辉石和斜长石，其次为角闪石和橄榄石；全晶质等粒结构；块状构造；其强度高，抗风化能力强。

b. 辉绿岩：多为灰绿或黑绿色；主要矿物为辉石和斜长石；具有特殊的灰绿结构，其特征为粒状的辉石等暗色矿物充填在斜长石晶体的空隙中；常含有方解石、绿泥石等次生矿物；是浅成侵入岩；强度较高。

c. 玄武岩：多为灰黑色、黑绿色至黑色；矿物成分与辉长岩相似；呈隐晶质细粒或斑状结构，斑晶为斜长石、辉石和橄榄石；气孔或杏仁状构造；是喷出岩。玄武岩致密坚硬、性脆，强度很高。

（二）沉积岩

沉积岩是在地表及其以下较浅的地方，由松散堆积物在常温常压的条件下经过压固、脱水、胶结和重结晶作用而形成的岩石。它是地壳表面分布最广、地表最常见的岩石类型。

1. 沉积岩的形成

沉积岩的形成一般经历沉积物的生成、搬运、沉积及成岩作用四个过程。

（1）沉积物的生成。组成沉积岩的沉积物以先期岩石的风化产物为主，其次是生物堆积，还有少量的火山物质。原岩的风化产物指碎屑物质和非碎屑物质两部分。碎屑物质是先期岩石经物理风化的产物，是形成碎屑岩的主要物质。非碎屑物质包括真溶液和胶凝体两部分，是形成化学岩和黏土岩的主要成分。生物物质是由生物在生活活动中及遗体分解中形成的有机质。一般来说，单纯的生物堆积很少，只有在特定的环境和条件下，才能堆积形成岩石。

（2）沉积物的搬运。原岩的风化产物仅有小部分残留原地，而大部分的风化产物在流水、风、重力、冰的作用下搬运到其他地方。根据风化产物的不同，搬运方式可以分为机械搬运和化学搬运。

1）机械搬运。主要搬运对象为碎屑和黏土沉积物。流水和风的搬运方式有滚动、跳跃和悬浮。沉积物在搬运过程中，颗粒之间相互碰撞、摩擦，使得颗粒变小，并形成浑圆状。

2）化学搬运。主要搬运对象为化学沉积物。一般以真溶液或胶体溶液的方式搬运。化学搬运可将沉积物搬运至很远以外，直至湖、海等低洼地带。

（3）沉积物的沉积。沉积物在搬运过程中，一旦搬运介质速度降低或物理化学环境改变时，被搬运的物质就会沉积下来。一般分为机械沉积、化学沉积和生物沉积。

1）机械沉积。主要与搬运介质的动力和重力有关。当搬运动力逐渐减小时，由于被搬运物质的大小、形状、密度不同，它们按一定的顺序沉积下来。通常是大颗粒先沉积，球形比片状的先沉积，重的比轻的先沉积。

2）化学沉积。有真溶液和胶体溶液沉积两种。真溶液的沉积与溶液的 pH 值、温度及压力等因素有关，但主要取决于物质的溶解度。溶解度小的物质先沉淀出来，大的较后沉淀。胶体溶液的沉积主要是由于带正电荷的正胶体和带负电荷的负胶体相遇而凝聚，在重力的作用下沉积下来。而电解质的加入、胶体溶液的浓缩甚至脱水干燥，均可以引起胶体物质的凝聚和沉积。

3）生物沉积。主要指受生物活动影响的沉积或生物遗体的沉积。生物活动的影响体现在生物的生命活动可引起周围介质条件的变化，进而影响物质的沉积。生物遗体的沉积是有的生物死亡后，可直接堆积形成各种生物成因的岩石和矿产，如生物礁灰岩；有的生物遗体则会在成岩过程中转化成煤、石油和天然气等资源。

（4）沉积物的成岩作用。沉积物堆积下来以后，后续的沉积物覆盖在其上面，形成相对封闭的新环境，使其物质成分和结构均发生一系列变化，从而形成新的坚硬、完整的岩石，这个过程称为成岩作用。成岩作用主要包括以下四个方面：

1）压固脱水作用。上覆不断增厚的新沉积物的重力及其静水压力，使得下部沉积物孔隙减小、水分排出及密度增大、硬度增加。这种导致沉积物排水固结现象称为压固脱水作用。有时当静水压力达到一定程度时，有压溶作用发生，即沉积颗粒的接触部分会发生溶解。

2）胶结作用。松散的沉积颗粒由化学沉淀物或其他物质动结形成坚固岩石的作用称为胶结作用，它是碎屑岩成岩作用的重要环节。常见的胶结物有硅质、钙质、铁质和黏土质等。

3）重结晶作用。随着压力的增大和温度的升高，沉积物发生溶解、局部溶解和固体扩散，使得物质的质点重新排列，非晶质的胶体溶液脱水转化而变成结晶物质，微小的晶体晶粒加大而成粗大晶体，这些现象称为重结晶作用。

4）生成新矿物。在成岩作用过程中，沉积物不仅有体积和密度的变化，使松散的沉积物变成坚硬的沉积岩，而且其矿物成分也发生变化，生成与新环境的物理化学条件相适应的成岩矿物。如常见的石英、方解石、白云石、黄铁矿等成岩矿物。

2. 沉积岩的物质组成

在沉积岩的物质组成中，黏土矿物、方解石、白云石及有机质等是沉积岩特有的矿物成分，也是区别于岩浆岩的一个重要特征。

（1）矿物成分。沉积岩中已发现的矿物有 160 余种，但常见的仅 20 多种。按成因可将其分为以下四类：

1）碎屑物质。原岩中抵抗风化能力强而残留下来的矿物。一般为化学性质稳定、难溶于水的原生矿物的碎屑，如石英、长石、白云母等。

2）黏土矿物。主要是含铝硅酸盐类矿物的原岩，经化学风化作用而形成的次生矿物，如高岭石、蒙脱石等。黏土矿物一般颗粒极细（粒径小于 0.005mm），具有很强的亲水性、很大的可塑性及膨胀性。

3）化学沉积矿物。由纯化学作用或生物化学作用从真溶液和胶体溶液中沉淀结晶而产生的矿物。如方解石、石膏、白云石、蛋白石、铁和锰的氧化物或氢氧化物等。

4）有机质及生物残骸。由有机化学变化或生物残骸而形成的，如泥炭等。

（2）胶结物。沉积岩中将松散的沉积物颗粒联结起来的物质称为胶结物，它影响着沉积岩的颜色和坚硬程度，按成分可分为以下四类：

1）硅质胶结物。胶结成分为二氧化硅，胶结的岩石强度高，一般呈灰色。

2）铁质胶结物。胶结成分为氢氧化铁或三氧化二铁，胶结的岩石强度仅次于硅质胶结，常呈黄褐色或砖红色。

3）钙质胶结物。胶结成分为方解石等钙质物质，胶结的岩石强度比泥质胶结的岩石强度大，一般具有可溶性，易受侵蚀，常呈灰白色。

4）泥质胶结物。胶结物为黏土，胶结的岩石强度低，易碎、易湿软，易受风化，断面呈土状，颜色不定，常呈黄褐色。

3. 沉积岩的结构

沉积岩的结构是指组成岩石成分的颗粒大小、形态及连接方式。通常是划分沉积岩类型的重要标志。根据其物质组成、颗粒的大小及形状等特点，一般可分为以下四类：

（1）碎屑结构。由碎屑物质被胶结物胶结而成，它是沉积岩所特有的结构。碎屑结构的特征主要体现在颗粒大小、形状和胶结物类型、胶结方式上。

1）按颗粒大小和磨圆度，可分为两类：①砾状结构：碎屑粒径大于 2mm。碎屑形成后没有经过长距离的搬运而呈棱角状的，称为角砾状结构；碎屑经过长距离搬运、磨圆度好的称为砾状结构。②砂质结构：碎屑粒径为 0.005～2mm，可进一步划分为：粗粒结构（0.5～2mm）；中粒结构（0.25～0.5mm）；细粒结构（0.05～0.25mm）；粉砂质结构（0.005～0.05mm）。

2）按胶结物和胶结方式。胶结物的性质和胶结类型决定着碎屑岩的物理力学性质。胶结物是沉积物沉积之后滞留在颗粒间隙中的溶液经化学作用沉淀而成。胶结类型指胶结物与碎屑颗粒之间的关系，一般有以下三种类型：①基底胶结：胶结物含量大，碎屑颗粒散布在胶结物中。胶结方式最牢固，常是碎屑颗粒与胶结物同时沉积。②孔隙胶结：碎屑颗粒相互接触，胶结物充填在孔隙之中。胶结方式较坚固，胶结物是孔隙中的化学沉积物。③接触胶结：碎屑颗粒紧密接触，胶结物很少，存在颗粒接触处，是最不牢固的胶结方式。

（2）泥质结构。由粒径小于 0.005mm 的黏土颗粒组成，是泥岩、页岩等黏土岩类具有的结构。

（3）化学结构。化学结构是指由化学作用使溶液中沉淀的物质经结晶和重结晶后所形成的结构，是石灰岩、白云岩和硅质岩等化学岩的主要结构。

（4）生物结构。生物结构几乎全部由生物遗体或碎片组成，是生物化学岩所具有的结构，如贝壳结构、珊瑚结构等。

4. 沉积岩的构造

沉积岩的构造是指沉积岩的各个组成部分的空间分布及其相互之间的排列关系，是沉积岩的最显著特征之一，主要体现在层理、层面、结核和化石等几个方面。

（1）层理构造。层理构造是沉积岩的最主要、最常见的原生构造，对于沉积岩的研究具有重要意义。在地质特征上与相邻层位不同的沉积层称为一个岩层，通常由两个平行或近于平行的界面（岩层面）所限制的同一岩性组成。岩层可以是一个单层，也可以是一组层。而层理是指一个岩层中物质的颗粒大小、成分、形状及颜色在垂直方向上发生变化时产生的纹理。分割不同性质岩层的界面称为层面，层面的形成标志着沉积作用的短暂停顿或间断，故层面上常分布着少量的黏土矿物或白云母等碎片，也是岩体在强度上的软弱面。

上、下两个层面之间的岩层在一定的范围内，生成条件基本一致的情况下形成的。它是组成地层的基本单元，不仅可以帮助确定该岩层的沉积环境，还可以帮助划分地层层序、进行不同地区及不同地层的层位对比。岩层的上下层面间的垂直距离为岩层的厚度。

夹在两厚层中间的薄层称为夹层。若岩层的一侧逐渐变薄至消失，称为尖灭；若两侧都尖灭，则称为透镜体（图 2-4）。如果岩层由两种以上不同岩性的岩层交互组成，则称为互层，如砂、页岩互层，页岩、灰岩互层等。夹层和互层反映了由构造运动或气候变化所导致的沉积环境的变化。

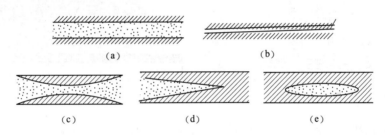

图 2-4　岩层的几种形态

（a）正常层；（b）夹层；（c）变薄；（d）尖灭；（e）透镜体

由于沉积环境和条件的不同，可形成以下几种层理构造：

1）水平层理。层理面平直，且与层面平行，是在稳定的和流速很小的流体条件下沉积而成的［图 2-5（a）］。

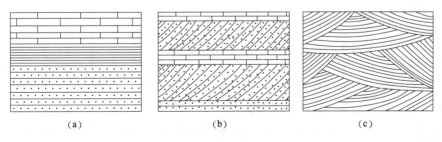

图 2-5　部分层理类型

（a）水平层理；（b）单斜层理；（c）交错层理

2）单斜层理。不同的层理面向同一方向、大致平行的倾斜，且与层面斜交成一定角度，常是沉积物受流水或风的单向运动而形成的［图2-5（b）］。

3）交错层理。多组不同方向斜层理相互交错重叠，是由于流体运动方向频繁交替变换而成的［图2-5（c）］。

4）波状层理。层理面呈波状起伏，总方向与层面大致平行，是流体在波动条件下形成。

（2）层面构造。层面构造是指在沉积岩的层面上保留有反映沉积岩形成时水流、风、雨、生物活动等遗留下来的痕迹。常见的层面构造有如下几种：

1）波痕。在沉积物未固结时，由水、风和波浪作用在沉积物表面形成了波状起伏的痕迹。当岩石固化后则保留在岩层面上（图2-6）。

2）泥裂。由于气候干燥、日晒，沉积物（特别是黏土沉积物）层面失水干缩开裂，形成张开的多边形网状裂缝，裂缝断面呈V形，裂缝在后期常被泥沙充填，成岩后在岩层层面上保留下来（图2-7）。

3）雨痕。沉积物层面受雨点打击留下的痕迹，后期被覆盖而保留，固结成岩后形成。

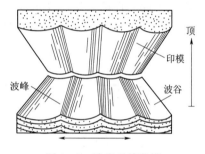

图2-6　波痕及其印模

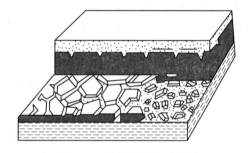

图2-7　泥裂的立体示意图

（3）结核构造。沉积岩中常含有成分、颜色、结构、构造等不同于周围岩石的圆球状或不规则形状的无机物包裹体，称为结核，通常都是沉积物的某些成分在地下水活动及交代作用下的结果。常见的结核有硅质、钙质、锰质等。

（4）化石构造。在沉积物沉积过程中，生物遗体、生物活动遗迹埋藏于沉积物中，随着成岩作用而石化成岩石的一部分，而形态却保留下来的构造称为化石构造。化石是沉积岩特有的构造特征，是研究地质发展演化和划分地质年代的重要依据。

5．沉积岩的分类及常见沉积岩的特征

（1）沉积岩的分类。根据沉积岩的成因、物质成分、结构和构造等，可将沉积岩划分碎屑岩、黏土岩、化学及生物化学岩三大类，见表2-4。

（2）常见沉积岩的特征。

1）碎屑岩类。碎屑岩由碎屑和胶结物两部分组成，具有碎屑结构，是原岩风化剥蚀的碎屑物质经搬运、沉积、固结而成的岩石。

a．角砾岩和砾岩：粒径大于2mm的碎屑颗粒含量占50%以上，棱角明显的为角砾岩，磨圆度较好的为砾岩。角砾岩和砾岩常为厚层，层理不太发育。角砾岩的成分较单一，而砾岩的成分较复杂，常由多种岩石碎屑和矿物颗粒组成。

表2-4　　　　　　　　　　　　　　　　　沉积岩分类

分类	岩石名称	结构		构造	矿物成分	
碎屑岩	角砾岩	砾状结构（粒径大于2mm）	角砾状结构（粒径大于2mm）	层理或块状	砾石成分为原岩碎屑成分	胶结物成分可为硅质、钙质、铁质、泥质、炭质等
	砾岩		砾状结构（粒径大于2mm）		（1）石英砂岩：石英占95%以上；（2）长石砂岩：长石占25%以上；（3）杂色岩：含石英、长石及大量暗色矿物	
	粗砂岩	砂状结构（粒径为0.005～2mm）	粗砂状结构（粒径大于0.5～2mm）			
	中砂岩		中砂状结构（粒径大于0.25～0.5mm）			
	细砂岩		细砂状结构（粒径大于0.05～0.25mm）			
	粉砂岩		粉砂状结构（粒径大于0.005～0.05mm）			
黏土岩	页岩	泥状结构（粒径小于0.005mm）		页理	颗粒成分为黏土矿物，并含其他硅质、钙质、铁质、炭质成分	
	泥岩			块状		
化学岩及生物化学岩	石灰岩	化学结构及生物化学结构		层理、块状或生物状	以方解石为主	
	白云岩				以白云石为主	
	泥灰岩				方解石、黏土矿物	
	硅质岩				燧石、蛋白石	
	石膏岩				石膏岩	
	盐岩				NaCl、KCl等	
	有机岩				煤、油页岩等含碳、碳氢化合物的成分	

　　b. 砂岩：粒径为0.005～2mm的碎屑颗粒含量占50%以上，黏土含量小于25%，具有砂质结构，层状构造，层理明显。根据砂状结构的粒径大小可将砂岩分为粗砂岩、中砂岩、细砂岩和粉砂岩；根据颗粒的成分可将砂岩分为石英砂岩、长石砂岩和长石石英砂岩等；根据胶结物的成分可将砂岩分为硅质砂岩、钙质砂岩、泥质砂岩和铁质砂岩等。硅质砂岩的颜色浅、强度高、抗风化能力强，泥质砂岩一般为黄褐色、吸水性强、易软化、强度低、抗风化能力差，而钙质砂岩和铁质砂岩的强度和抗风化能力介于前两者之间。

　　值得一提的是，碎屑岩中的胶结物的成分和胶结方式对其工程性质有较大影响，因此在工程施工中要给予重视。碎屑岩胶结物肉眼鉴定特征见表2-5。

表2-5　　　　　　　　　碎屑岩胶结物肉眼鉴定特征

胶结物类型	主要鉴定特征			
	颜色	硬度	遇稀盐酸反应	其他特征
硅质	灰白、灰黑	6.0～7.0		
钙质	灰白、灰黑	3.0	剧烈气泡	
铁质	灰红、铁锈	4.0～5.0		
碳质	黑色	2.0～3.0		污手
泥质	红、灰、黑色	1.0		遇水软化

2）化学岩及生物化学岩。化学岩及生物化学岩是指原岩在化学风化作用后形成的溶液中的物质，经一系列化学或生物化学作用而沉积形成的岩石。一部分由生物骨骼或甲壳沉积形成的岩石也划归此类。常见的此类岩石有以下四类：

a. 石灰岩：主要矿物为方解石，其含量大于 90%，另含少量白云石、粉砂粒和黏土矿物。纯石灰岩为浅灰白色，含杂质后呈灰红色、灰黄色、灰黑色等。硬度为 3.0～4.0，性脆，以遇冷稀盐酸剧烈起泡为显著特征。根据其结构差异，可细分为普通石灰岩，鲕状、竹叶状石灰岩，介壳状、珊瑚状石灰岩等。石灰岩分布广泛，岩性均一，易于开采加工，不仅是用途广泛的建筑石科，也还是重要的水泥原料和冶金溶剂材料。

b. 白云岩：主要矿物为白云石，常含少量方解石、石膏、菱铁矿和黏土矿物等。白云岩的外表特征与石灰岩很相似，一般颜色稍浅，纯白云岩为白色。硬度为 4.0～4.5，遇稀盐酸不易起泡或微弱起泡，滴镁试剂会由紫色变蓝色。岩石露头表面常呈现刀砍状溶蚀沟纹（俗称"刀砍纹"）。白云岩的强度比石灰岩高，是良好的建筑材料。

c. 泥灰岩：当石灰岩中的黏土矿物含量达 25%～50% 时，称为泥灰岩，常呈灰色、黄色，遇冷稀盐酸起泡，侵蚀面留有黏土物质。它在我国各地海、湖相沉积中均有分布，泥灰岩可作水泥原料和建筑石料。

d. 硅质岩：主要由蛋白石、石髓和石英组成，SiO_2 含量为 70%～90%。硅质岩分燧石、碧玉铁质岩和硅华等，以燧石最为常见。燧石岩致密坚硬性脆，颜色多呈灰黑色，锤击会有火花，常呈结核状、透镜状、层状产出。硅质岩有多种工业用途。如燧石以其硬度大，可作为研磨原料和硅质耐火材料；碧玉也以坚硬致密和色泽美丽作为细工石料。

（三）变质岩

变质岩是由变质作用所形成的岩石。地壳中先形成的岩浆岩或沉积岩在环境条件改变的影响下，矿物成分、化学成分以及结构构造发生变化而形成变质岩。它的岩性特征，既受原岩的控制，具有一定的继承性，又因经受了不同的变质作用，在矿物成分和结构构造上又具有新生性（如含有变质矿物和定向构造等）。变质岩在地球表面的分布约占陆地面积的 1/5。地质年代中较古老的岩石，大部分是变质岩，岩石生成年代越久远，变质程度越深，变质岩所占的比重也越大。如前寒武纪的岩石几乎都是变质岩。变质岩的结构、构造和矿物成分均较复杂，地质构造及裂隙较发育，一般变质岩分布区的工程地质条件较差，对工程建设有很多不利影响。例如，宝成铁路沿线的几处大型崩塌和滑坡都发生在变质岩区。

1. 变质岩的形成

在地球内外动力作用下，岩石的矿物成分及结构构造发生改变以适应新的地质环境和新的物理化学条件，这种能引起岩石性质发生改变的地质作用称为变质作用。变质作用主要有接触变质作用、交代变质作用、动力变质作用和区域变质作用。变质作用基本上都是原岩在原位进行的，所以变质岩的产状与原岩的产状基本一致，即残余产状。由岩浆岩形成的变质岩称为正变质岩，而由沉积岩形成的变质岩称为副变质岩。

引起变质作用的主要因素有以下三个方面：

（1）高温。高温是引起岩石变质的最基本、最重要的因素，大部分的变质作用都是在高温条件下进行的。一方面，高温可以使原岩中元素的化学活性增大，使得岩石发生重结晶形成新的结晶结构；另一方面，高温可以促进矿物间的化学反应，产生新矿物。

（2）高压。引起岩石发生变质的高压，主要有上覆岩层重量产生的静压力和地质构造运动产生的动压力两种。

1）静压力。由上覆岩体的重量引起，随着深度的增大而逐渐增大。原岩在静压力的长期作用下孔隙减小，岩石会变得致密坚硬，矿物的结晶格架改变而形成新的矿物。同时，在静压力与温度的共同作用下，岩石的塑性增强，比重增大，常形成一些体积较小、比重较大的变质矿物，如石榴子石等。

2）动压力。由地质构造运动产生的定向横压力，常与区域地质构造作用强度有关。在动压力的作用下，岩石和矿物会发生变形和破裂，形成各种破裂构造。通常，伴随着静压力和温度的升高，在最大压力方向上，矿物被压溶；在垂直最大压力方向上，针状和片状矿物定向生长，矿物重新组合并发生重结晶作用，形成变质岩特有的片理构造。

（3）化学活动性流体的加入。在岩石发生变质作用的过程中，岩浆活动带来的包括水蒸气、O_2、CO_2，含活泼性 B、S 等元素的气体和液体起到溶剂的作用。在温度和压力的共同作用下，这些化学活动性较强的流体与围岩接触，使得矿物发生化学替换、分解，形成新的变质矿物，从而改变了原岩的矿物成分。

2. 变质岩的物质组成

（1）化学成分。变质岩的化学成分主要取决于原岩的化学成分。当有交代作用发生时，其化学成分会发生很大的变化。通常正变质岩的化学成分变化范围较小，而副变质岩的变化范围较大。变质岩的化学成分主要有：SiO_2、Al_2O_3、Fe_2O_3、FeO、MnO、MgO、CaO、K_2O、Na_2O、H_2O、CO_2、TiO_2、P_2O_5 等。

（2）矿物成分。组成变质岩的矿物分为两部分：一部分是原岩中保留下来的，主要有石英、长石、角闪石、解石、云母、方解石、白云石等；另一部分是变质作用中产生的新的变质矿物，是变质岩特有的矿物，也是鉴别变质岩的重要标志，主要有石榴子石、红柱石、滑石、阳起石、绿泥石、蓝晶石、蛇纹石、透闪石、绢云母等。

3. 变质岩的结构

变质岩几乎全是结晶结构，但变质岩的结晶结构是经过重结晶作用形成的，根据变质程度的不同，可将变质岩的结构分为以下几种。

（1）变晶结构。变晶结构是变质岩的特征性结构，是原岩在固态条件下矿物再结晶形成的。变质程度较深，岩石为全晶质，没有非晶质成分。与岩浆岩的结构相似，所以在描述变质岩的结构时，常在前加"变晶"以示区别。

（2）变余结构。变质作用不彻底，变质程度较浅，原岩的矿物成分和结构特征一部分被保留下来所构成的结构称为变余结构。变余结构对判别原岩的性质和类型具有重要意义，如泥质砂岩在变质作用后，泥质胶结物变成绢云母和绿泥石，其中的碎屑成分不发生变化，则形成变余砂状结构。若原岩是岩浆岩，则会出现变余斑状结构、变余花岗岩结构等。

4. 变质岩的构造

变质岩的构造主要是片理构造和块状构造。其中片理构造是变质岩所特有的，是从构造上区别于其他岩石的一个显著标志。

（1）片状构造。重结晶作用明显，大量的片状、针状矿物沿片理面富集，呈平行排列，片理薄而清楚，沿片理面很容易剥开成不规则的薄片，光泽较强，是变质较深的构造，如云母片岩等。

（2）千枚状构造。片理薄而清晰，片理面较平直，片理面上有许多细小的绢云母鳞片，呈规律排列，容易裂开呈千枚状，具丝绢光泽，是区域变质较深的构造，如千枚岩。

（3）片麻状构造。颗粒粗大，片理不规则，深色矿物与浅色矿物相间呈条带状分布，仅含少量的片状和柱状矿物断续平行排列，沿片理面不易裂开，是变质最深的构造，如片麻岩等。

（4）板状构造。片理厚，片理面平直，重结晶作用不明显，颗粒细密，光泽暗淡，沿片理面裂开成厚度一致的板状，片理面偶有绢云母、绿泥石出现，是变质最浅的构造，如板岩等。

（5）块状构造。岩石由粒状矿物组成，矿物均匀分布，无定向排列现象，不能定向裂开，如大理岩、石英岩等。

5. 变质岩的分类及常见变质岩的特征

（1）变质岩的分类。根据矿物成分、结构、构造和变质作用类型，可以将变质岩分为三大类：片理状岩类、块状岩类和构造破碎岩类，详见表 2-6。

表 2-6　　　　　　　　　　　常 见 变 质 岩 分 类

岩石类别	岩石名称	构造	结　构	主要矿物成分	变质作用类型
片理状岩类	板岩	板状	变余结构、部分变晶结构	黏土矿物、云母、绿泥石、石英、长石等	区域变质（由板岩至片麻岩变质程度递增）
	千枚岩	千枚状	显微鳞片变晶结构	绢云母、石英、长石、绿泥石、方解石等	
	片岩	片状	显晶质鳞片状变晶结构	云母、角闪石、绿泥石、石墨、滑石、石榴子石等	
	片麻岩	片麻状	粒状变晶结构	石英、长石、云母、角闪石、辉石等	
块状岩类	大理岩	块状	粒状变晶结构	方解石、白云石等	接触变质或区域变质
	石英岩		粒状变晶结构	石英等	
	矽卡岩		不等粒变晶结构	石榴子石、辉石、硅灰石等	接触变质
	蛇纹岩		隐晶质结构	蛇纹石等	交代变质
	云英岩		粒状变晶结构、花岗变晶结构	白云母、石英等	
构造破碎岩类	断层角砾岩		角砾状结构、碎裂结构	岩石碎屑、矿物碎屑	动力变质
	糜棱岩		糜棱结构	长石、石英、绢云母、绿泥石等	

（2）常见变质岩的特征。

1）板岩。由泥质岩石经过较浅的区域变质作用而形成的一种结构均匀、致密、具有板状劈理的岩石，主要矿物成分为黏土矿物、云母及绿泥石等。其结晶程度很差，尚保留较多的泥质成分，具有变余泥质结构，板状构造。矿物颗粒极细小，肉眼一般无法分辨，可在板理面上见有散布的绢云母或绿泥石鳞片。因板岩具有沿板理面裂开成平整石块的特点，被广泛用作建筑石材。

2）千枚岩。变质程度比板岩深，原岩的泥质结构一般观察不出，矿物大多已发生重结晶，颗粒比板岩粗大，主要矿物成分为绢云母、绿泥石和石英等，具有变余及显微鳞片变晶结构，千枚状构造。此类岩石质地软，用途不大。

3）片岩。变质程度较板岩、千枚岩要高，重结晶的矿物颗粒粗大，肉眼可以直接观察，主要矿物成分为云母、绿泥石、滑石等，具有显晶变晶结构，片状构造。片岩中不含或很少含长石，而片麻岩含粗粒长石，这是片岩与片麻岩的区别。片岩的岩性软弱，抗风化能力差，用途不大。

4）片麻岩。由各种沉积岩、岩浆岩和变质岩经过变质形成，岩石变质程度较深，矿物大都发生重结晶，结晶粒度较大，肉眼可辨识。矿物成分以长石、石英为主，其次为云母、角闪石、辉石等，中、粗粒粒状变晶结构，片麻状构造。此类岩石在垂直片理的方向上强度最大，可以加工成石板作为建筑材料。

5）大理岩。由石灰岩、白云岩经区域变质或接触变质作用而生成，以碳酸盐矿物为主，主要是方解石，遇到稀冷盐酸会强烈起泡，具有等粒变晶结构，块状构造。纯大理岩为白色，称汉白玉，还有浅红色、浅绿色、深灰色等，因含杂质可呈现美丽的花纹，可广泛用作装饰及雕刻原料。

6）石英岩。由较纯的石英砂岩经变质作用而成，变质后石英颗粒和硅质胶结物合为一体，主要矿物成分为石英，含量可达 85％ 以上，具有等粒变晶结构，块状构造。纯石英岩为白色，因含杂质而呈灰色、黄色和红色等。石英岩强度很高，抗风化能力很强，是良好的建筑石材，但是开采、加工较为困难。

7）蛇纹岩。由富含镁质的超基性岩经过接触交代变质作用而成，主要矿物为蛇纹石，含少量石棉、滑石及磁铁矿等，隐晶质结构，块状构造，质软，略有滑感。

8）断层角砾岩。断层错动带中的岩石在动力变质作用下被挤碾成角砾状碎块，经胶结作用而成断层角砾岩。碎块大小不一，形状各异，成分同原岩，胶结物多为细粒岩屑和溶液中的沉淀物。

9）糜棱岩。由于原岩遭受强烈挤压破碎后所形成的一种粒度较细的动力变质岩，是韧性断层岩中的典型断层岩，糜棱岩通常在较高温度、压力及低应变速率条件下晶体发生塑性变形而形成。其矿物成分与原岩相同，有时含一些新生的变质矿物，如绢云母、绿泥石、滑石等，具典型的糜棱结构，块状构造。糜棱岩强度低，容易形成软弱夹层和引起渗漏，对岩体稳定不利。

第三节 地 质 作 用

地质作用是指由自然动力引起的地壳物质组成、地壳内部构造及地表形态等不断变化和形成的作用，引起地质作用的自然动力称地质营力。地质作用可以是物理、化学作用，也可以是生物作用。它们既发生于地表，也发生于地球内部。有的强烈急促，如地震；有的微弱缓慢，如风化作用。目前，正在地球上进行的地质作用，绝大多数在地球的历史时期也曾以类似的方式发生过。地球的现状正是各种地质作用长期改造的结果。

对于地质作用的主要动力来源，一是来自地球内部的热能、重力能、地球旋转能、化学能和结晶能等；二是来自地球外部的太阳辐射热、潮汐能和生物能等。

按照动力来源的不同，可以将地质作用分为内动力地质作用和外动力地质作用两大类。地质作用常常会引发各种地质灾害，按其成因的不同，可以把地质作用划分为自然地质作用和人为地质作用两种。其中，自然地质作用包括内动力与外动力地质作用。

一、内动力地质作用

内动力地质作用是指由地球内部的能量引起的地质作用，它一般起源和发生于地球内部，但常常可以影响到地球的表层。按其作用方式可分为四种。

（一）构造运动

构造运动是指由地球内力引起的地壳乃至岩石圈的变位、变形，以及洋底的增生、消亡和相伴随的地震活动、岩浆活动和变质作用。构造运动在地壳演变的过程中起着重要作用，当发生水平方向运动时，常使岩层受到挤压而产生褶皱，或使岩层拉张而破裂。垂直方向的构造运动会使地壳发生上升或下降。青藏高原最近数百万年以来的隆升就是地壳垂直运动的表现。

（二）岩浆作用

在岩浆的形成（熔融）、运移和冷凝的整个过程中，岩浆自身的变化以及其对周围岩石产生影响的全部地质过程称为岩浆体用。地壳深处的岩浆具有很高的温度和压力，当地壳运动出现破裂带时，由于局部压力降低，岩浆会向压力降低的方向移动，沿着破裂带上升，侵入地壳内或喷出地面，同时由于受到不断的分异作用和同化作用等影响而改变着自己的化学成分和物理化学状态。

（三）变质作用

构造运动与岩浆作用过程中，原岩受温度、压力和化学性质活泼的流体作用，在固体状态下发生物质成分和特征的改变，转变成新的岩石。

（四）地震作用

地壳快速释放能量过程中造成的振动，期间会产生地震波的一种自然现象。

二、外动力地质作用

外动力地质作用是由太阳能为主、地球的重力参与的地质作用，主要发生在地球表层水圈、气圈和生物圈中。在形式上表现为风的作用、海洋与湖泊作用、河流与地下水作用、冰川与重力作用；在过程上则依次表现为风化作用、剥蚀作用、搬运作用、沉积作用和固结成岩作用。

（1）风化作用。暴露于地表的岩石，在湿度变化及水、二氧化碳、氧气和生物等因素的长期作用下，发生化学分解和机械破碎。

（2）剥蚀作用。河流、海水、湖水、冰川及风等在其运动过程中对地表岩石造成破坏，破坏产物随其运动而搬移。例如，海岸、河岸因受海浪和流水的撞击、冲刷而发生后退。斜坡剥蚀作用是斜坡物质在重力以及其他外力因素作用下滑动和崩塌，又称块体运动。

（3）搬运作用。地质营力将风化、剥蚀作用形成的物质从原地搬往他处的过程。

（4）沉积作用。地质营力搬运的物质，或因营力动能减小，或因介质的物化条件发生变化而堆积、沉淀的过程。

（5）固结成岩作用。松散沉积物转变为坚硬岩石的过程。松散沉积物可以是在上覆沉积物的重荷压力作用下压密，孔隙减少，排除水分，碎屑颗粒间的联系力增强而固结变硬；也可以是碎屑间的孔隙中的充填物质将颗粒黏结成坚硬岩石；或者在压力、温度的影响下，沉积物部分溶解和再结晶而变成岩石。需要说明的是，固结成岩作用是介于内、外动力之间的一个特殊阶段。

（6）人为地质作用。人为地质作用是指由人类活动引起的地质效应，例如：采矿特别是露天开采引起地表变形、崩塌、滑坡；开采石油、天然气和地下水时，因岩土层疏干排水造成地面沉降；兴修水利工程造成的盐渍化、沼泽化或库岸滑坡、水库诱发地震等。

第四节　地　质　年　代

地质年代是指地壳发展历史与地壳运动、沉积环境及生物演化相应的时代段落。地质年代在工程实践中会经常用到，当需要了解一个地区的地质构造，岩层的相互关系，以及阅读地质资料或地质图时，都必须具备地质年代相关知识。

一、地质年代的划分

地质环境和生物种类在漫长的地质演化历史过程中经历了多次变迁。地质历史上某一时代形成的一套岩层称为地层。年代地层单位是指特定的时间间隔内形成的全部地层。无论其岩性、厚度和化石内容有无变化，其顶底界线都以等时面为界。地质年代分为 5 代 12 纪，5 代是太古代、元古代、古生代、中生代和新生代，每一代分为几个纪，每个纪中又分几个世。年代地层单位包括宇、界、系、统、阶、带等 6 个等级，与 6 级地质年代单位宙、代、纪、世、期、时严格对应。表 2-7 为地质年代表及相应的地层系统。

除表 2-7 中所示的国际性地层单位外，还有以地层的岩石特征作为划分依据的地层单位，称为岩石地层单位（地方性地层单位），它包括群、组、段、层等 4 级。群是岩石地层的最大单位，常常包含岩石性质复杂的一大套岩层，它可以代表一个统或跨两个统，如南京附近有象山群。群与群之间有明显的沉积间断或不整合，群的内部不应有不整合接触，即群内各组、段应是连续沉积的地层实体。组是岩石地层划分的基本单位，岩石性质比较单一。组可以代表一个统或比统小的年代地层单位，如巢湖北部地区出露有石炭系金陵组、高骊山组、和州组、黄龙组、船山组，二叠系栖霞组、孤峰组、龙潭组、大隆组等。段是组内次一级的岩石地层单位，代表组内具有明显特征的一段地层，如巢湖北部地区栖霞组可以分为梁山煤线段、臭灰岩段、下硅岩层、本部灰岩段、上硅岩层和顶部灰岩段。群、组、段的前面常被冠以该地层发育地区的地名。层是岩性相同的一个单位，它是岩石地层单位中级别最低的一级。

二、地质年代的确定

岩层的地质年代有两种，一种是绝对地质年代，另一种是相对地质年代。绝对地质年代是指组成地完的岩层从形成到现在有多少年，它能说明岩层形成的确切时间，但不能反

表 2－7　地质年代及其相应的地层系统

宙（宇）	代（界）	纪（系）	世（统）	时间间距	距今年龄/Ma	大阶段	阶段	动物	植物	中国主要地质、生物现象
显生宙（PH）	新生代（Kz）	第四纪（Q）	全新世（Q4/Qh）	约2~3	0.012		喜马拉雅阶段（新阿尔卑斯阶段）	人类出现		冰川广布、黄土生成
			更新世（Q1 Q2 Q3/Qp）		2.48（1.64）					
		晚第三纪（N）	上新世（N2）	2.82	5.3			哺乳动物繁盛	被子植物繁盛	西部造山运动、东部低平、湖泊广布
			中新世（N1）	18	23.3					哺乳类分化
		早第三纪（E）	渐新世（E3）	13.2	36.5	联合古陆解体				蔬果繁盛、哺乳类急速发展
			始新世（E2）	16.5	53					（我国尚无古新世新地层发现）
			古新世（E1）	12	65					
	中生代（Mz）	白垩纪（K）	晚白垩世（K2）				燕山阶段（老阿尔卑斯阶段）	爬行动物繁盛	裸子植物繁盛	造山作用强烈、火成岩活动矿产生成
			早白垩世（K1）	70	135（140）					恐龙极盛、中国南山俱成、大陆煤田生成
		侏罗纪（J）	晚侏罗世（J3）							
			中侏罗世（J2）							中国南部最后一次海侵、恐龙哺乳类发育
			早侏罗世（J1）	73	208					
		三叠纪（T）	晚三叠世（T3）				印支阶段			
			中三叠世（T2）							
			早三叠世（T1）	42	250	联合古陆形成				
	古生代（Pz）晚古生代（Pz2）	二叠纪（P）	晚二叠世（P2）				印支-海西阶段	两栖动物繁盛	蕨类植物繁盛	世界冰川广布、新南最大海侵、造山作用强烈
			早二叠世（P1）	40	290					
		石炭纪（C）	晚石炭世（C3）				海西阶段			气候温热、煤田生成、爬行类昆虫发生、地形低平、珊瑚礁发育
			中石炭世（C2）	72	362（355）					
			早石炭世（C1）							
		泥盆纪（D）	晚泥盆世（D3）					鱼类繁盛		森林发育、腕足类鱼类极盛、两栖类发育
			中泥盆世（D2）	47	409					
			早泥盆世（D1）							

（生物演化阶段中：无脊椎动物继续演化发展）

续表

地质时代、地层单位及其代号				同位素年龄/Ma		构造阶段		生物演化阶段		中国主要地质、生物现象
宙(宇)	代(界)	纪(系)	世(统)	时间间距	距今年龄	大阶段	阶段	动物	植物	
显生宙(PH)	古生代(Pz) 早古生代(Pz₁)	志留纪(S)	晚志留世(S₃)				加里东阶段	海生无脊椎物繁盛	藻类及菌类繁盛	珊瑚礁发育、气候局部干燥、造山运动强烈
			中志留世(S₂)							
			早志留世(S₁)	30	439					
		奥陶纪(O)	晚奥陶世(O₃)							地热低平、海水广布、脊椎动物极繁、末期华北升起
			中奥陶世(O₂)							
			早奥陶世(O₁)	71	510	联合古陆形成				
		寒武纪(Є)	晚寒武世(Є₃)							浅海广布、生物开始大量发展
			中寒武世(Є₂)							
			早寒武世(Є₁)	60	570(600)					
元古宙(PT)	新元古代(Pt₃)	震旦纪(Z/Sn)		230	800			裸露动物繁盛	真核生物出现(绿藻)	地形不平、冰川广布、晚期海侵加大
		青白口纪		200	1000	地台形成				
	中元古代(Pt₂)	蓟县纪		400	1400		普宁阶段			沉积深厚造山变质强烈、火成岩活动矿产生成
		长城纪		400	1800					
	古元古代(Pt₁)			700	2500		吕梁阶段		原核生物出现	早期基性喷发、继以造山、变质强烈、花岗岩侵入
太古宙(AR)	新太古代(Ar₂)			500	3000	2800 陆核形成				
	古太古代(Ar₁)			800	3800			生命现象开始出现		
冥古宙(HD)					4600					地壳局部变动、大陆开始形成

映岩层形成的地质过程。相对地质年代能说明岩层形成的先后顺序及其相对的新老关系，如哪些岩层是先形成的，是老的，哪些岩层是后形成的，是新的，它并不包含用年表示的时间概念。可以看出，相对地质年代虽然不能说明岩层形成的确切时间，但能反映岩层形成的自然阶段，从而说明地壳发展的历史过程。因此，在地质工作中，应用时一般以相对地质年代为主。

（一）绝对地质年代的确定——同位素年龄

该方法是由英国物理学家卢福于20世纪初首先提出的，其基本原理是基于放射性元素具有固定的衰变系数（衰变系数λ代表每年每克母体同位素能产生的子体同位素的克数）。假设岩石形成时，含有一定量的具放射性的母体同位素，随着时间的流逝，该母体同位素蜕变，其含量逐渐减少，蜕变后形成的子体同位素则逐渐增多。只要测定矿物中放射性同位素蜕变后剩余的母体同位素含量（N）和蜕变而成的子体同位素含量（D），则二者比值就可作为岩石形成以来的时间的尺度。计算公式为

$$t = \frac{1}{\lambda} \ln\left(1 + \frac{D}{N}\right) \tag{2-1}$$

式中 λ——衰变系数，其计算出的是该同位素的形成年龄，也就代表了岩石的形成年龄。常见的测年同位素有钾（K）-氩（Ar）、铷（Rb）-锶（Sr）、铀（U）-铅（Pb）和^{14}C。

（二）相对地质年代的确定

相对年代的确定就是要判断一些地质事件发生的先后关系。这些地质事件保留在地质历史留下的物质记录中，可根据三个基本规律来判断，即地层层序律、生物层序律及切割律。

1. 地层层序律

原始产出的地层具有下老上新的层序规律。地球发展历史的主要记录是岩石，特别是成层岩石。成层岩石的形成是自下而上顺次叠置而成的，即先形成的岩层在下，后形成的岩层在上。在岩层未发生倒转或未发生逆掩断层的情况下，上覆岩层新于下伏岩层（图2-8）。这个规律称为"地层层序律"。

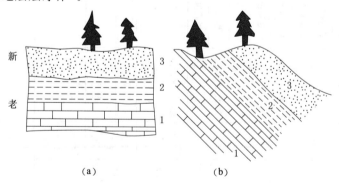

图2-8 地层层序律

（a）岩层水平；（b）岩层倾斜

1—灰岩；2—泥岩；3—松散层（第四系沉积物）

对于后期地壳运动使地层变动（倾斜、倒转）的地层层序，可用沉积构造中的层面构造（波痕、泥裂、雨痕等）作为"示底构造"恢复顶底后来判断先后顺序（图2-9）。

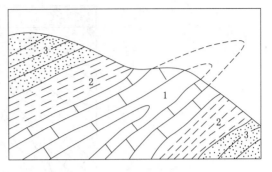

图2-9　岩层层序倒转
1—灰岩；2—泥岩；3—松散层（第四系沉积物）

2. 生物层序律

沉积岩中保存的地质历史时期生物遗体和遗迹称为化石。化石的成分常常已变为矿物质，但原来生物骨骼或介壳等硬件部分的形态和内部结构却在化石中保存下来。人类从对现代生物及古生物的研究中认识到：生物的演化是从无到有、从简单到复杂、从低级到高级，其演化过程是不可逆转的。不同地质时代的岩层中含有不同类型的化石及其组合，而含有相同的化石及其组合，无论相距多远，都是在相同地质年代中形成的。因此，根据地层中化石生物的特征来推断地层相对年代或先后顺序，这就是"生物层序律"，如图2-10所示。

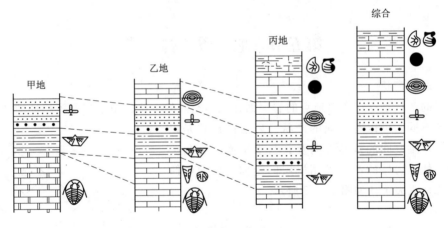

图2-10　生物层序律示意图

柱状图内用不同符号代表不同时期的岩层，柱状图右侧用生物图案代表不同的化石及其组合。各柱状图中同一时代的岩层用虚线相连。综合柱状图归纳了所研究的各个地区岩层形成的顺序及生物的演化顺序。运用地层层序律和生物层序律对地层相对年代的确定，其实际工作就是地层的划分和对比。

3. 切割律

由于各种地质作用，不同时代的岩层、岩体或地质体常相互切割或呈穿插关系。在此情况下，被切割或被穿插的岩层比切割或穿插的岩层老，这就是切割律。利用切割律可以确定一切有穿插或切割关系的地质体形成的先后顺序（图2-11）。如侵入体中捕虏体形成年代要晚于侵入体，砾岩中砾石的形成年代比砾岩晚。此法还适用于有交切关系的地质体，在岩层未发生倒转的前提下，不整合面以下的岩层时代老于以上的岩层。

图 2-11　运用切割律确定岩石形成顺序

1—石灰岩（最早形成）；2—花岗岩（形成晚于石灰岩，并有石灰岩补虏体）；3—矽卡岩（形成时间同花岗岩）；
4—闪长岩（晚于花岗岩形成）；5—辉绿岩（晚于闪长岩形成）；6—砾石（早于砾岩形成）；
7—砾岩（最晚形成）

第五节　地　质　构　造

一、岩层产状

岩层的产状是指在产出地点的岩层面在三维空间的方位。由于岩层沉积环境和所受的构造运动不同，可以有不同的产状。岩层的产状是以岩层面在三维空间的延伸方向及其与水平面的交角关系来确定的。岩层的产状可用岩层的走向、倾向和倾角三个要素来表示，如图 2-12 所示。

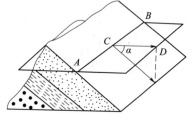

图 2-12　岩层产状要素

AB—走向线；CD—倾向；α—倾角

1. 走向

岩层层面与任一个假想水平面的交线称为走向线，也就是同一层面上等高两点的连线，走向线两端延伸的方向称为岩层的走向，岩层的走向有两个方向，彼此相差180°。岩层的走向表示岩层在空间的水平延伸方向。如图 2-12 中的 AB 线。

2. 倾向

层面上与走向线垂直并沿斜面向下所引的直线叫倾斜线，它表示岩层的最大坡度，倾斜线在水平面上的投影所指示的方向称岩层的倾向（又叫真倾向，真倾向只有一个）。倾向表示岩层向哪个方向倾斜。其他斜交于岩层走向线并沿斜面向下所引的任一直线称为视倾斜线；它在水平面上的投影所指的方向，称为视倾向。无论是倾向或视倾向，都是有指向的，即只有一个方向，如图 2-12 中的 CD 线所指的方向。

3. 倾角

层面上的倾斜线和它在水平面上投影的夹角，称为倾角，又称真倾角；倾角的大小表示岩层的倾斜程度。视倾斜线和它在水平面上投影的夹角，称为视倾角。其倾角只有一个，而视倾角可有无数个，任何一个视倾角都小于该层面的真倾角，如图 2-12 中的 α。

岩层的产状要素通常是用地质罗盘直接在岩层面上测得（图 2-13）。其表示方法可用文字和符号两种方法表示。由于地质罗盘上方位标记有的用象限角表示，也有的用 360°的方位角表示。因此，文字表示方法也有两种：

（1）方位角表示法。以正北为 0°，正东为 90°，正南为 180°，西为 270°。该表示法一般只记倾向和倾角。如 SW178°∠48°（也可写为 178°∠48°），前面是倾向方位角，后面指倾角，即倾向为西南 178°，倾角 48°。

（2）象限角表示法。以北或南方向作为 0°，一般记走向、倾角和倾向象限。如 N48°W/SW36°，即走向为北偏西 48°，倾角 36°，向南西倾斜。

图 2-13　用地质罗盘测量岩层的产状要素

需要指出一点，对于岩层产状要素的符号和书写，国内外的书刊资料和地质图上有时并不完全一致，参阅文献资料时应予以注意。

二、水平构造和单斜构造

在广阔的海底、湖盆、盆地中未经构造变动的沉积岩层，其原始产状大都是水平或近于水平的，先沉积的老岩层在下，后沉积的新岩层在上，称为水平构造。但是地壳在漫长的发展过程中，经历了许多复杂的地质过程，岩层的原始产状会发生不同程度的变化，因此水平构造实际上是指受地壳运动影响轻微的原始产状水平或近于水平的沉积岩层（图 2-14）。原来水平的岩层受到地壳运动的影响后，产状发生变化，如果岩层向同一个方向倾斜，就形成单斜构造（图 2-15）。单斜构造往往是由后面所讲的褶皱的一翼、断层的一盘或者是局部地层不均匀的上升或下降所引起。

图 2-14　水平构造

图 2-15　单斜构造

三、褶皱构造

岩层的弯曲现象称为褶皱。组成地壳的岩层受构造应力的强烈作用，使岩层形成一系列波状弯曲而未丧失其连续性的构造，称为褶皱构造。褶皱构造是岩层塑性变形的结果，是地层中广泛发育的地质构造的基本形态之一，其规模可以长达几十到几百千米。

褶皱构造通常指一系列弯曲的岩层，为了便于对褶皱进行分类和描述褶皱的空间展布特征，首先应该了解褶皱要素。褶皱要素是指褶皱的各个组成部分和确定其几何形态的要素。褶皱具有以下各要素（图 2-16）：

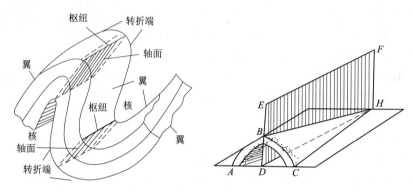

图 2-16　褶皱要素

（1）核。核即为褶皱的中心部分，通常是指褶皱两侧同一岩层之间的部分，但也往往只把褶皱出露地表最中心部分的岩层叫做核。

（2）翼。翼为褶皱核部两侧的岩层。一个褶皱具有两个翼，两翼岩层与水平面的夹角叫翼间角，如图 2-16 中 ABC 所包围的内部岩层与水平面的夹角。

（3）轴面。平分褶曲两翼的假想的对称面。轴面可以是简单的平面，也可以是复杂的曲面；其产状可以是直立的、倾斜的或水平的。轴面的形态和产状可以反映褶皱横剖面的形态。如图 2-16 中 DEFH 面。

（4）枢纽。褶皱岩层的同一层面与轴面相交的线，称为枢纽。枢纽可以是水平的、倾斜的或波状起伏的。它可以表示褶皱在其延长方向上产状的变化，如图 2-16 中交线 BH。

（5）轴。轴面与水平面的交线。因此，轴永远是水平的。它可以是水平的直线或水平的曲线。向代表褶皱延伸的方向，轴的长度可以反映褶皱的规模，如图 2-16 中交线 DH。

（6）转折端。褶皱两翼会合的部分，即从褶皱的一翼转到另一翼的过渡部分，它可以是一点，也可以是一段曲线。

从工程所处的地质构造条件来看，可能是一个大的褶皱构造，但从工程所遇到的具体构造问题来说，则往往是一个褶曲或者是大型褶皱构造的一部分。局部构成了整体，整体与局部存在着密切的联系，通过整体能更好地了解局部构造相互间的关系及其空间分布的来龙去脉。这种观点对于了解某些构造问题在线路通过地带的分布情况，进而研究地质构造复杂地区路线的合理布局无疑是重要的。

对于具体工程而言，褶皱构造的工程地质评价主要是倾斜岩层的产状与路线或隧道轴线走向的关系问题。一般来说，倾斜岩层对建筑物的地基没有特殊不良的影响；但对于深路堑、挖方高边坡及隧道工程等，则需要根据具体情况进行具体分析。

以隧道工程为例，从褶皱的翼部通过一般是比较有利的；但如果中间有松软岩层或软弱构造面时，则在顺倾向一侧的洞壁，有时会出现明显的偏压现象，甚至会导致支撑破坏，发生局部坍塌。在褶皱构造的轴部，从岩层的产状来说，是岩层倾向发生显著变化的地方，从构造作用对岩层整体性的影响来说，又是岩层受应力作用最集中的地方。因此，在褶皱构造的轴部，不论公路、隧道或桥梁工程，都容易遇到各种工程地质问题，主要是由于岩层破碎而产生的岩体稳定性问题和向斜轴部地下水的问题。这些问题在隧道工程中往往显得更为突出，容易产生隧道塌顶和涌（突）水现象，有时会严重影响正常施工。

四、断裂构造

构成地壳的岩体，受到力的作用会发生变形，当变形达到一定程度后，岩体的连续性和完整性便会遭受破坏，产生各种大小不一的断裂，称为断裂构造。断裂构造是地壳上层常见的地质构造，分布很广，特别在一些断裂构造发育的地带，通常会成群分布，形成断裂带。根据岩体断裂后两侧岩块相对位移的情况，断裂构造可分为节理（裂隙）和断层两类。

（一）节理

节理是存在于岩体中的裂缝，是岩体受力断裂后两侧岩块没有显著位移的小型断裂构造，也可称之为裂隙。它较之断层更为普遍。裂隙规模大小不一，细微的节理肉眼不能识别，一般常见的为几十厘米至几米，长的可延伸达几百米，甚至上千米。对于节理的研究，在理论上和生产实践上都具有重要的意义。如地下水的渗透性与油（气）藏的含油（气）性，都与节理发育的密度相关；节理的存在影响水工建筑物的渗漏性和岩体的稳定性。节理与褶皱断裂和区域性构造密切相关，它的研究对于认识和阐明区域地质构造及其形成和发展等方面具有重要意义。因此，当节理构造可能成为影响工程设计、施工的重要因素时，应当对节理进行深入的调查研究，详细论证节理对岩体工程建筑条件的影响，并采取相应措施，从而保证建筑物的稳定和正常使用。

（二）断层

岩体受到力的作用发生断裂后，两侧岩块或岩体沿破裂面发生显著位移的构造，称为断层。断层在地壳中广泛发育，是地壳中最重要的构造之一。在地貌上，大的断层常常形成裂谷和陡崖，如著名的东非大裂谷、我国华山北坡大断崖等。断层一侧上升的岩块，常成为块状山地或高地，如我国的华山、庐山、泰山；另一侧相对下降的岩块，则常形成谷地或低地，如我国的渭河平原、汾河谷地。在断层构造带，由于岩石破碎，容易遭受风化侵蚀，常发育成沟谷、河流。现代活动性断层直接影响到各种建筑物（构筑物）和地震活动，所以对于断层的研究无论在理论上或是实践上均有十分重要的意义。

在断层分布密集的断层带内，岩层一般都遭受强烈破坏，产状紊乱，岩体裂隙增多、岩层破碎、风化严重、地下水多，从而降低了岩石的强度和稳定性；同时，沟谷斜坡崩塌、滑坡、泥石流等不良地质现象发育。因此，在项目选址（如确定路线布局、选择桥位和隧道位置）时，要尽量避开大的断层破碎带。

（1）路线布局。路线布局特别是在安排河谷路线时，要特别注意河谷地貌与断层构造的关系；当路线与断层走向平行，路基靠近断层破碎带时，由于开挖路基，容易引起边坡发生大规模坍塌，直接影响施工和公路的正常使用。

（2）桥位选择。在进行地质勘测时，要注意查明桥基部分有无断层存在，以及其影响程度如何，以便根据不同情况，在设计基础工程时采取相应的处理措施。

（3）隧道位置。由于岩层的整体性遭到破坏，加之地表水或地下水的侵入，其强度和稳定性都很差，容易产生洞顶坍落，影响洞内施工安全，故当隧道轴线与断层走向平行时，应尽量避免与断层破碎带接触；在确定隧道平面位置时，要尽量设法避开大规模的断层破碎带。

五、地层接触关系

地壳时时刻刻都在不断运动着。同一地区在某一时期可能是以上升运动为主，形成高地，遭受风化剥蚀；另一时期则可能是以下降运动为主，从而形成洼地，并接受沉积，也可能是在长时期内下降接受沉积，这样就使得先后形成的地层之间具有不同的相互关系，即地层接触关系。

（一）整合接触

上、下地层在沉积层序上没有间断，岩性、地层层序或所含化石都是一致的或递变的，其产状基本一致，它们是连续沉积形成的。这种上、下地层的接触关系称为整合接触[图 2-17（a）]。地层的整合接触反映了在形成这两套地层的地质时期该地区地壳处于持续的、缓慢的下降状态，或者虽有短暂上升，但是沉积作用从未间断过，或者地壳运动与沉积作用处于相对平衡状态，沉积物一层层地连续沉积，这样就形成了两套地层之间的整合接触关系。

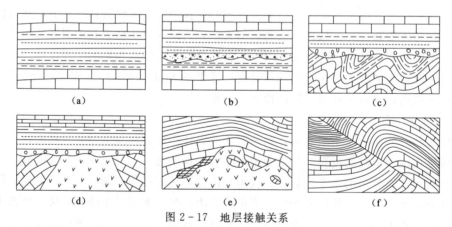

图 2-17 地层接触关系

（a）整合接触；（b）假整合接触；（c）角度不整合接触；（d）沉积接触；（e）侵入接触；（f）断层接触

（二）不整合接触

上、下地层之间的层序如果存在间断，即先后沉积的地层之间缺失了一部分地层。这种沉积间断的时期代表该区域没有接受沉积，也可能代表沉积之后地壳抬升遭受了剥蚀。地层之间的这种接触关系称为不整合接触。在上、下地层之间有一个沉积间断面，叫不整合面。不整合面在地表的出露线叫不整合线，它是重要的地质界线之一。根据不整合面上、下地层的产状及其反映的地壳运动特征，不整合接触可分为两种类型，即平行不整合接触（也称假整合接触）和角度不整合接触。

1. 平行不整合接触

不整合面上、下两套岩层之间的地质年代不连续，缺失沉积间断期间的岩层，但彼此间的产状基本上是一致的，看起来貌似整合接触，所以又称为假整合接触［图 2-17（b）］。其形成原因是地壳缓慢下降，沉积区接受沉积，然后地壳上升，沉积物露出水面遭受风化剥蚀，接着地壳又下降接受沉积，形成一套新的地层。这样，先沉积的和后沉积的地层之间是平行叠置的，但并不是连续的，而是具有沉积间断。因此，平行不整合接触代表着地壳均匀下降沉积，然后上升剥蚀，再下降沉积的一个演化过程。

2. 角度不整合接触

角度不整合接触［图 2-17（c）］不仅不整合面上下两套岩层间的地质年代不连续，而且两者的产状也不一致，下伏岩层与不整合面相交有一定的角度。其形成原因是地壳缓慢下降，沉积区（盆地）接受沉积，然后地壳上升，受到水平挤压形成褶皱和断裂，并遭受风化剥蚀，接着又下降接受沉积，形成一套新的地层。因此，角度不整合接触代表着地壳均匀下降沉积，然后水平挤压形成褶皱、断裂并上升遭受风化剥蚀，再下降接受沉积的过程。

整合、不整合是地层主要的接触类型。但由于地壳运动很复杂，因而反映地壳运动的地层接触关系也多种多样，错综复杂。如侵入体的沉积接触［图 2-17（d）］、侵入接触［图 2-17（e）］、断层接触［图 2-17（f）］等，侵入体的沉积接触表现为侵入体被沉积岩层直接覆盖，两者之间常常有风化剥蚀面存在。侵入接触是指侵入岩体与被侵入岩体间的接触关系。断层接触即地层与地层之间或地层与岩体之间，其接触面本身为断层面。

不整合接触中的不整合面，是下伏古地貌的剥蚀面，它通常有比较大的起伏。同时常有风化层或底砾存在，层间结合差，地下水发育，当不整合面与斜坡倾向一致时，如果进行路基开挖，经常会成为斜坡滑移的边界条件，对工程建设不利。

本 章 关 键 词

地质学、地质作用、元素、矿物、岩石、地质构造、地层接触关系

思考题

1. 地质学研究对象、研究内容及其研究意义。
2. 常见矿物的鉴定特征。
3. 三大类岩石的形成和演化。
4. 常见岩石的成因类型及其工程地质特征。

参 考 文 献

［1］ 南京大学地质学系岩矿教研室. 结晶学与矿物学 ［M］. 北京：地质出版社，1978.

［2］ 邱家骧. 岩浆岩岩石学 ［M］. 北京：地质出版社，1985.

［3］ 陈智娜. 普通地质学实验指导书及思考题集 ［M］. 北京：地质出版社，1991.

［4］ 李昌年. 火成岩微量元素岩石学 ［M］. 武汉：中国地质大学出版社，1992.

［5］ 潘兆橹. 结晶学及矿物学 ［M］. 北京：地质出版社，1993.

［6］ 潘兆橹，万朴. 应用矿物学 ［M］. 武汉：武汉工业大学出版社，1993.

［7］ 吴泰然，何国琦. 普通地质学 ［M］. 北京：北京大学出版社，2003.

［8］ 陶晓风，吴德超. 普通地质学 ［M］. 北京：科学出版社，2009.

［9］ 肖渊甫，郑荣才，邓江红. 岩石学简明教程 ［M］. 北京：地质出版社，2009.

［10］ 舒良树. 普通地质学：3 版 ［M］. 北京：地质出版社，2010.

［11］ 桑隆康，马昌前，王国庆，等. 岩石学：2 版 ［M］. 北京：地质出版社，2012.

［12］ 邵艳，汪明武. 工程地质 ［M］. 武汉：武汉大学出版社，2013.

第三章 工 程 地 质

第一节 概 述

工程地质学是和工程建设密切相关的一门科学，是研究人类工程活动与地质环境之间的相互制约，预测和评价与工程建筑有关的工程地质问题，合理开发利用和妥善保护地质环境的科学。

一、工程地质学的基本任务和研究方法

工程地质学是在人类经济、工程活动中产生和发展起来的一门实践性很强的应用学科。工程地质研究的基本任务是为工程建设提供工程规划、设计、施工所需的地质资料，解决工程上所遇到的各种地质问题，论证地质条件（环境）发生的变化，提出相应的合理利用地质环境的措施，确保建筑物的安全可靠、经济合理、运行正常。

工程地质学研究的对象是复杂的地质体，所以其研究方法应是地质分析法与力学分析法、工程类比法与试验法等密切结合，即通常所说的定性分析和定量分析相结合的综合研究方法。

二、工程地质学研究的内容

工程地质学可以归结为以下三个方面：①区域稳定性研究与评价，是指由内动力地质作用引起的断裂活动、地震对工程建设地区稳定性的影响；②地基稳定性研究与评价，是指地基的牢固、坚实性；③环境影响评价，是指人类工程活动对环境造成的影响。

根据工程地质学学科发展和工程建设事业的需要，目前工程地质学主要包含工程岩土学、工程动力地质学、区域工程地质学、专门工程地质学和环境工程地质学等分支。

1. 工程岩土学

工程岩土学是一门为工程建设研究岩石和土的成分、结构、构造和工程地质性质的形成及其变化的科学，对保证各类工程建设的合理设计、顺利施工、持久稳定和安全运营具有重要意义，它是开展整个工程地质学研究的理论基础。

2. 工程动力地质学

工程动力地质学是研究与工程建设有关的各种自然地质作用和工程地质作用，以及它们的形成条件、发生发展规律，动态趋势和防治措施的科学。地壳表层上的土和岩石并不是静止不动的，它时刻受到自然营力引起的内动力地质作用和外动力地质作用，以及人类的各类工程活动的影响，并导致各种地质灾害的发生。研究工程动力地质作用的发生、发展的条件及活动规律，采用定性和定量的方法对其预测和评价，提出预防措施，是工程动力地质学的主要任务。

3. 区域工程地质学

区域工程地质学是研究区域工程地质条件的形成和分布规律，指明不同区域可能产生的工程地质问题，为工程建设的区域规划、改造不良区域工程地质条件提供依据的科学。其核心内容是研究区域工程地质条件形成的特点和规律，预报它在人类活动影响下可能发生的变化；提出区域稳定性和地质环境综合评价；进行工程地质分区和制图，为经济建设的规划和合理布局服务。

4. 专门工程地质学

专门工程地质学也称工程地质勘查学，是工程地质学的实践分支学科，是研究工程地质勘查的原理和技术方法的学科。重点研究各种勘查技术方法的正确选择，配置勘查工作的合理安排与布局，勘查资料的获取与整理，以及在专门性工程地质勘查中如何选择优良建筑场地，分析工程地质问题等。

5. 环境工程地质学

环境工程地质学是研究人类各类经济和工程活动与地质环境之间相互作用和影响，从而更科学地合理利用地质环境、防治地质灾害的一门科学。人类工程活动与地质环境的协调是环境工程地质学研究的核心，通过地质环境对工程建设的影响和制约，以及工程建设对地质环境的作用和破坏，导致地质灾害或病害发生表现出来。

工程地质学作为一门应用性极强的工程学科，在国民经济的许多行业中都离不开工程地质工作。结合各个行业的工程特点和要求，工程地质学不断产生了新的学科方向，如城市工程地质学、矿山工程地质学、海洋工程地质学、道路工程地质学等，这些新的学科方向为国民经济发展中工程建设安全、科学合理地利用和保护地质环境提供了理论基础和技术保障。

三、工程地质问题

在研究工程地质作用和现象时，必须对工程建筑与工程地质条件间相互作用、相互制约而引起的，对建筑物的顺利施工和正常运行或对周围环境可能产生影响的地质问题进行深入分析，这类地质问题也称为工程地质问题，如工业民用建筑中的地基沉降问题，地下工程中的围岩稳定性问题，道路工程中的边坡稳定性问题，水利工程中的水库淤积和诱发地震问题等。由于在人类发展的不同历史时期，工程类型、规模和对工程建设质量的要求不同，因此出现的工程地质问题也是不一样的。显然研究人类工程活动与地质环境之间的相互制约关系，以便做到既能使工程建筑安全、经济、稳定，又能合理开发和保护地质环境，这是工程地质学的基本任务。在大规模地改造自然环境的工程中，如何遵循地质规律，有效地改造地质环境，则是工程地质学要面临的主要任务。

第二节 工程地质基础知识

一、工程地质条件

工程地质条件是在漫长的地质历史时期中内外动力地质作用的产物，它的形成受地壳运动、大地构造、地形地势、气候、水文、植被等自然因素的控制。但同时也要看到，随着人类活动的强度和规模不断增大，人类活动作为一种强大的人为作用力，对工程地质条件的作用也越来越深刻，不能忽视。由自然因素引起，但受人类活动改造过，在人类活动影响下所产生的现代地质作用和现象称为"工程地质作用和现象"。与自然地质作用相比，工程地质作用具有发育强度大、分布面积小等特点。

在工程地质学中，对人类工程活动的地质环境常用工程地质条件来描述，工程地质条件是一个综合性的概念，是与工程建设有关的地质条件的总称。一般认为，它包括工程建设地区的地形地貌、岩土体工程性质、地质构造、水文地质条件、物理地质现象、地球物理环境（地应力及地热等）、天然建筑材料等七个方面的因素。在不同地区、不同类型工程、不同设计阶段，解决不同问题时，上述各方面的重要性并不是等同的，其主次会有较大的差异。其中，岩土体的工程性质和地质构造往往起主导作用，但在某些情况下，地形地貌或水文地质条件也可能是首要因素。工程地质条件所包括的各方面因素是相互联系、相互制约的。因此，在解决工程建设中的地质问题时，应该对各方面的因素进行综合分析论证。

二、工程地质条件各要素的分析

1. 地形条件

地形是内外动力地质作用在漫长的地质历史过程中形成的。对一个地区地形特征的研究，有助于分析当地的地质结构、岩性构成、地质作用和地质现象的分布，以及它们对于已建成工程的危害性。

地形地貌的研究对建筑场地的选择、建筑物的布置和形式、工程量的大小、勘查工作量的布置有重大影响。同时它还能反映出地质结构、水文地质结构特征，成因类型，地壳运动，尤其是新构造运动的特征。

地形地貌条件对建筑场地的选择，尤其是水利枢纽工程、铁路、运河渠道等方案的选择意义重大。地形地貌条件包括如下几个方面的内容：①地形地貌分级；②地貌单元划分；③地形起伏的变化（水系分布、高程及相对高差）；④地面切割情况（沟谷的发育系统、形态、方向、密度、深度及宽度）；⑤山坡形状、高度、陡度；⑥山背山顶的形态、宽度、平整程度；⑦河谷结构、坡度、河谷地形、宽度；⑧阶地成因类型、阶地级数及高程、宽度、起伏度、完整程度、结构及组成物质；⑨不同地貌单元的特征及相互联系与差异。

2. 岩土体工程性质

岩土体工程性质是工程地质条件中最重要的基本因素，是工程地质条件诸因素中与工程建筑最密切相关的因素。它决定着地形特征、地质作用的发育情况、地下水和矿产的分布，同时还是各种工程建筑的天然地基和建筑材料。

3. 地质构造

地质构造是指组成地壳的岩层或岩体在内、外动力地质作用下发生的变形变位，从而形成的诸如褶皱、节理、断层、劈理以及其他各种面状和线状构造等。地质构造所形成的结构面称为构造结构面，包括断层面、层间错动面、切理面、劈理面等，这些结构面仅限于岩体内部，在土体中很少或基本不存在。

4. 水文地质条件

水文地质条件是影响岩土工程地质性质，致使工程地质问题复杂的重要因素，对其研究的主要内容有：①补给、径流和排泄条件；②地下水类型、水质；③地下水水位、水头、水量及变化；④含水层、隔水层的分布及组合关系、厚度；⑤岩土层的渗透性、富水性、承压性、渗透压力；⑥地下水的侵蚀性。

地下水的高低影响到建筑基础的埋深、施工方法的选择及处理措施。岩土的工程地质性质与含水量有直接关系，地基沉降量的计算必须考虑地下水位的波动幅度，水库渗漏、浸没、渠道渗漏、基坑漏水、流沙等工程地质问题的出现与地下水位及变幅不无密切关系。

地下水位幅度的变化对岩溶的发育至关重要，对研究岩溶发育规律，尤其是深部岩溶的发育提供了良好的资料。基岩裂隙水的分布很不均一，对于地下洞室、井巷围岩支护的稳定性有极大的威胁。大量抽取地下水还会造成许多环境工程地质问题，例如，地面沉降、矿区塌陷、岩溶塌陷、附近区井泉干枯等。

5. 物理地质现象

物理地质现象是内外动力地质作用对地壳表层岩土体综合作用的产物，如地震、边坡变形与破坏、地面塌陷、泥石流、冲沟等，这些现象是工程地质条件中最活跃的因素。因此，仅对其目前的存在状态的研究是不够的，还要对其发生、发展、消亡的规律、产生的原因、影响发育的因素、形成条件与机制、发展的过程及阶段进行反演和预测，才能作出正确的评价。

6. 地球物理环境（地应力及地热等）

在漫长的地质作用过程中产生了大量地应力，并通过各种方式（如地震等）释放出来，其中一部分地应力在地质体中积累保存了下来。随着地壳运动，一个地区的地应力场也在不断发生变化，当积累的地应力超过了地质体的强度时，就会爆发释放出来，形成地震等灾害。在大型水利枢纽开挖和深部矿山开采过程中，常常发生的岩爆灾害就是因为天然地应力的突然释放所致。

7. 天然建筑材料

对于大型工程来讲，尤其是水利水电工程，天然建筑材料是工程地质条件的重要组成部分，应遵循"就地取材"的原则，它的质量、储量、开采条件和运输条件的优劣对工程的建筑类型、建筑规模、工程造价、工期长短是一个重要的制约因素，必须在勘查过程中解决。例如在峡谷地区，一般石料较多，中小型水库坝型就应当选择堆石坝或砌石坝。

应当注意的是，具体建筑对工程条件的要求差异很大，影响也不相同。因此，工程地质条件的评价应当与具体工程联系起来，才能评价其优劣，否则会造成纸上谈兵，得出相反或错误的结论。

第三节　岩土的工程地质特征

岩土工程地质特征的研究是为了对不同类型岩土的工程地质性质作出客观评价，对其组成的工程岩体的稳定性作出可靠评价。

一、岩石的工程分类与描述

1. 岩石的工程分类

（1）按成因可分为岩浆岩、沉积岩和变质岩。

（2）根据强度、风化程度及结构类型的岩石分类应符合表3-1、表3-2、表3-3规定。

（3）按软化系数K_R可分为软化岩石和不软化岩石。当$K_R \leqslant 0.75$时，应定为软化岩石；当$K_R > 0.75$时，则应定为不软化岩石。

（4）当岩石具有特殊成分、结构和性质时，应定为特殊性岩石，并分为易溶性岩石、膨胀性岩石、崩解性岩石和盐渍化岩石等。

表3-1　　　　　　　　　　　　　　岩石按强度分类

类别	亚类	强度/MPa	代 表 性 岩 石
硬质岩石	极硬岩石	>60	花岩石、花岗片麻岩、闪长岩、玄武岩、石灰岩、石英砂岩、石英岩、大理岩、硅质砾岩等
	次硬岩石	30～60	
软质岩石	次软岩石	5～30	黏土岩、页岩、千枚岩、绿泥石片岩、云母片岩等
	极软岩石	<5	

注　强度指新鲜岩块的饱和单轴极限抗压强度。

表3-2　　　　　　　　　　　　　　岩石按风化程度分类

岩石类别	风化程度	野 外 特 征	风化程度参数指标		
			压缩波速度 V_p/(m/s)	波速比 K_v	风化系数 K_f
硬质岩石	未风化	岩质新鲜，未见风化痕迹	>5000	0.9～1.0	0.9～1.0
	微风化	组织结构基本未变，仅节理面有铁锰质渲染或矿物略有变色。有少量风化裂隙	4000～5000	0.8～0.9	0.8～0.9
	中等风化	组织结构部分破坏，矿物成分基本未变化，仅沿节理面出现次生矿物。风化裂隙发育，岩体被切割成20～50cm的岩块。锤击声脆，且不易击碎；不能用镐挖掘，干钻可钻进	2000～4000	0.6～0.8	0.4～0.8
	强风化	组织结构已大部分破坏，矿物成分已显著变化。长石、云母已风化成次生矿物。裂隙很发育，岩体破碎。岩体被切割成岩块，可用手折断。用镐可挖掘，干钻不易钻进	1000～2000	0.4～0.6	<0.4
	全风化	组织结构已基本破坏，但尚可辨认，并且有微弱的残余结构强度，可用镐挖，干钻可钻进	500～1000	0.2～0.4	—
残积土		组织结构已全部破坏。矿物成分除石英外，大部分已风化成土状，锹镐易挖掘，干钻易钻进，具可塑性	<500	<0.2	—
软质岩石	未风化	岩质新鲜，未见风化痕迹	>4000	0.9～1.0	0.9～1.0
	微风化	组织结构基本未变，仅节理面有铁猛质渲染或矿物略有变色，有少量风化裂隙	3000～4000	0.8～0.9	0.8～0.9

续表

岩石类别	风化程度	野外特征	风化程度参数指标		
			压缩波速度 $V_p/(m/s)$	波速比 K_v	风化系数 K_f
软质岩石	中等风化	结构部分破坏。矿物成分发生变化，节理面附近的矿物已风化成土状。风化裂隙发育。岩体被切割成20～50cm的岩块，锤击易碎，用镐难挖掘，干钻可钻进	1500～3000	0.5～0.8	0.3～0.8
	强风化	组织结构已大部分破坏，矿物成分已显著变化，含大量黏土质矿物。风化裂隙很发育，岩体被切割成碎块，干时可用手折断或捏碎，浸水或干湿交替时可较迅速地软化或崩解。用镐或锤易挖掘，干钻可钻进	700～1500	0.3～0.5	<0.3
	全风化	组织结构已基本破坏，但尚可辨认，并且有微弱残余结构强度，可用锹挖，干钻可钻进	300～700	0.1～0.3	—
残积土		组织结构已全部破坏，矿物成分已全部改变并已风化成土状，锹镐易挖掘，干钻易钻进，具有塑性	<300	<0.1	—

注 1. 波速比 K_v 为风化岩石与新鲜岩石压缩波速度 (V_p) 之比；
2. 风化系数 K_f 为风化岩石与新鲜岩石饱和单轴抗压强度 (σ_C) 之比；
3. 岩石风化程度，除按列野外特征和定量指标划分外，亦可根据地区经验按点荷载试验资料划分；
4. 花岗岩类的强风化与全风化、全风化与残积土的划分，宜采用标准贯入试验，其划分标准 $N \geqslant 50$ 为强风化；$30 \leqslant N < 50$ 为全风化；$N < 30$ 为残积土。

表 3-3　　　　　　　　岩 体 结 构 类 型 分 类

岩体结构类型	岩体地质类型	主要结构体形状	结构面发育情况	岩土工程特征	可能发生的工程地质问题
整体状结构	均质，巨块状岩浆岩、变质岩、巨厚层沉积岩、正变质岩	巨块状	以原生构造节理为主，多呈闭合型，裂隙结构面间距大于1.5m，一般不超过1～2组，无危险结构面组成的落石掉块	整体性强度高，岩体稳定，可视为均质弹性各向同性体	不稳定结构体的局部滑动或坍塌，深埋洞室的岩爆
块状结构	厚层状沉积岩、正变质岩、块状岩浆岩、变质岩	块状柱状	只具有少量贯穿性较好的节理裂隙，裂隙结构面间距0.7～1.5m。一般为2～3组，有少量分离体	整体强度较高，结构面互相牵制，岩体基本稳定，接近弹性各向同性体	
层状结构	多韵律的薄层及中厚层状沉积岩、副变质岩	层状板状透镜状	有层理、片理、节理，常有层间错动面	接近均一的各向异性体，其变形及强度特征受层面及岩层组合控制，可视为弹塑性体，稳定性较差	不稳定结构体可能产生滑塌，特别是岩层的弯张破坏及软弱岩层的塑性变形
碎裂状结构	构造影响严重的破碎岩层	碎块状	断层、断层破碎带、片理、层理及层间结构面较发育，裂隙结构面间距0.25～0.5m，一般在3组以上，由许多分离体组成	完整性破坏较大，整体强度很低，并受断裂等软弱结构面控制，多呈弹塑性介质，稳定性很差	易引起规模较大的岩体失稳，地下水加剧岩体失稳

续表

岩体结构类型	岩体地质类型	主要结构体形状	结构面发育情况	岩土工程特征	可能发生的工程地质问题
散体状结构	构造影响剧烈的断层破碎带，强风化带，全风化带	碎屑状颗粒状	断层破碎带交叉，构造及风化裂隙密集，结构面及组合错综复杂，并多充填黏性土，形成许多大小不一的分离岩块	完整性遭到极大破坏，稳定性极差，岩体属性接近松散体介质	易引起规模较大的岩体失稳，地下水加剧岩体失稳

2. 岩石的描述

岩石的描述包括成因、时代、名称、颜色、主要矿物、结构、构造和风化程度。对沉积岩尚应描述沉积物的颗粒大小、形状、胶结物成分和胶结程度；对岩浆岩和变质岩应描述矿物结晶大小和结晶程度。岩体的描述还应包括结构面、结构体和岩层厚度，并应符合下列规定。

（1）结构面的描述包括类型、性质、产状、组合形式、发育程度、延展程度、闭合程度、粗糙程度、充填情况和充填物性质以及充水情况等。

（2）结构体的描述包括类型、形状、规模及其在围岩中的受力情况等。

（3）岩层厚度分类按表 3-4 确定。

表 3-4   岩 层 厚 度 分 类

层厚分类	单层厚度 h/m
巨厚层	$h>1.0$
厚层	$1.0\geqslant h>0.5$
中厚层	$0.5\geqslant h>0.1$
薄层	$h\leqslant 0.1$

二、土的工程地质分类

土的工程地质分类的核心在于建立科学合理的分类标准。从已有的土的工程地质分类方案来看，作为分类标准的大致有以下三个方面：土体成因方面的特征；土体工程地质性质方面的特征（颗粒间连接、物理状态、力学性质等）；土体矿物组成方面的特征。

大量的科学试验结果及生产实践均证明，土体的工程地质性质与其形成方式、发展变化的条件有着密切的关系。同一成因类型的土体，具有近似的工程地质性质，具有特殊性质的土体，其生成条件也不同。

土根据地质成因可划分为残积土（el）、坡积土（dl）、洪积土（pl）、冲积土（al）、冰积土（gl）和风积土（eol）等。

土按颗粒级配或塑性指数（I_P）可划分为碎石土、沙土、粉土和黏性土。

（1）沙土和碎石土的划分应符合表 3-5、表 3-6 的规定。

（2）粉土。粒径大于 0.075mm 的颗粒不超过总质量 50%，且塑性指数 $I_\mathrm{P}\leqslant 10$。

（3）黏性土根据塑性指数分为粉质黏土和黏土。当 $10<I_\mathrm{P}\leqslant 17$ 时，定为粉质黏土；当 $I_\mathrm{P}>17$ 时，定为黏土。

表 3-5　　　　　　　　　　沙 土 分 类

土的名称	颗 粒 级 配
砾沙	粒径大于 2mm 的颗粒质量占总质量 25%～50%
粗沙	粒径大于 0.5mm 的颗粒质量占总质量 50%
中沙	粒径大于 0.25mm 的颗粒质量占总质量 50%
细沙	粒径大于 0.075mm 的颗粒质量占总质量 85%
粉沙	粒径大于 0.075mm 的颗粒质量占总质量 50%

表 3-6　　　　　　　　　　碎 石 土 分 类

土的名称	颗 粒 形 状	颗 粒 级 配
漂石	圆形及亚圆形为主	粒径大于 200mm 的颗粒超过总质量 50%
块石	棱角形为主	
卵石	圆形及亚圆形为主	粒径大于 20mm 的颗粒超过总质量 50%
碎石	棱角形为主	
圆砾	圆形及亚圆形为主	粒径大于 2mm 的颗粒超过总质量 50%
角砾	棱角形为主	

三、特殊土

特殊土是指在特定地理环境或人为条件下形成的具有特殊性质的土，它的分布一般具有明显的地域性。常见的特殊土包括黄土、膨胀土、软土、冻土、红黏土等。

（一）黄土

1. 黄土的基本特征

黄土是第四纪以来在干旱及半干旱地区形成的一种特殊土，在我国西北及华北地区等地广泛发育。其基本特征如下：

（1）颗粒粒度以粉砂为主，占 60%～70%，其次为黏土。

（2）易溶盐含量高，碳酸盐类占 10%～30%，其次为氯化物和硫化物。

（3）质地均一，结构松散，孔隙大，孔隙率为 33%～64%。

（4）垂直节理发育。

（5）具湿陷性。

具以上全部特征的称为黄土，具部分特征的称为黄土质土或黄土状土。一般认为风积成因的黄土不具层理，称为原生黄土。原生黄土经再次搬运而堆积，具有层理，形成黄土质（状）土，称为次生黄土。

2. 黄土的成因

黄土按生成过程及特征可划分为风积、坡积、残积、洪积、冲积等成因类型。风积黄土分布在黄土高原平坦的顶部和山坡上，厚度大、质地均、无层理。坡积黄土多分布在山坡坡脚及斜坡上，厚度不均，基岩出露区常夹有基岩碎屑。残积黄土多分布在基岩山地上部，由表层黄土及基岩风化而成。洪积黄土主要分布在山前沟口地带，一般有不规则的层理，厚度不大。冲积黄土主要分布在大河的阶地上，如黄河及其支流的阶地上。阶地越高，黄土厚度越大，有明显层理，常夹有粉砂、黏土、砂卵石等，大河阶地下部常有厚达十几米及数十米的砂卵石层。

3. 黄土的湿陷性

黄土的湿陷性是指天然黄土受水浸湿后，在自重压力或附加压力与自重压力共同作用下产生急剧而显著的下沉的特性。

黄土的湿陷性以及湿陷性的强弱程度是黄土地区工程地质条件评价的主要内容。黄土湿陷性的判别与评价可用定量指标衡量。湿陷系数 δ_s，是室内浸水压缩试验测得的黄土在某种规定压力下由于浸水而产生的湿陷量与土样原始高度的比值。黄土的湿陷可分为自重湿陷与非自重湿陷两类。前者是指黄土在没有外荷载的作用下，浸湿后会迅速发生剧烈的湿陷，后者则是指黄土需在一定的外荷载的作用下，浸水后才发生湿陷。土样在与其饱和自重压力相等的压力作用下测得的湿陷系数称为自重湿陷系数 δ_{zs}。在工程勘查中应按实测或计算自重湿陷量确定建筑场地的湿陷类型。当自重湿陷量小于或等于 7cm 时，应定为非自重湿陷性黄土场地；当自重湿陷量大于 7cm 时，应定为自重湿陷性黄土场地。

黄土的湿陷一般总是在一定的压力下才能发生，低于该压力时，黄土浸水不会发生显著湿陷。这个开始出现明显湿陷的压力，称为湿陷起始压力，指湿陷性黄土的湿陷系数达到 0.015 时的最小湿陷压力。这是一个很有使用价值的指标。在工程设计中，若能控制黄土所受的各种荷载不超过起始压力，则可避免湿陷。黄土湿陷性的强弱与黄土中的黏粒含量多少、天然含水量的高低及密实度的大小有关。

4. 湿陷性黄土的危害

湿陷性黄土因具有湿陷变形量大、速率快、变形不均匀等特征，往往使工程设施的地基产生大幅度的沉降或不均匀沉降，从而造成建筑物开裂、倾斜，甚至破坏。

（1）建筑物地基的湿陷灾害。建筑物地基若为湿陷性黄土，在建筑物使用中因地表积水或管道、水池漏水而发生湿陷变形，加之建筑物的荷载作用，会加重黄土的湿陷程度，常表现为湿陷速度快和非均匀性，使建筑物地基产生不均匀沉降，破坏建筑基础的稳定性及上部结构的完整性。

在湿陷黄土分布区，尤其是黄土斜坡地带，经常遇到黄土陷穴。这种陷穴常使工程建筑遭受破坏，如引起房屋下沉开裂、铁路路基下沉等。由于陷穴的存在，可使地表水大量潜入路基和边坡，严重者导致路基坍滑。由于地下陷穴不易被发现，经常在工程建筑物刚刚完工交付使用时便突然发生倒塌事故。在湿陷性黄土区，铁路路基有时因陷穴而引起轨道悬空，造成行车事故。

（2）渠道的湿陷变形灾害。黄土分布区一般气候比较干燥，为了进行农田灌溉、城市和工矿企业供水，常修建引水工程。但是，由于某些地区黄土具有显著的自重湿陷性，因此水渠的渗漏常引起渠道的严重湿陷变形，导致渠道破坏。

5. 湿陷性黄土的防治措施

在湿陷性黄土地区，虽然因湿陷而引发的灾害较多，但只要能对湿陷变形特征与规律进行正确的分析和评价，采取恰当的处理措施，湿陷便可以避免。

（1）防水措施。水的渗入是黄土湿陷的基本条件，因此，只要能做到严格防水，湿陷事故是可以避免的。防水措施是为防止或减少建筑物地基受水浸湿而采取的措施。这类措施有：①平整场地，以保证地面排水通畅；②做好室内地面防水设施和室外散水、排水沟，特别是开挖基坑时，要注意防止水的渗入；③切实做到上下水道和暖气管道等用水设施不漏水等。

（2）地基处理措施。地基处理是对建筑物基础下一定深度内的湿陷性黄土层进行加固处理或换填非湿陷性土，达到消除湿陷性、减小压缩性和提高承载力的方法。在湿陷性黄土地区，通常采用的地基处理方法有重锤表层夯实法、强夯法、复合地基法、垫层法、挤密法、预浸水法、单液硅法或碱液加固法和桩基等。

（二）膨胀土

1. 膨胀土的特征

膨胀土是由强亲水黏土矿物组成的，具有强胀缩性，为膨胀结构，多裂隙性，强度衰减性的高塑性黏土。黏土矿物主要是蒙脱石和伊利石，二者吸水后强烈膨胀，失水后收缩，长期反复多次胀缩，强度衰减，可导致工程建筑物开裂、下沉、失稳破坏。膨胀土在全世界范围内分布广泛，我国是世界上膨胀土分布广、面积大的国家之一，20 多个省（自治区、直辖市）都有分布。

膨胀土的基本特征是：①多为灰白、棕黄、棕红及褐色等；②土中黏粒含量高，常达35％以上，且黏粒中大部分为亲水性很强的蒙脱石和伊利石等黏土矿物，常含铁、锰或钙质结核；③土中可溶盐及有机质含量都较低；④天然状态下的膨胀土结构致密；⑤土体具有网纹开裂，有蜡状光泽的挤压面，类似劈理，所以膨胀土又称裂土。

2. 影响胀缩性的因素

影响膨胀土胀缩性的主要因素有土的粒度成分和矿物成分、土的天然含水量和结构状态、水溶液介质等。黏粒含量越多，亲水性强的蒙脱石越多，土的膨胀性和收缩性就越大；天然含水量越小，失水收缩越小，但可能的吸水量越大，故膨胀率可能越大。同样成分的土，吸水膨胀率随天然孔隙比的增大而减小，收缩则相反。此外，外部条件和气候变化情况与场地排水条件及地下水位的变化等都直接影响土的胀缩变形。

3. 膨胀土的危害

膨胀土的胀缩特性对工程建筑，特别是低荷载建筑物具有很大的破坏性。只要地基中水分发生变化，就能引起膨胀土地基产生胀缩变形，从而导致建筑物变形，甚至破坏。

膨胀土地基的破坏作用主要源于明显而反复的胀缩变化。因此，膨胀土的性质和发育情况是决定膨胀土危害程度的基础条件。膨胀土厚度越大，埋藏越浅，危害越严重。它可使房屋等建筑物的地基发生变形而引起房屋沉陷开裂。有资料表明，在强胀缩土发育区，房屋破坏率可达60％～90％。另外，膨胀土对铁路、公路以及水利工程设施的危害也十分严重，常导致路基和路面变形、铁轨移动、路堑滑坡等，影响运输安全和水利工程的正常运行。

在膨胀土中开挖地下洞室，常见围岩底鼓、内挤、坍塌等变形现象，导致隧道衬砌变形破坏，地面隆起。膨胀土隧道围岩变形常具有速度快、破坏性大、延续时间长和整治困难等特点。

4. 膨胀土危害的防治措施

在膨胀土分布区进行工程建设时，应避免大挖大填，在建筑物四周要加大散水范围，在结构上设置圈梁，铁路、公路施工避免深长路堑，要少填少挖，路堤底部垫砂，路堑设置挡土墙或抗滑桩，边坡植草铺砂。所有工程设施附近都要修建坡面、坡脚排水设施，避免降雨、地表水、城镇废水的冲刷、汇集。对于已受膨胀土破坏的工程设施则视具体情况，采用加固、拆除重建等措施进行治理。

（三）软土

1. 软土的分布

软土是在静水或水流缓慢的环境中沉积的，并有微生物参与，含有较多的有机质的疏松软弱的黏性土，在我国主要分布在长江三角洲、珠江三角洲、洞庭湖、洪泽湖、太湖、滇池、牛轭湖等地。软土成因类型主要有：①沿海沉积型（滨海相、潟湖相、溺谷相、三角洲相）；②内陆湖盆沉积型；③河滩沉积型；④沼泽沉积型。

2. 软土的工程性质

（1）触变性。软土一旦受到扰动（振动、搅拌、挤压或搓揉等），原有的结构被破坏，土的强度明显降低或很快变成稀释状态，而当扰动停止后，强度又逐渐恢复。

（2）流变性。流变性是指软土在长期荷载作用下，随时间增长发生缓慢而长期的剪切变形，导致土的长期强度小于瞬间强度的性质。

（3）高压缩性。软土的压缩系数大，软土地基的变形特性与其天然固结状态相关，欠固结软土在荷载作用下沉降较大，天然状态下的软土层大多属于正常固结状态。

（4）低强度。软土的天然不排水抗剪强度一般小于20kPa。

（5）低透水性。软土的渗透系数一般为 $10^{-8} \sim 10^{-6}$ cm/s，在自重或荷载作用下固结速率很慢。同时，在加载初期地基中常出现较高的孔隙水压力，影响地基的强度，延长建筑物沉降时间。

（6）各向异性。因沉降环境的变化，黏性土层中常夹有厚薄不等的黏土层，地层在水平和垂直分布上不均匀，建筑物地基易产生差异沉降。

3. 软土的危害

由于软土强度低、压缩性高，故以软土作为建筑物地基所遇到的主要问题是承载力低和地基沉降量过大。软土的容许承载力一般低于100kPa，有的只有40～60kPa，上覆荷载稍大就会发生沉陷，甚至出现地基被挤出的现象。

在软土地区修筑路基时，由于软土抗剪强度低，抗滑稳定性差，不但路堤的高度受到限制，而且易产生侧向滑移。在路基两侧常产生地面隆起，形成延伸至坡脚以外的坍滑或沉陷。

4. 软土地基的加固措施

在软土地区进行工程建设往往会遇到地基强度和变形不能满足设计要求的问题，特别是在采用桩基、沉井等深基础措施而技术与经济上有困难时，可采取加固措施来改善地基土的性质以增加稳定性。地基处理的方法很多，大致可归结为土质改良、换填土和补强法等。

（1）土质改良法。土质改良法指利用机械、电化学等手段增加地基土的密度或使地基土固结的方法，如用砂井、砂垫层、真空预压、电渗法、强夯法等排除软土地基中的水分以增大软土的密度，或用石灰桩、拌和法、旋喷注浆法等使软土固结以改善土的性质。

（2）换填法。换填法指用强度较高的土换填软土。

（3）补强法。补强法是采用薄膜、绳网、板桩等约束地基土的方法，如铺网法、板桩围截法等。在道路建设中，对软土路基也必须进行加固处理，主要采用砂井砂垫层、生石灰桩、换填土、旋喷注浆、电渗排水、侧向约束和反压护道等方法。

（四）冻土

1. 冻土的特征

温度等于或低于零摄氏度并含有冰的土层称为冻土。冻土可分为多年冻土和季节冻土。冻结状态能保持三年或三年以上者，称为多年冻土。冬季冻结，夏季全部融化，逐年周期性冻结、融化的土，称为季节冻土。我国多年冻土按地理分布划分为两种类型：一是兴安岭、阿尔泰等高纬度多年冻土区；二是长白山、天山、阿尔泰山、祁连山、青藏高原、喜马拉雅山等高海拔多年冻土地区，为高原多年冻土。

土中水分因温度降低而结冰或由于温度升高而融化，土的工程性质都将受到不利的影响。土冻结时，由于水分结冰膨胀，土的体积随之增大，地基隆起，称为冻胀；融化时，土体积缩小，地基沉降，称为融沉。冻胀和融沉都会给建筑物带来危害。因此，冻胀和融沉是冻土的两个重要特征。

2. 冻土的危害

土体在冻结时体积膨胀，地面出现隆起，而冻土融化时体积缩小，地面又发生沉陷。同时，土体在冻结、融化时，还可能产生裂缝、热融滑塌、寒冻石流和融冻泥流等灾害。因此，土体的频繁冻融直接影响和危害人类经济活动和工程建设。就危害程度而言，多年冻土的融化作用危害较大，而季节性冻土的冻结作用危害更大。

3. 冻土危害的防治措施

冻土危害的防治原则是根据自然条件和建筑设计、使用条件尽可能保持一种状态，即要么长期保持其冻结状态，要么使其经常处于消融状态。首先，必须做到合理地选址和选线，制定正确的建筑原则，尽量避免或最大限度地减轻冻害的发生。在不可能避免时，采取必要的地基处理措施，消除或减弱冻土危害。

（1）换填法。换填法是目前应用最多的一种防治冻土灾害的措施。实践证明，这种方法既简单实用，治理效果又好，具体做法是用粗砂或砂砾石等置换天然地基的冻胀性土。

（2）排水隔水法。排水隔水法有抽采地下水以降低水位、隔断地下水的侧向补给来源、排除地表水等，通过这些措施来减少季节冻融层土体中的含水量，减弱或消除地基土的冻胀。

（3）设置隔热层保温法。隔热层是一层低导热率材料，如聚氨基甲酸酯泡沫塑料、聚苯乙烯泡沫塑料、玻璃纤维、木屑等。在建筑物基础底部或周围设置隔热层可增大热阻，减少地基土中的水分迁移，达到减轻冻害的目的。路基工程中常用草皮、泥炭、炉渣等作为隔热材料。

（4）物理化学法。物理化学法是在土体中加入特定物质，改变土粒与水分之间的相互作用，使土体中水的冰点和水分迁移速率发生改变，从而削弱土体冻胀的一种方法。如加入无机盐类使冻胀土变成人工盐渍土，降低冻结温度，在土中掺入厌水性物质或表面活性剂等使土粒之间牢固结合，削弱土粒与水之间的相互作用，减弱或消除水的运动。

（五）红黏土

红黏土是指碳酸盐类岩石（如石灰岩、白云岩等）在湿热气候条件下，经强烈风化作用而形成的棕红、褐红、黄褐色的高塑性黏土。红黏土广泛分布在我国云贵高原、四川东部、两湖和两广北部的一些地区。红黏土天然含水量高，孔隙比 e 较大，常大于 1.0，但仍较坚硬，强度较高，这种特殊的性质是由其物质成分及堆积条件决定的。红黏土具有高分散性、颗粒细而均匀，黏粒含量很高，黏土矿物以高岭石或伊利石为主，碎屑矿物主要是石英，另一种主要矿物是绿泥石。

红黏土常呈蜂窝状和海绵状结构，颗粒之间具有牢固的铁质和铝质胶结。红黏土中常有很多裂隙、结核和土洞存在。红黏土一般存在于盆地洼地、山麓山坡、谷地或丘陵地区，其厚度变化很大，且与原始地形和下伏基岩面的起伏变化密切相关。其成因以残积、坡积为主，也有冲、洪积成因的。若红黏土颗粒被流水带到低洼处重新堆积成新的土层，则颜色浅于未经搬运者，常含粗颗粒，但仍保留红黏土的基本特性。

在一般情况下，红黏土的表层压缩性低、强度较高、水稳定性好，属良好的地基土层，但在接近下伏基岩面的下部，随着含水量的增大，土体成软塑或流塑状态，强度明显变低，作为地基时条件较差。因此在红黏土地区的工程建设中，要注意场地及边坡的稳定性、地基土厚度的不均匀性、地基土的裂隙性和胀缩性、岩溶和土洞现象以及高含水量红黏土的强度软化特性及其流变性。

第四节 工程地质问题

工程地质问题是指据工程地质建筑与地质环境（可由工程地质条件具体表征）相互矛盾、相互制约而引起的，对建筑物本身的顺利施工和安全运行或对周围地质环境可能产生影响的地质问题。只要兴建建筑物，地质环境就会与之相互作用，矛盾就会必然存在，因而，工程地质问题总是存在的。

一、工程地质问题的类型

工程地质问题既有共性也有个性，各类建筑所共有的具有普遍意义的称之为一般工程地质问题，而与建筑物特征关系密切的特有的称之为专门性工程地质问题。

一般性工程地质问题有：①区域稳定性问题；②地基稳定性问题；③边坡稳定性问题；④围岩稳定性问题。

专门性工程地质问题有：①城市及工业房屋建筑。地基变形、沉陷、不均匀沉降问题；地基承载力问题；黄土地基湿陷性问题等。②道桥建筑。路堤地基稳定性问题；路堑边坡稳定性问题；道路冻胀问题；桥基、地基稳定性问题；隧道围岩稳定性问题；隧洞涌水问题、气温问题、有害气体问题等。③水工建筑。水库渗漏问题；水库坍岸问题；水库浸没问题；水库淤积问题；水库诱发地震问题；坝基（肩）稳定性问题；坝基（肩）抗滑稳定性问题，坝基（肩）渗透稳定性问题等。④海河湖港工程。建筑物地基稳定性问题；岸坡稳定性问题；海岸、湖岸、河岸再造问题；回淤问题等。

二、崩塌

崩塌是指在陡峻的斜坡上，巨大岩块在重力作用下突然而猛烈地向下倾倒、翻滚、崩落的现象。崩塌以自由坠落为主要运动形式，岩块在斜坡上翻滚滑动并相互碰撞破碎后堆积于坡脚，形成岩堆或崩积体。规模巨大的山区崩塌称为山崩，小型崩塌则称为落石。崩塌体与坡体的分离界面称为崩塌面，崩塌面往往就是倾角很大的界面，如节理、片理、劈理、层面、破碎带等。

（一）崩塌形成的条件及因素

（1）山坡的坡度及其表面的构造。造成崩塌作用要求斜坡外形高而且陡峻，其坡度往往达 $55°\sim75°$。山坡的表面构造对发生崩塌也有很大的意义，如果山坡表面凹凸不平，则沿突出部分可能发生崩塌。然而山坡表面的构造并不能作为评价山坡稳定性的唯一依据，还必须结合岩层的裂隙、风化等情况来评价。

（2）岩石性质和节理程度。岩石性质不同其强度、风化程度、抗风化和抗冲刷的能力及其渗水程度都是不同的。如果陡峻山坡是由软硬岩层互层组成，由于软岩层属易于风化，致使硬岩层失去支持而引起崩塌。

一般形成陡峻山坡的岩石，多为坚硬而性脆的岩石，属于这种岩石的有厚层灰岩、砂岩、砾岩及喷出岩。

在大多数情况下，岩石的节理程度是决定山坡稳定性的主要因素之一。虽然岩石本身可能是坚固的，风化轻微的，但其节理发育亦会使山坡不稳定。当节理顺山坡发育时，特别是当发育在山坡表面的突出部分时最有利于发生崩塌。

（3）地质构造。岩层产状对山坡稳定性也有重要的意义。如果岩层倾斜方向和山坡倾向相反，则其稳定程度较岩层顺山坡倾斜的大。岩层顺山坡倾斜其稳定程度的大小还取决于倾角大小和破碎程度。

正断层、逆断层，逆掩断层，特别在地震强烈地带对山坡的稳定程度有着不良影响，而其影响的大小又决定于构造破坏的性质、大小、形状和位置。

（二）崩塌的危害

崩塌会使建筑物，有时甚至使整个居民点遭到毁坏，公路和铁路被掩埋。由崩塌带来的损失，不单是建筑物毁坏的直接损失，常因此致使交通中断，给运输带来重大损失。崩塌有时还会使河流堵塞形成堰塞湖，这样就会将上游建筑物及农田淹没。在宽河谷中，由于崩塌能使河流改道及改变河流性质，而造成急湍地段，对人们的生命财产安全都有危害。

（三）崩塌的防治

1. 支撑与坡面防护

对悬于上方、以拉断坠落的悬臂状或拱桥状等危岩采用墩、柱、墙或其组合形式支撑加固。

2. 修筑拦挡建筑物

对中小型崩塌，可修筑遮挡建筑物或拦截建筑物。

3. 锚固

利用穿过软弱结构面、深入至完整岩体内一定深度的钻孔，插入钢筋、钢棒、钢索、预应力钢筋及回填混凝土，借以提高岩体的摩擦阻力、整体性与抗剪强度，这种措施统称为锚固。

（1）锚杆喷射混凝土联合支护。简称锚喷结构或锚喷支护，即喷射混凝土与锚杆相结合的一种支护结构，也称喷锚支护。

（2）锚杆。是指钻凿岩孔，然后在岩孔中灌入水泥砂浆并插入一根钢筋，当砂浆凝结硬化后钢筋便锚固在围岩中，借助于这种锚固，在围岩中钢筋能有效地控制围岩或浅部岩体变形，防止其滑动和坍塌，这种插入岩孔、锚固在围岩中从而使围岩或上部岩体起到支护作用的钢筋称为"锚杆"。

锚杆类型很多，有楔缝式锚杆、倒楔式锚杆、普通式砂浆锚杆（并称插筋）、钢丝绳砂浆锚杆、树脂锚杆及预应力锚索等，根据锚杆与岩体锚固后的形式，锚杆分别有悬吊作用、组合作用、加固作用、锚杆的自承拱作用这四种作用。

（3）预应力锚索。由钻孔穿过软弱岩层或滑动面，把一端（锚杆）锚固在坚硬的岩层中（称内锚头），然后在另一个自由端（称外锚头）进行张拉，从而对岩层施加压力对不稳定岩体进行锚固，这种方法称预应力锚索，简称锚索，国内应用较多。

4. 灌浆加固

灌浆加固可增强岩石完整性和岩体强度。

5. 疏干岸坡与排水防渗

通过修建地表排水系统，将降雨产生的径流拦截汇集，利用排水沟排出坡外。

6. 削坡与清除

对危岩体上部削坡，减轻上部荷载，增加危岩体和滑坡体的稳定性。

7. 软基加固

对于陡崖、悬崖和危岩下裸露的泥岩基座，在一定范围内喷浆护壁可防止进一步风化，同时增加软基的强度。

8. 绕避

对可能发生大规模崩塌的地段，铁路或公路必须设法绕避。

9. 加固山坡和路堑边坡

（1）常规方法。在临近道路路基的上方，如有悬空的危岩或体积巨大的危石威胁行车安全，应采用与地形相适应的支护、支顶等支撑建筑，或是采用锚固方法予以加固，对深凹的坡面需进行嵌补，对危险裂缝应进行灌浆处理。

（2）SNS边坡柔性防护网。SNS边坡柔性防护网可分为主动防护系统和被动防护系统两种，以钢丝绳作为主要构成部分，以覆盖（主动防护）和拦截（被动防护）两大基本类型来防治各类斜坡坡面地质灾害、雪崩、岸坡冲刷、爆破飞石、坠物等危害。

三、滑坡

滑坡是斜坡土体和岩体在重力作用下失去原有的稳定状态，沿着斜坡内某些滑动面（或滑动带）作整体向下滑动的现象。首先，滑动的岩土体具有整体性，除了滑坡边缘线一带和局部一些地方有较少的崩塌和产生裂隙外，总的来看它大体上保持着原有岩土体的整体性；其次，斜坡上岩土体的移动方式为滑动，不是倾倒或滚动，因而滑坡体的下缘常为滑动面或滑动带的位置。此外，规模大的滑坡一般是缓慢地往下滑动，其位移速度多在突变加速阶段才显著。

（一）滑坡的形态特征

滑坡一般都具有滑坡体、滑动带、滑动面、滑坡床（滑坡面下伏未动的岩土体）、滑坡壁、滑坡台阶、滑坡舌（滑坡体前缘伸出部分）、封闭洼地、滑坡轴、滑坡裂隙这几个要素。滑坡要素如图 3−1 所示。

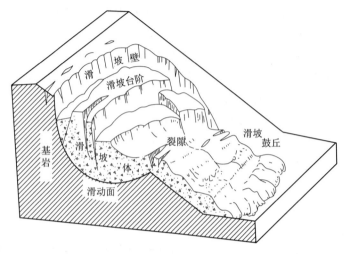

图 3−1　滑坡要素

1. 滑坡体

滑坡体简称滑体，是滑坡发生后与母体脱离开的滑动部分。因系整体性滑动，岩土体内部相对位置基本不变，原来的层位关系和结构面系统还能基本保持，但在滑动的动力作用下产生了新的裂隙，旧的裂隙也有所张开，使滑体松动。滑坡体与其周围不动体在平面上的分界线叫做滑坡周界，它圈定了滑坡的范围。

2. 滑动带

滑动带是滑动时形成的辗压破碎带，往往由压碎岩、岩粉、岩屑和黏土物质组成，厚度可达十余厘米或数十厘米。

3. 滑动面

滑动面简称滑面，是滑坡体沿着下滑的面。它可能是滑动带的底面，也可能位于滑动带之中。滑动面的形状随着斜坡岩土体的成分和结构的不同而各异。均质岩土体滑动面常呈曲面或近似圆弧形，非均质或层状岩土体中最常见的滑动面是平面、平缓阶梯形、波浪形或更不规则的面。

4. 滑坡床

滑坡床指滑体以下固定不动的岩土体，它基本上未变形，保持了原有的岩体结构。

5. 滑坡壁

滑坡壁指滑体后部和母体脱离开的分界面，是暴露在外面的部分，平面上多呈圈椅状，高数厘米至数十米，形成陡壁。

6. 滑坡台阶

由于各段滑体运动速度的差异，在滑坡体上部常常形成滑坡错台，每一错台都形成一个陡坎和平缓台面，称为滑坡台阶或台坎。滑坡壁是指某一整体滑坡范围最外缘的一个，而坎壁是滑体中前后两部分分界的壁。岩质边坡的滑坡壁和坎壁往往沿已有陡倾结构面形成。

7. 滑坡舌

滑坡舌又称滑坡前缘或滑坡头，在滑坡的前部，形如舌状伸入沟谷或河流，甚至越过河对岸。滑坡舌的隆起部分称为滑坡鼓丘。

8. 封闭洼地

滑体与滑坡壁之间拉开成沟槽，相邻滑体呈反坡地形，形成四周高、中间低的封闭洼地。此洼地往往由于地下水在此处出露或地表水的汇集，形成湿地、水塘甚至滑坡湖。如果滑坡壁或滑体部分坍落而充填洼地，则洼地消失。

9. 滑坡轴

滑坡轴又称主滑线，是滑坡在滑动时运动速度最快的纵向线。它代表滑体的运动方向，位于滑体上推力最大、滑床凹槽最深的纵断面上，主滑线通常位于滑坡体最厚的部分。

10. 滑坡裂隙

在滑坡运动时，由于滑坡体各部分的移动速度不均匀，在滑坡体内及表面所产生的裂隙称为滑坡裂隙。根据受力状况不同，滑坡裂隙可分为四类：

（1）拉张裂隙，分布在滑坡体的上部，长数十米至数百米，多呈弧形，和滑坡壁的方向大致吻合或平行，坡上拉张裂缝的出现是产生滑坡的前兆。

（2）剪切裂隙，分布在滑体中部的两侧，因滑体和不动体相对位移而在分界处形成剪力区，在此区内所形成的裂隙为剪切裂隙，常伴生有羽毛状裂隙。

（3）扇形张裂隙，分布在滑坡体的中下部，尤以舌部为多，因滑体向两侧扩散而形成的张裂隙，呈放射状分布，似扇形。

（4）鼓张裂隙，分布在滑体的下部，因滑体下滑受阻，土体隆起而形成的张裂隙，其方向垂直于滑动方向。

（二）滑坡的分类

为了认识和治理滑坡，需要对滑坡进行分类，但由于自然界的地质条件和作用因素复杂，各种工程分类的目的和要求又不尽相同，因而可从不同角度进行滑坡分类，见表3-7。

表 3-7 滑 坡 的 分 类

分类指标	类 型
滑体物质组成	土质滑坡
	岩质滑坡
滑体受力状态	牵引式（后退式）滑坡
	推动式滑坡
滑坡发生时代	古滑坡（全新世以前的）
	老滑坡（全新世以来发生，现未活动）
	新滑坡（正在活动）

分类指标	类　　型
主滑面与层面的关系	顺层滑坡
	切层滑坡
滑坡的规模	小型滑坡（10 万 m³）
	中型滑坡（10 万～50 万 m³）
	大型滑坡（50 万～100 万 m³）
	特大型（巨型）滑坡（>100 万 m³）
滑体含水状态	一般滑坡
	塑性滑坡
	塑流性滑坡
滑体的厚度	浅层滑坡（厚度在 10m 以内）
	中层滑坡（厚度在 10～25m）
	深层滑坡（厚度在 25～50m）
	超深层滑坡（厚度超过 50m）

（三）滑坡的影响因素

（1）地形地貌。斜坡的高度和坡度与斜坡稳定性有密切关系。通常情况下，开挖的边坡越高、越陡，稳定性越差。

（2）地层岩性。地层岩性是滑坡产生的物质基础。坚硬完整岩体构成的斜坡，一般不易发生滑坡，在易于亲水软化的土层和一些软弱岩层中，当存在有利于滑动的软弱面时，在适当条件下才会形成滑坡。

（3）地质构造。埋藏于土体和岩体中倾向与斜坡一致的层面、夹层、基岩顶面、古剥蚀面、不整合面、层间错动面、断层面、裂隙面等，一般都是抗剪强度较低的软弱面，当斜坡受力情况突然变化时，都可能成为滑坡的滑动面。

（4）地下水的作用。地下水进入滑动体，到达滑动面，使滑动体重量增大，使滑动面抗剪强度降低，再加上对滑动体的静、动水压力，都成为诱发滑坡形成和发展的重要因素。

（5）人为及其他因素。人为因素主要指人类工程活动不当引起的滑坡；其他因素中主要应考虑地震、风化作用、降雨、列车震动等因素可能引起的滑坡或对滑坡发展的影响。

（四）滑坡的防治

为了保证斜坡具有足够的稳定性，避免导致斜坡发生危害性变形与破坏，需要采取防治措施。滑坡防治是一个系统工程，它包括预防滑坡发生和治理已经发生的滑坡。一般说来，"预防"是针对尚未严重变形与破坏的斜坡，或者是针对有可能发生滑坡的斜坡；"治理"是针对已经严重变形与破坏、有可能发生滑坡的斜坡，或者是针对已经发生滑坡的斜坡。一方面要加强地质环境的保护和治理，预防滑坡的发生，另一方面要加强前期勘查和研究，妥善治理已经发生的滑坡，使其不再发生。可见，预防与治理是不能截然分开的，"防"中有"治"，"治"中有"防"。同时，滑坡防治应采取工程措施、生物措施以及宣传教育措施、经济措施、政策法规措施等多种措施综合防治，才能取得最佳防治效果。

根据滑坡防治原则，滑坡防治的一般工程措施主要有以下三个方面。

1. 消除或削弱使斜坡稳定性降低的工程措施

这项措施是指在斜坡稳定性降低的地段，消除或削弱使斜坡稳定性降低的主导因素的措施。为了使斜坡不受地表水流冲刷，防止海、湖、水库波浪的冲蚀和磨蚀，可修筑导流堤（顺坝或丁坝）、水下防波堤，也可在斜坡坡脚砌石护坡，或采用预制混凝土沉排等。

2. 针对使斜坡岩土体强度降低的因素的措施

（1）防止风化。为了防止软弱岩石风化，可在人工边坡形成后用灰浆或沥青护面，或者在坡面上砌筑一层浆砌片石，并在坡脚设置排水设施，排除坡体内的积水。对于膨胀性较强的黏土斜坡，可在斜坡上种植草皮，使坡面经常保持一定的湿度，防治土坡开裂，减少地表水下渗，避免土体性质恶化、强度降低而发生滑坡。

（2）截引地表水流。截引地表水流，使之不能进入斜坡变形区或由坡面下渗，对于防止斜坡岩土体软化、消除渗透变形、降低孔隙水压力和动水压力，都是极其有效的。这类措施对于滑坡区和可能产生滑坡的地区尤为重要。为了拦截地表水流，在变形区 5m 范围以外修筑截水沟，将地表水和泉水及时引出坡体以外，使之没有停留和下渗的机会。必须注意，排水沟一定不能漏水，并要经常检修，否则将产生适得其反的效果。为了减少地表水下渗并使其迅速汇入排水沟，应整平夯实地面，并用灰浆黏土填塞裂缝或修筑隔渗层，特别是要填塞好延伸到滑动面（带）的深裂缝。

（3）排除地下水。斜坡体中埋藏有地下水并渗入变形区，常常是使斜坡丧失稳定性而发生滑坡的主导因素之一。经验表明，排除滑动带中的地下水（滑带水），疏干坡体，并截断渗流补给，是防治深层滑坡的主要措施。排除地下水的措施，应根据斜坡岩体结构特征和水文地质条件进行选择。通常是在坡体外围或坡体内修筑盲沟，或构筑支撑盲沟群，以截断或排除地下水流。对于深层滑坡，由于埋深大于 10～15m，用其他排水工程排水困难时，可考虑采用水平排水坑道。当滑坡中有明显的含水层时，水平排水坑道设置在含水层与隔水层之间（在含水层中、隔水底板之上），效果较好。若在含水层中施工困难，也可把排水坑道设置在隔水层中，然后再用直立管状井把含水层中的水排入坑道中。此外，水平钻孔（平孔）排水用于滑坡防治效果甚佳。此法成本低廉，并且施工时不会影响斜坡体的稳定性，大有取代水平排水坑道之势。平孔排水的布设形式有单层、多层、平行状或辐射状等，也可采用砂井与平孔联合排水方式。

3. 直接降低滑动力和提高抗滑力的措施

这类措施主要针对有明显蠕动因而即将失稳滑动的坡体，以求迅速改善斜坡稳定条件，提高其稳定性。

（1）清除或削坡减荷与压脚。斜坡上的危岩或局部不稳定块体，一般可清除。若清除困难，可支撑加固以防止其坠落，以免影响坡体稳定和建筑物安全。减荷的主要目的是使变形体的高度降低或坡度减小。最好在经过力学计算得出变形体高度以后，再根据坡高及滑动面的具体条件进行分析，确定有效的减荷和堆渣方案。坡上部削坡挖方部分，堆填于坡下部填方压脚，填方部分要有良好的地下排水设施。

（2）支挡、锚固、固结灌浆等。此类措施主要针对不稳定岩土体或滑坡体进行支挡、锚固，或者通过固结灌浆等来改善岩土体的性质以提高坡体的强度和稳定性。

1）支挡。支挡建筑物主要有挡土墙和抗滑桩。把挡土墙基础设置在滑动面以下的稳固岩土层中，并预留沉降缝、伸缩缝和排水孔。最好在旱季施工，分段挑槽开挖，由两侧向中央施工，以免扰动坡体。小型滑坡及临时工程，可用框架式混凝土挡墙。近年来，抗滑桩得到了普遍采用，已成为主要的抗滑措施，它具有施工方便、工期不受限制、省工省料、对滑坡体（滑动体）扰动小等优点。抗滑桩通常采用截面为方形或圆形的钢筋（轨）混凝土桩或钢管钻孔桩。在平面上，可按梅花形或方格形布置，间距一般为 3～5m，深入滑动面（带）以下稳固岩土体中。此外，还有大型方桩，宽度大于 2m，深度达 20m。

2）锚固。锚固主要用于岩质斜坡的抗滑治理。常用金属锚杆、钢缆或预应力金属锚杆，以增大软弱面（带）上的法向压力，相应增大其上的抗滑力，提高坡体的稳定性。

3）固结灌浆。对于裂隙岩体，可采用硅酸盐水泥或有机化合材料进行固结灌浆，以提高坡体和结构面的强度，增大抗滑力。

四、泥石流

泥石流是指在山区或者其他沟谷深壑，地形险峻的地区，因为暴雨、暴雪或其他自然灾害引发的山体滑坡并携带有大量泥沙以及石块的特殊洪流。泥石流具有突然性、流速快、流量大、物质容量大和破坏力强等特点。

（一）泥石流的类型

泥石流分类的方案很多，以下为我国最常见的几种分类方案。

1. 按物质成分分类

（1）水石流型泥石流。这类泥石流的固体物质数量不多，主要由不均匀的石块和沙砾组成，如块石、漂砾、碎石、岩屑及砂等，黏土质细粒物质含量少（<10%），且它们在泥石流运动过程中极易被冲洗掉，所以堆积物常常是粗大碎屑物质。这类泥石流多发生在石灰岩、大理岩和部分花岗岩分布地区，我国陕西华山，山西太行山，北京西山和辽东山地的泥石流多属此类。

（2）泥石流型泥石流。这类泥石流的固体物质含有不均匀的粗碎屑物质，如块石、漂砾、碎石、砾石、砂砾等，又含有相当多的黏土质细粒物质，因黏土有一定的黏结性，所以堆积物质常形成黏结较牢固的土石混合物。这是一类较典型的泥石流，多见于花岗岩、片麻岩、板岩、千枚岩以及页岩分布的山区。我国西南和西北地区，如西藏波密、云南东川和甘肃武都等地的泥石流多属此类。

（3）泥流型泥石流。这类泥石流的固体物质基本上由细碎屑和黏土物质所组成（80%～90%），仅含少量岩屑和碎石，黏度比较大，多呈不同稠度的泥浆状，有时可能还有大量"泥球"。我国黄土高原地区和黄河的各大支流，如甘肃武都桑园子沟、天水罗山谷沟和兰州黄山谷沟等地的泥石流多属此类。

2. 按物质状态分类

（1）黏性泥石流。此类泥石流的固体物质占 40%～60%，最高达 80%。密度大，浮托力强。水不是搬运介质，而是组成物质，水、泥沙和石块聚集成一个黏稠的整体，具有很大的黏性。当它在流途上流经弯道时，有明显的外侧超高、爬高和截弯取直现象。在沟槽转弯处，并非顺沟床运动，而是经常直冲沟岸，甚至爬越高达 5～10m 的阶地、陡坎或导流堤坝，夺路向外奔泻。

（2）稀性泥石流。该类泥石流是水和固体物质的混合物，以水为主要成分，固体物质含量少（10%～40%），不能形成黏稠的整体，具有很大的分散性。水为搬运介质，石块以滚动或跃移方式前进，具有强烈的下切作用，常在短时间内将原先填满堆积物的沟床下切成几米至十几米的深槽，其堆积物在堆积区呈扇状散流，层次不明显，沿流途的停积物有一定的分选性。

3. 按成因分类

（1）暴雨型泥石流。暴雨型泥石流指以暴雨形成的地表径流为主要水源的泥石流。其固体物质通常来源于坡残积、崩塌滑坡堆积及黄土等第四纪堆积物以及人为排放的各类废渣。暴雨型泥石流是我国分布最广泛、数量最多、活动也最频繁的泥石流类型，主要分布在我国东部和中部，即我国人口较集中，经济较发达的地区，因而造成的危害最大。暴雨型泥石流的规模相差悬殊，最大的一次冲出土石数百万至上千万立方米，小的仅数立方米到数十立方米，而小于 1 万 m³ 的占 80% 以上。暴雨型泥石流一次持续时间一般数十分钟至一两个小时，具有突然暴发、来势凶猛、破坏力强的特点。

（2）冰川型泥石流。冰川型泥石流指以冰川积雪消融为主要水源的泥石流。其固体物质来源主要是古今冰川堆积物，主要分布在我国西部高原、高山地区，如青藏高原、昆仑山、天山、祁连山等地。冰川型泥石流大多为典型的沟谷泥石流，固体物质储量十分丰富，暴发猛烈而频繁，一次泥石流过程可以持续很长时间，冲出沟口的堆积物数量多，颗粒粗大。冰湖溃决产生洪水引起的泥石流是冰川型泥石流的一种特殊种类，主要分布在喜马拉雅山北坡及藏东海洋性冰川与大陆性冰川的过渡带，规模一般都很大，泥石流和洪水可以威胁到下游几十到上百公里的居民区。冰川型泥石流在大雨、暴雨天气或无雨高温的晴天都可以暴发，它比暴雨型泥石流更具突发性。由于冰川型泥石流分布区大多人烟稀少，除局部地区外，其危害状况远比暴雨型泥石流轻。

（3）冰融型泥石流。主要分布在青藏高原腹地和东北大兴安岭北段的多年冻土地区，是坡地冻土表层在消融过程中形成的塑性流体，规模小、流动缓慢，危害较轻。

以上是我国最常见的泥石流分类方法。除此之外还有多种分类方法，如按泥石流沟的形态分为沟谷型泥石流，山坡型泥石流；按泥石流流域大小分为大型泥石流、中型泥石流、小型泥石流；按泥石流发展阶段分为发展期泥石流、旺盛期泥石流、衰退期泥石流等等。

（二）泥石流的分布

我国泥石流的分布，大体上以大兴安岭—燕山山脉—太行山脉—巫山山脉—雪峰山山脉一线为界。该线以东，即我国地貌最低一级阶梯的低山，丘陵和平原，泥石流分布零星（仅辽东南山地较密集）。该线以西，即我国地貌第一二级阶梯，包括广阔的高原，深切割的极高山、高山和中山区，是泥石流最发育最集中的地区，泥石流沟群常呈带状或片状分布。其中成片的几种在青藏高原东南缘山地、四川盆地周边以及陇东—陕南、晋西、冀北等以及黄土高原东缘为主的地区。

从泥石流成因类型看，冰川泥石流主要分布在中国西南山地，并大部分集中于西藏东南部地区。暴雨泥石流主要分布于西南地区，其次西北、华北和东北也有呈带状或零星分布。从泥石流物质组成看，泥石流分布遍及西南、西北和东北的基岩山区；水石流分布于华北地区；而泥流则分布于松散易蚀的黄土分布区。

（三）泥石流的形成条件

泥石流的形成必须同时具备以下三个条件：陡峻的便于集水的堆积物的地貌；丰富的松散物质；短时间内有大量的水源。

1. 地形地貌条件

在地形上具备山高沟深，地势陡峻，沟床纵坡降大，流域形状便于水流汇集。在地貌

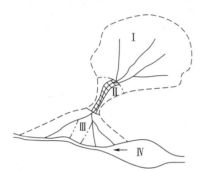

图 3-2 泥石流流域分区图

Ⅰ—形成区；Ⅱ—流通区；Ⅲ—堆积区；

Ⅳ—堰塞湖

上，泥石流一般可分为形成区、流通区和堆积区三部分，如图 3-2 所示。上游形成区的地形多为三面环山，一面出口的瓢状或漏斗状，地形比较开阔，周围山高坡陡，山体破坏，植被生长不良，这样的地形有利于水和碎屑物质的集中；中游流通区的地形多为狭窄陡深的峡谷，谷床纵坡降大，使泥石流能够迅猛直泻；下游堆积区的地形为开阔平坦的山前平原或河谷阶地，使碎屑物有堆积场所。

2. 松散物质来源条件

泥石流常发生于地质构造复杂、断裂褶皱发育、新构造活动强烈、地震烈度较高的地区。地表岩层破碎、滑坡、崩塌、错落等不良地质现象发育，为泥石流的形成提供了丰富的固体物质来源。岩层结构疏松软弱，易于风化，节理发育，或软硬相间成层地区，因易受破坏，也能为泥石流提供丰富的碎屑物来源。一些人类工程经济活动，如滥伐森林造成水土流失，开山采矿、采石弃渣等，往往也为泥石流提供大量的物质来源。

3. 水源条件

水既是泥石流的重要组成部分，又是泥石流的重要激发条件和搬运介质（动力来源）。泥石流的水源有暴雨、冰雪融水库（池）溃决水体等，我国泥石流的水源主要是暴雨、长时间的连续降雨等。

（四）泥石流的防治措施

对于泥石流的防治，应贯彻综合治理的原则，要突出要点、因害设防、因地制宜、讲求实效、充分考虑到被保护地区与具体工程的要点。

1. 生物措施

生物措施包括恢复或培育植被、合理耕牧、维持较优化的生态平衡，这些措施可使流域坡面得到保护，免遭冲刷，以控制泥石流发生。植被包括草被和森林两种，它们是生物措施中不可分割的两个方面。植被可调节径流，延滞洪水，削弱山洪的动力，可保护山坡，抑制剥蚀、侵蚀和风蚀，减缓岩石的风化速度，控制固体物质的供给。因此在流域内（特别是中，上游地段）要加强封山育林，严禁毁林开荒。为使此项措施切实有效地发挥作用，还需注意造林方法的选择树种，幼苗成活后要严格管理，严防森林火灾，消灭病虫害。此外，要合理耕收，甚至退耕还林，在崩滑地段要绝对禁止耕作。

2. 工程措施

（1）蓄水、引水工程。这类工程包括调洪水库、截水沟和引水渠等。工程建于形成区内，其作用是拦截部分或大部分洪水，削减洪峰，以控制暴发泥石流的水动力条件，同时，还可灌溉农田、发电或供生活用水等。大型引水渠应修建稳固而短小的截流坝作为渠首，避免经过崩滑带，而应在它的后缘外侧通过，并严防渗漏、溃决和失排。

（2）支挡工程。支挡工程有挡土墙、护坡等。在形成区内崩塌、滑坡严重地段，可在坡脚处修建挡墙和护坡，以稳定斜坡。此外，当流域内某地段山体不稳定，树木难以"定居"时，应先铺以支挡建筑物以稳定山体，生物措施才能奏效。

（3）拦挡工程。这类工程多布置在流通区内，修建拦挡泥石流的坝体，也称谷坊坝，它的主要是拦泥石流和护床固坝。目前国外挡坝的种类繁多，从结构来看，可分为实体坝和格栅坝；从材料来看，可分为土质、圬工、混凝土和预制金属构件等；从坝高和保护对象的作用来看，可分为低矮的挡坝群和单独高坝。挡坝群是国内外广泛采用的防治工程，沿沟建筑一系列高 5～10m 的低坝或石墙，坝（墙）身上应留有水孔以宣泄水流，坝顶留有溢水口可宣泄洪水。

（4）排导工程。这类工程包括排导沟、渡槽、急流槽、导流坝等，多数建在流通区和堆积区。最常见的排导工程是设有导流堤的排导沟，它们的作用是调整流向，防止漫流，以保护附近的居民点、工矿点和交通线路。

（5）储淤工程。这类工程包括拦淤库和储淤场，前者设置于流通区内，就是修筑拦挡坝，形成泥石流库；后者一般设置于堆积区的后缘，通常由导流堤、拦淤堤和溢流堰组成。储淤工程的主要作用是在一定期限内和一定程度上使泥石流固体物质在指定地段停淤，从而削减下泄的固体物质总量及洪峰流量。

第五节 工程地质勘查工作方法

一切工程都修建在地壳的表层，工程的稳定性、结构形式、施工和造价与修建场地的工程地质条件密切相关。因此在兴建各种工程之前，通常都要先进行测量，做好水文、工程地质、水文地质以及其他有关内容的工程勘查工作，以获取建筑场地自然条件的原始资料，用来指导制定设计和实施方案。工程地质勘查是这些工程勘查中的重要组成部分。

一、工程地质勘查的目的与任务

工程地质勘查是工程建设首先开展的基础性工作，目的在于查明并评价工程场地的地质条件及它们与工程之间的相互作用关系，以保证工程的稳定、经济和正常使用。内容包括工程地质测绘与调查、勘探与取样、室内试验与原位测试、检验与监测、分析与评价、编写勘查报告等几项工作。其主要任务有以下几点：

（1）查明区域地质和建筑场地的工程地质条件，尤其要指出场地内不良地质现象的发育情况及其对工程建设的影响，对区域稳定性和场地稳定性作出评价。

（2）分析、研究与建筑有关的工程地质问题，作出正确评价，为建筑物的设计、施工和运行提供可靠的地质依据。

（3）选择地质条件优良的建筑场址，并配合建筑物的设计和施工，对建筑总平面布置，建筑物的结构、尺寸及施工方法提出合理建议，指出为保证建筑物安全和正常使用所应注意的地质要求。

（4）为拟定改善和防治不良地质条件和现象的方案措施（包括岩土体加固处理、各种不良地质现象整治等）做出论证和建议。

（5）预测工程施工和运行过程中对地质环境和周围建筑物的影响，进行预报、预警，并提出保护措施的建议。

二、工程地质勘查阶段的划分及要求

工程地质勘查阶段的划分与设计阶段的划分一致。一般的建设工程设计分为可行性研究、初步设计和施工图设计三个阶段。为了提供各设计阶段所需的工程地质资料，勘查工作也相应地划分为可行性研究勘查（选址勘查）、初步勘查、详细勘查三个阶段。对于工程地质条件复杂或有特殊施工要求的重要建筑物地基，尚应进行可行性研究及施工勘查。对于已有较充分的工程地质资料或工程经验的工程，以能提出必要的数据、做出充分而有效的设计论证为原则，可简化勘查阶段或简化勘查工作内容。对于单项的且仅与地基土质条件有关的岩土工程（如基础托换或加固、已有边坡局部加固等）可直接进行一次性勘查。以下以工业民用建筑为例说明各勘查阶段的具体要求。

1. 可行性研究勘查阶段

可行性研究勘查应对拟建场地的稳定性和适宜性作出评价，并应符合下列要求：

（1）收集区域地质、地形、地震、矿产、当地的工程地质、岩土工程和建筑经验等资料。

（2）在充分收集和分析已有资料的基础上，通过踏勘了解场地的地层、构造、岩性、不良地质作用和地下水等工程地质条件。

（3）当拟建场地工程地质条件复杂，已有资料不能满足要求时，应根据具体情况进行工程地质测绘和必要的勘探工作。

（4）当有两个或两个以上拟选场地时，应进行比选分析。

2. 初步勘查阶段

初步勘查应对场地内拟建建筑地段的稳定性作出评价，并进行下列主要工作：

（1）收集拟建工程的有关文件，工程地质和岩土工程资料以及工程场地范围的地形图。

（2）初步查明地质构造、地层结构、岩土工程特性、地下水埋藏条件。

（3）查明场地不良地质作用的成因、分布、规模、发展趋势，并对场地的稳定性作出评价。

（4）对抗震设防烈度大于等于 6 度的场地，应对场地和地基的地震效应作出初步评价。

（5）季节性冻土地区，应调查场地土的标准冻结深度。

（6）初步判定水和土对建筑材料的腐蚀性。

（7）对于高层建筑，应对可能采取的地基基础类型、基坑开挖与支护、工程降水方案进行初步分析评价。

初步勘查时，在收集分析已有资料的基础上，根据需要和场地条件还应进行勘探测试等工作。初步勘查点、线间距取决于地基复杂程度等，勘探孔深度根据工程重要性等级及勘探孔类别确定。初步勘查还应进行试样采取、原位测试及水文地质勘查等工作。

3. 详细勘查阶段

详细勘查应按单体建筑物或建筑群提出详细的岩土工程资料和设计、施工所需的岩土参数，对建筑地基作出岩土工程评价，并对地基类型、基础形式、地基处理、基坑支护、工程降水和不良地质作用的防治等提出建议。主要应进行下列工作：

（1）收集附近坐标和地形的建筑总平面图，场区的地面整平标高，建筑物的性质、规模、荷载、结构特点、基础形式、埋置深度，地基允许变形等资料。

（2）查明不良地质作用的类型、成因、分布范围、发展趋势和危害程度，提出整治方案的建议。

（3）查明建筑范围内岩土层的类型、深度、分布、工程特性，分析和评价地基的稳定性、均匀性、承载力。

（4）对需进行沉降计算的建筑物，提供地基变形计算参数，预测建筑物的变形特征。

（5）查明埋藏的河道、防空洞、墓穴、孤石等对工程不利的因素。

（6）查明地下水的埋藏条件，提供地下水位及其变化幅度。

（7）在季节性冻土地区，提供场地土的标准冻结深度。

（8）判定水和土对建筑材料的腐蚀性。

详细勘查的主要手段以勘探、原位测试和室内土工试验为主。详细勘查勘探点间距、深度取决于地基复杂程度、基础底面宽度、地基变形计算深度等，尤其是要注意高层建筑勘探点的布置和勘探孔深度。

基坑或基槽开挖后，岩土条件与勘查资料不符或发现必须查明的异常情况时，应进行施工勘查。勘查的主要工作方法有施工验槽、钻探和原位测试等。

三、勘查成果整理

工程地质勘查报告书和图件是在工程地质调查与测绘、勘探试验、监测等已获得的原始资料的基础上，按工程要求和分析问题的需要进行整理、统计、归纳、分析、评价，提出工程建议，形成文字报告并附各种图件的勘查技术文件。因此它是工程地质勘查的最终成果，并作为设计部门进行设计的最重要的基础资料。

勘查成果的整理一般是在现场勘查工作告一段落或整个勘查工程结束后进行。成果整理工作一般包括现场和室内试验数据的整理和统计、工程地质图件的编制以及工程地质报告书的编写。

1. 现场和室内试验数据的整理

在工程地质勘查过程中，各项勘查内容都有大量的地质数据和试验数据，而这些数据一般都是离散的。因而需要对这些离散数据进行分析和归纳整理，使这些数据能更好地反映岩土体性质和地质特征的变化规律。

对岩土参数的基本要求是可靠和适用。在分析岩土参数的可靠性和适用性时，应着重考虑以下因素：①取样方法和其他因素（如取土器等）对试验结果的影响；②采用的试验方法和取值标准；③不同测试方法（如室内试验与现场测试等）所得结果的分析比较；④测试结果的离散程度；⑤测试方法与计算模型的配套性。

在对测试数据的可靠性作出分析评价的基础上，用统计方法整理和选择参数的代表性数值。一般情况下应提供：①岩土参数的平均值、标准差、变异系数、数据分布范围和数据的数量；②承载能力极限状态计算所需的岩土参数标准值，当设计规范另有专门规定的标准值取值方法时，可按有关规范执行。

2. 工程地质图的编制

工程地质图是针对工程目的而编制的。它综合了通过各种工程地质勘查方法（如测绘、勘探、试验等）所取得的成果，并经过分析编制而成。

（1）工程地质图的类型。

1）工程地质勘查实际材料图。图中反映该工程场地勘查的实际工作，包括地质点、钻孔点、勘探坑洞、试验点、长期观测点等。从实际材料图上可得出勘查工作量、勘查点位置以及勘查工作布置的合理性等。

2）工程地质编录图。工程地质编录图由一套图件构成，包括有钻孔柱状图、基坑编录图、平洞展视图及其他地质勘探和测绘点的编录。

3）工程地质分析图。图中突出反映一种或两种工程地质因素或岩土某一性质的指标的变化情况。例如天然地基持力层的埋深和厚度等值线图，基岩（或硬土层）埋深等深线及岩性变化图等。这种图所表示的内容多是对拟建工程具有决定性意义，或为分析某一重大工程地质问题时必备的图件。

4）专门工程地质图。专门工程地质图是为勘查某一专门工程地质问题而编制的图件。图中突出反映与该工程地质问题有关的地质特征、空间分布及其相互组合关系，评价与地质问题有关的地质和力学数据。如分析边坡稳定时突出边坡岩土体与结构面、地下水渗流特征的关系，以确定滑移体的边界以及结构面组合和岩土体性能等的力学数据，从而编制边坡工程地质图件。

5）综合性工程地质图和分区图。综合性工程地质图也称工程地质图，这种图是针对建筑类型，把与之相关的地质条件和勘探试验成果综合地反映在图上，并对建筑地区的工程地质条件作出总的评价。此图可作为建筑物总体布置、设计方案与处理措施的基本依据。

综合性工程地质图是在综合性工程地质图的基础上，按建筑的适宜性和具体工程地质条件的相似性进行分区或分段，还要系统地反映有关工程地质条件和工程地质问题最需用的资料，并附分区工程地质特征说明表。

（2）工程地质图的内容。工程地质图的内容主要反映该地区的工程地质条件，按工程的特点和要求对该地区工程地质条件的综合表现进行分区和工程地质评价，一般工程地质图应反映如下几方面内容。

1）地形地貌。地形地貌包括地形起伏变化、高程和相对高差；地面切割情况，例如冲沟的发育程度、形态、方向、密度、深度及宽度；场地范围、山坡形状、高度、陡度及河流冲刷和阶地情况等。地形地貌条件对建筑场地或线路的选择、建筑物的布局和结构形式以及施工条件都有直接影响。合理利用地形地貌条件可以提高工程建设的经济效益，尤其是在规划阶段，比较不同方案时，地形地貌条件往往是首要因素。例如，地形起伏变化及沟谷发育情况等对道路和运河渠道等工程的选线及建（构）筑物布置常具有决定性意义。斜坡的高度和形状影响到挖方边坡的土方量和稳定性。建筑场地的平整程度对一般建筑物的挖方、填方量以及施工条件都具有明显的意义。

2）岩土类型及其工程性质。这是工程地质条件中较为重要的方面，包括地层年代、地基土成因类型、变化、分布规律以及物理力学指标的变化范围和代表值。正确地按形成年代及成因类型划分岩土层，有助于找出岩层物理状态和力学性质的共同特征，为进一步布置取样及试验工作提供依据。

3）地质构造。工程地质图应能反映基岩地区或有地震影响的松软土层地区的地质构造，其内容一般包括各种岩土层的分布范围、产状、褶曲轴线，断层破碎带的位置、类型及其活动性。

4）水文地质条件。水文地质条件一般包括地下水位、潜水水位及对工程有影响的承压水水位及其变化幅度，地下水的化学成分及腐蚀性。

5）物理地质现象。物理地质现象包括各类物理地质现象的形态、发育强度的等级及其活动性。各种物理地质现象的形态类型（如岩溶、滑坡、岩堆等），一般在工程地质图上用符号在其主要发育地带笼统表示，冲沟的发育深度、岩石风化壳的厚度等可在符号旁用数字表示。

（3）工程地质图的编制方法。工程地质图是根据工程地质条件各方面的图件编制的。这些基本图件为：①第四纪地质图或地质图；②地貌及物理地质现象图；③水文地质图；④各种剖面图件、钻孔柱状图及各种原位测试与室内试验成果图表。此外，在编制某些专门工程地质图时还需要其他图件和资料，如相应的成果整理图表及工程地质分析图等，图的比例尺愈大、场地条件愈复杂或工程要求愈高，这类资料的种类愈多。

在使用这些基本底图上的资料时，必须从分析研究入手，根据编图目的，对这些资料加以选择，即选取那些对反映工程地质条件、分析工程地质问题最有用的资料，突出主要特征。而且在利用资料时，往往还需按工程要求经过综合整理后，再编绘到工程地质图上。

图上应画出相应界线，主要有不同年代、不同成因类型和土性的土层界线，地貌分区界线，物理地质现象分布界线及各级工程地质分区界线等。各种界线的绘制方法是：肯定者用实线绘制，不肯定者用虚线绘制。工程地质分区的区级之间可用线的粗细区别，由高级区向低级区由粗变细。

除了分区界线之外，工程地质图上还可使用各种花纹（表示岩性）、线条（如断层线等）、符号（如物理地质现象、坑孔、原位测试点、井、泉等）、代号（如土的成因类型代号等）及等值线等，均可按现行规范统一图例绘制。另外，在工程地质图上为了反映土层在一定深度范围内的变化，往往使用小柱状图，在小柱状图的左边用数字表明各土层的厚度或深度。

在工程地质图上一般用颜色表示工程地质分区（有时表示岩性）。图上的最大一级单元可用不同的颜色表示，同一最大单元内的各区用该最大单元颜色的不同色调相区别，更进一步的划分则用同一色调的深浅区别。用工程地质评价分区时，一般用绿色表示建筑条件最好的区，用黄色表示差一些的区，而条件最差的区则用红色表示。有些线条符号等也可用颜色表示，如活动的断层、活动性的冲沟、滑坡及最高洪水淹没界线等，可用红色符号表示。

复杂条件下的工程地质图综合的内容是比较多的，有时虽经系统分析、选择，但图面上的线条、符号仍会相当拥挤，因而必须注意恰当地利用色彩、各种花纹、线条、粗细界线、符号及代号等，对这些要妥善地安排，分出疏密浓淡，使工程地质图既能充分说明工程地质条件，又能清晰易读、整洁美观。

3. 工程地质报告书的编写

（1）工程地质报告书。工程地质报告书是工程地质勘查的文字成果。报告书应该简明扼要，切合主题。所提出的论点应有充分的实际资料作为依据，并附有必要的插图、照片及表格，以助文字说明。较复杂场地的大规模或重型工程的工程地质报告书，在内容结构上一般分为绪论部分、一般部分、专门部分和结论部分。

1）绪论部分。绪论部分主要是说明任务要求及勘查工程概况、拟建工程概况、采用的方法及取得的成果。勘查任务应以上级机关或设计、施工单位提交的任务书为依据。为了明确勘查的任务和意义，在绪论中应先说明建筑的类型、拟定规模及其重要性，勘查阶段需要解决的问题等。

2）一般部分。一般部分阐述勘查场地的工程地质条件。对影响工程地质条件的因素，如地势、水文等也应作一般介绍，阐述的内容应能表明建筑地区工程地质条件的特征及一般规律。

3）专门部分。专门部分是整个报告书的中心内容，任务是结合具体工程要求对涉及的各种工程地质问题进行论证，并对任务书中所提出的要求和问题给予尽可能圆满的回答。包括：勘查方法和勘查工作布置；场地地形、地貌、地层、地质构造、岩土性质、地下水、不良地质现象的描述和评价；场地稳定性与适宜性的评价；岩土参数的分析与选用。在论述时应当由列举的勘查所得的各种实际资料进行计算，在定性评价基础上作出定量评价。

4）结论部分。结论部分是在上述各部分的基础上，对任务书中所提出的以及实际工作中所发现的各项工程地质问题做出简短明确的解答，因而内容必须明确具体，措词必须简练正确。此外，在结论中还应指出存在的问题及今后进一步研究方向的建议。

（2）工程地质图等附件。工程地质报告书应附有各种工程地质图，工程地质图由一套图组成，其中平面图是最主要的部分，其附件包括：①勘探点平面位置图；②工程地质剖面图；③地层综合柱状图（或分区地层综合柱状图）；④土工试验图表；⑤现场原位测试图件；⑥其他专门图件。

本 章 关 键 词

工程地质条件；特殊土；块体运动；地质灾害；工程地质勘查

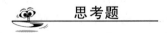 思考题

1. 什么是工程地质条件与工程地质问题？

2. 工程地质包括哪些分支学科？

3. 高山地区发生块体运动的地质条件有哪些？

4. 崩塌灾害的发生有何时间规律？

5. 滑坡的几何要素有哪些？

6. 泥石流防治有哪些措施？

7. 工程地质勘查包括哪些阶段？

参 考 文 献

［1］ 贺瑞霞. 工程地质学［M］. 北京：中国电力出版社，2010.

［2］ 王贵荣，唐亦川，王念秦，等. 岩土工程勘查［M］. 西安：西北工业大学出版社，2007.

［3］ 张咸恭，王思敬，李智毅. 工程地质学概论［M］. 北京：地震出版社，2005.

［4］ 王清. 土体原位测试与工程勘查［M］. 北京：地质出版社，2006.

［5］ 王明伟，陈冶，孙永年. 地质灾害调查与评价［M］. 北京：地质出版社，2008.

［6］ 陈祥军，王景春. 地质灾害防治［M］. 北京：中国建筑工业出版社，2011.

［7］ 王士杰，党进谦. 基础工程［M］. 北京：中国农业出版社，2008.

［8］ 张勤，陈志坚. 岩土工程地质学［M］. 郑州：黄河水利出版社，2000.

［9］ 夏邦栋. 普通地质学［M］. 北京：地质出版社，2010.

［10］ 张倬元，王士天，王兰生，等. 工程地质分析原理［M］. 北京：地质出版社，2016.

［11］ 施斌，闫长虹. 工程地质学［M］. 北京：科学出版社，2019.

［12］ 宋春青，邱维理，张振春. 地质学基础［M］. 北京：高等教育出版社，2010.

［13］ 孙家齐，陈新民工程地质［M］. 武汉：武汉理工大学出版社，2011.

［14］ 朱济祥. 土木工程地质［M］. 天津：天津大学出版社，2018.

［15］ 魏进兵，高春玉. 环境岩土工程［M］. 成都：四川大学出版社，2014.

［16］ 潘懋，李铁峰. 灾害地质学［M］. 北京：北京大学出版社，2012.

［17］ 许兆义. 工程地质基础［M］. 北京：中国铁道出版社，2003.

［18］ 方喜林，孙蓬鸥. 建筑工程防灾读本［M］. 北京：中国环境科学出版社，2014.

第四章 水 文 地 质

第一节 概 述

地下水是地球上分布广泛的淡水资源，也是地球上水资源的一个重要组成部分。它具有水质洁净、温度变化小和分布广泛等优点，是居民生活、工农业生产和国防建设的一个重要水源。在世界各国供水量中，地下水占据很大比例，如丹麦、利比亚、沙特阿拉伯与马耳他等国均占 100%，圭亚那、比利时和塞浦路斯等国占 80%～90%，德国、荷兰与以色列占 67%～75%，苏联占 24%，美国占 20%。美国 1/3 的水浇地依赖地下水灌溉。苏联地下水开采量每秒钟达 700m³，其中的 200 多 m³ 用于城市供水、200 多 m³ 用于农田灌溉。

据调查，我国地下水资源的总量达 8700 亿 m³/a，占全国平均水资源总量 28000 亿 m³/a 的 31% 左右，其中能够直接开发利用的每年约 2900 亿 m³。我国南方和北方地区的地下水资源分布不平衡，北方 15 个省（自治区、直辖市）和苏北、皖北地区约有 3000 亿 m³/a，约占北方水资源总量的一半；南方各省（自治区、直辖市）的地下水资源量约有 5000 多亿 m³/a。我国南方地表水较多，地下水也多，北方地表水较少，地下水也少。

在我国，地下水对居民生活、工农业生产与城乡建设起重要作用。根据对我国 181 座大中城市的统计，采用地下水供水的城市有 60 多座，占 1/3 以上；采用地下水与地表水联合供水的城市有 40 多座，占 1/5 以上。特别是在地表水缺乏的北方地区，地下水对于解决城市供水的作用更为重要，如华北地区 27 个主要城市的地下水开采量占城市总用水量的 87%。目前，北京、沈阳、西安、大连等城市地下水的日开采量均达到了 100 万 m³ 以上。据统计，现在我国城市和工业地下水使用量已超过 150 亿 m³/a，约占全国地下水年开采总量的 20% 以上。在地面水源不足、降雨较少的干旱地区，开发利用地下水已成为水利建设的一个重要方面，是农业生产上取得抗旱保丰收的必要手段。据北方 17 个省（自治区、直辖市）统计，已有农业机井 200 多万眼，每年开采地下水超过 400 亿 m³，占全国地下水年开采总量的 50% 以上，灌溉农田面积为 1.7 亿亩以上。在未来的供水中，毫无疑问地下水资源必将进一步发挥更大的作用。

地下水在埋藏较深时，往往含有较多的盐分、多种稀有元素并具有较高的温度。前者是重要的矿产资源，可以从中提取有用的工业原料。如我国四川自贡地区，开采利用深部地下水——卤水已有近 2000 年的历史，过去从卤水中提炼食盐，供我国西南数省食用需要，现在还从卤水中提取钾盐及溴、碘、硼、锶、钡等工业原料，在工农业生产的发展中起着重要作用。温度高的地下水可用来发电、取暖及用于发展养殖业等。温度高或含有某些特殊成分的地下水还可以用于医疗事业。

从上述不难看出,地下水是一种宝贵的自然资源,对人类生活和从事生产具有重要意义。但是,在另一方面,当对地下水开发、利用、管理不当时,易造成多种地质灾害问题。

在气候干旱或半干旱地区,当地下水埋藏不深时,强烈的蒸发作用使含在地下水中的盐分便不断聚积于地表,造成土壤盐渍化,不利于农业生产的发展。

在采矿过程中,由于地下水大量涌入矿山坑道,会淹没井巷和矿山设备,造成人员伤亡和财产损失;影响采矿生产,减少产量;限制矿产资源开发,减少可采储量,缩短矿井有效使用年限;破坏矿区水资源和水环境,常造成地表水干涸、地下水位大幅度下降;有时引起地面塌陷、地面沉降等次生灾害。我国的许多煤矿以及南方岩溶地区的金属矿山,坑道突(涌)水问题均较突出。例如我国湖南某煤矿,平均每采出 1t 煤,需要抽出地下水 $133m^3$。国外某些矿山矿坑涌水问题同样也很突出。例如匈牙利尼拉德铝土矿,需要抽出 $210m^3$ 的地下水才能采出 1t 铝土。

在工程建设中,地下水常常会对建筑物的修建、正常运用和安全造成严重的危害。例如建筑在阿尔卑斯山脉下面的辛普隆隧道,在工程施工过程中,地下水以 $60m^3/min$ 的速度涌入,使工程不得不停顿了 6 个星期。又如在 1959 年发生崩溃的法国马尔帕赛特拱坝,则是因为库水从地下的节理裂隙中渗透进入坝基下方的一层黏土之内,使黏土的性质变化,引起滑动而崩溃。美国加利福尼亚州的圣佛朗西斯坝,于 1928 年失事,高约 70m 的混凝土大坝被冲垮,事后研究认为,也是由于地下水的渗透引起的,渗透水流对坝基红色砂砾岩中的黏土和石膏进行掏蚀冲刷,从而引起大坝滑移溃决。据美国发表的资料,在破坏的土石坝中,有 40% 是由于坝基土或坝体土渗透变形所造成的。地下水对可溶性岩石溶蚀,形成的洞穴管道系统所引起的岩溶渗漏,则是在碳酸盐岩地区修建水工建筑物常常会遇到的问题。例如西班牙的蒙特—哈克水库,由于通过石灰岩溶洞发生岩溶渗漏,致使水库修成后从未蓄满过水。美国的赫尔斯·巴尔重力坝高 25m,建成后漏水量达 $50m^3/s$,威胁到大坝的安全。我国碳酸盐岩分布面积达 130 万 km^2,约占全国总面积的 1/7,特别是西南地区,如川东、川南、滇东、贵州和广西的大部分,地表广泛分布着碳酸盐岩。开发这些地区的丰富水利资源,对岩溶渗漏问题必须进行认真的研究分析。岩溶地区修建其他工程也会遇到地下水问题。例如开挖隧洞、地下厂房等也会突然涌水,造成施工困难或使隧洞结构复杂化。在岩溶地区进行工程建设施工排除地下水时,还会产生地面塌陷、下沉、开裂等现象,对工程建筑物及工农业生产造成不良的影响。例如襄渝铁路隧道施工通过岩溶地区时,由于隧道施工排水,发生地面塌陷,造成房屋倒塌,农田破坏,交通受阻等情况,给工农业生产及人民生活造成不良影响。

20 世纪以来,国内外一些大城市发生的地面沉降问题,也是由地下水所引起的。过量开采地下水致使地下水位大幅度下降,降低了土体中的空隙水压力,造成软土层压缩,因而引起地面沉降。由于过量开采地下水引起的地面沉降,以美国加利福尼亚州的圣华金城、墨西哥的墨西哥城和日本的东京等地最为突出,最大沉降量东京为 4.23m,墨西哥城为 7.5m,圣华金城达 8.55m。我国上海市区的地面沉降是 1930 年前后发现的。1956年以后,随着地下水开采量的增加,地面下沉逐渐加剧,到 1965 年,最大沉降量已达

2.37m。1966 年以后，由于采取了人工回灌及其他措施，上海市区的地面沉降才基本上得到了控制。

地面沉降已经成为现代许多大城市的重要公害问题，它对当地的工业生产、市政建设、交通运输以及人民生活都有很大的影响，有时还会造成巨大的损失。例如日本的东京、大阪和新潟，美国的长滩市，中国的上海市等，由于地面沉降的发展，已有部分地区的标高降低到低于或接近于海平面高程。这些地区经常遭受海水的侵袭，有些地区甚至长期积水，对当地人民的生活和生产有着严重的威胁。在一些地面沉降强烈的地区，例如美国长滩，伴随着地面垂直沉降还会发生较大的水平位移，往往会对地面和地下构筑物如地表的路面、铁轨桥墩和大型建筑物的墙、支柱以及油井和其他管道等，造成严重的破坏。

综上所述，地下水一方面是宝贵的自然资源，我们要充分合理地加以利用；另一方面它又是工农业生产和建设的不利因素，我们要有效地进行防治。不论是利用地下水的有利方面，或是防治它的不利方面，都必须对它进行充分的研究。

第二节　水文地质学的基本任务

水文地质学的任务是研究地下水的形成、运动、水质、水量、埋藏和分布的规律，同时还研究如何合理地开发利用地下水，以及如何有效地防治地下水危害的各种实际问题。

水文地质学是一门综合性的自然科学。水文地质勘查是研究水文地质的主要手段，其目的主要有：①为地下水资源的启理开发利用与管理、国土开发与整治规划、环境保护和生态建设、经济建设和社会发展规划提供区域水文地质资料和决策依据；②为城市建设和矿山、水利、港口、铁路、输油输气管线等大型工程项目的规划提供区域水文地质资料；③为更大比例尺的水文地质勘查，城镇、工矿供水勘查，农业与生态用水勘查、环境地质勘查等各种专门水文地质工作提供设计依据；④为水文地质、工程地质、环境地质等学科的研究提供区域水文地质基础资料图。

水文地质勘查的任务就是运用各种不同的勘查手段（测绘、勘探、试验、观测等），经过一定的勘查程序去查明研究区基本的水文地质条件，解决其专门性的水文地质问题。例如，水文地质普查阶段的基本任务是：①基本查明区域水文地质条件，包括含水层系统或蓄水构造的空间结构及边界条件，地下水补给、径流和排泄条件及其变化，地下水水位、水质、水量等；②基本查明区域水文地球化学特征及形成条件，地下水的年龄及更新能力；③基本查明区域的地下水动态特征及其影响因素；④基本查明地下水开采历史与开采现状，计算地下水天然补给资源，评价地下水开采资源和地下水资源开采潜力；⑤基本查明存在或潜在的与地下水开发利用有关的环境地质问题的种类、分布、规模大小和危害程度以及形成条件、产生原因，预测其发展趋势，初步评价地下水的环境功能和生态功能，提出防治对策建议；⑥采集和汇集与水文地质有关的各类数据，建立区域水文地质空间数据库；⑦建立或完善地下水动态区域监测网点，提出建立地下水动态监测网的优化方案。

第三节　水文地质基础知识

存在于地壳表面以下岩土空隙（如岩石裂隙、溶穴、土孔隙等）中的水称为地下水。对岩土体来说，地下水作为岩土体的组成部分，对岩土体的性能有着极其重要的影响；对于工程环境来讲，地下水又是影响工程环境的重要因素，地下水的赋存状态与渗流特性将对工程结构承载能力、变形性状与稳定性、耐久性施加影响。因此，地下水在岩土工程或者基础工程领域值得重点研究。要掌握有关地下水的基本理论知识，必须对地下水的基本概念、地下水的类型及运动规律等有较深入的了解。

一、地下水的基本概念

（一）水在岩土体中的存在形式

岩土介质中存在各种形态的水，按其物理化学性质可分为气态水、结合水、毛细水、重力水、固态水（冰）和结晶水等。

1. 气态水

气态水即水汽存在于未饱水的岩土空隙中。它可以自大气进入岩土空隙中，也可以由液态水的蒸发而形成。气态水可以随空气流动而流动，也可由绝对湿度大的地方向小的地方运移，对岩土中水分的分布具有一定的作用。

2. 结合水

松散岩土颗粒表面带负电荷，它具有静电吸附能，颗粒越微细，静电吸附能越大。水分子是带正负电荷的偶极体，它一端带正电，另一端带负电，在岩土颗粒的静电吸附能的作用下，能牢固地吸附在颗粒表面，形成水分子薄膜，这层水膜就是结合水（图 4-1）。结合水根据其受岩土颗粒表面静电吸附能的强弱，又可以分为强结合水与弱结合水。强结合水也称吸着水，被约一万个大气压的强大吸引力直接吸附在岩土颗粒表面。

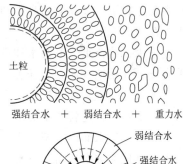

强结合水　+　弱结合水　+　重力水

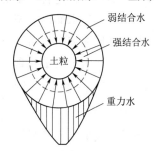

图 4-1　结合水与重力水

就其性质而言，结合水近似固体，密度很大，平均为 $2g/cm^3$，具有极大的黏滞性和弹性。强结合水在重力作用下不产生运动，不传递静水压力，只有当温度高于 105℃ 时，才能转化为气态水向他处运动。弱结合水也称薄膜水，位于强结合水的外层。它离岩土颗粒表面较远，受静电引力较小，其密度和普通水一样，但黏滞性较大。弱结合水同样在重力作用下不产生运动，不传递静水压力，但能以水膜形式极缓慢地由水膜厚的地方向水膜薄的地方运动（图 4-2），在强大的压力作用下，弱结合水也能脱离岩土颗粒表面，析出成重力水。因此，在抽取松散沉积物中的承压含水层时，含水层内的黏性土夹层或限制层中的弱结合水可能转化为重力水，对承压水的水质和水量都会产生影响。

3. 毛细水

赋存在地下水面以上毛细空隙中的水，称毛细水。在表面张力和重力作用下水自液面上升到一定高度停止下来，此高度称毛细上升高度。因此，在潜水面以上常形成毛细水（图4-3）。这部分毛细水由地下水面支持，所以又称支持毛细水。在潜水面以上的包气带中，还有被毛细力滞留在毛细空隙中的悬挂毛细水和滞留在颗粒角间的角毛细水。毛细水可以传递静水压力，能被植物根系吸收。

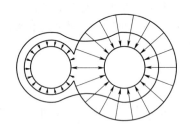
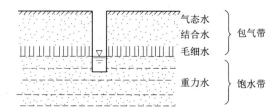

图4-2 弱结合水的运动　　　　图4-3 各种形态的水在岩层中的分布

4. 重力水

当岩土的全部空隙被水所饱和时，其中在重力作用下能自由运动的水便是重力水。从泉眼中流出的水和从井孔中抽出的水都是重力水（图4-3）。重力水能传递静水压力。

5. 固态水

当岩土的温度低于水的冰点时，储存于岩土空隙中的水便冻结成冰而形成固态水。固态水主要分布于雪线以上的高山和寒冷地带的某些地区，在那里，浅层地下水终年以固态冰形式存在。

气态水、结合水、毛细水和重力水在地壳最表层岩土中的分布有一定的规律性。当在松散岩土中开始挖井时，岩土是干燥的，但是实际上存在着气态水和结合水。继续向下挖，发现岩土潮湿，说明岩土中有毛细水存在。再向下掘进，便开始有水渗入井中，并逐渐形成地下水面，这就是重力水。

稳定的地下水面以上至地表称包气带，它的上部主要有气态水和结合水，还存在少量重力水和悬挂毛细水；而其下部接近地下水面部分则存在毛细水，称毛细水带。稳定地下水面以下称饱水带，主要含重力水（图4-3）。

（二）岩土体的水理性质

1. 持水性

持水性是指重力释水后，岩土能够保持住一定水量的性能。在重力作用下，岩土中能够保持住的水主要是结合水和部分孔隙毛细水或悬挂毛细水。

衡量岩土持水性的指标叫持水度，指在重力作用下，岩土能够保持住的水的体积与岩土总体积之比，可以小数或百分数表示。

根据岩土保持水的形式不同，可分为毛细持水度和结合持水度，通常应用结合持水度。结合持水度是岩土所能保持的最大结合水的体积或重量和岩土总体积或重量之比。结合持水度的大小取决于颗粒大小。颗粒越小，其表面积越大，表面吸附的结合水越多，持水度也越大。松散岩土的持水度数值见表4-1。

表4-1 松散岩土的持水度数值

岩土名称	粗砂	中砂	细砂	极细砂	亚黏土	黏土
颗粒大小/mm	2～0.5	0.5～0.25	0.25～0.1	0.1～0.05	0.05～0.002	<0.002
结合持水度/%	1.57	1.6	2.73	4.75	10.8	44.85

2. 给水性

给水性是指饱水岩土在重力作用下能自由给出一定水量的性能。当地下水位下降时，原先饱水的岩土在重力作用下，其中所含的水将自由释出。

衡量岩土给水性的指标叫给水度。给水度是地下水位下降1个单位深度时，单位水平面积的岩土柱体在重力作用下释放出的水的体积，以小数或百分数表示。

给水度的大小取决于岩土空隙的大小，其次才是空隙的多少。松散岩土的给水度数值见表4-2。

表4-2 松散岩土的给水度数值

岩土名称	黏土	亚砂	粉砂	细砂	中砂	粗砂	砾砂	细砾	中砾	粗砾
给水度/%	2	7	8	21	26	27	25	25	23	22

3. 透水性

透水性指岩土可以被水透过的性能。不同的岩土具有不同的透水性。砂砾石具有较大的透水性。对岩土透水性起决定性作用的是空隙的大小，其次才是空隙的多少。颗粒越细小，孔隙越小，透水性就越差。因为细小的空隙大多被结合水占据，水在细小的空隙中流动时，空隙表面对其流动产生很大的阻力，水不容易从中透过。例如，黏土虽有很高的孔隙度，可达50%以上，但因其孔隙细小，重力水在其中的运移很困难，故黏土称为不透水层。

（三）含水层与隔水层

含水层指能够透过并给出相当数量水的岩层。因此，含水层应是空隙发育的具有良好给水性和强透水性的地层，如各种砂土、砾石、裂隙和溶穴发育的坚硬岩土。隔水层则是不能透过并给出水或只能透过与给出极少量水的地层。因此，隔水层具有良好的持水性，而其给水性和透水性均不良，如黏土、页岩和片岩等。

含水层首先应该是透水层，是透水层中位于地下水位以下，被地下水所饱和的地层，上部未饱和地层则是透水不含水层。故一个透水层可以是含水层，如冲积砂砾含水层；也可以是透水不含水层，如坡积亚砂土层；还可以是一部分是位于水面以下的含水层，另一部分是位于水面以上的透水不含水层（图4-4）。

含水层与隔水层只是相对而言，并不存在截然的界限，二者是通过比较而存在的。如河床冲积相粗砂层中的粉砂层，粉砂层由于透水性小，可视为相对隔水层；但如果粉砂层夹在

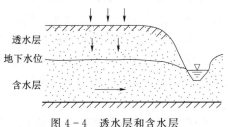

图4-4 透水层和含水层

黏土中，粉砂层因其透水性较大则成为含水层，黏土层作为隔水层。由此可见，同样是粉砂层，在不同水文地质条件下可能具有不同的含水意义。

含水层相对性还表现在含水层与隔水层之间可以互相转化。如黏土，通常情况下是良好的隔水层，但在降水或地下深处较大的水头差作用下，当其水力梯度大于黏土层起始水力坡度时，也可能发生相邻含水层越流补给，透过并给出一定数量的水而成为透水层。

二、地下水的类型

（一）按埋藏条件分类

所谓地下水的埋藏条件，是指含水地层在地质剖面中所处的部位及受隔水层限制的情况。据此可将地下水分为上层滞水、潜水和承压水。

1. 上层滞水

当包气带存在局部隔水层时，在局部隔水层上积聚的具有自由水面的重力水便是上层滞水。上层滞水分布最接近地表，接受大气降水的补给，以蒸发形式或向隔水底板边缘排泄。雨季获得补充，积存一定水量，旱季水量逐渐耗失。当分布范围较小而补给不很经常时，不能终年保持有水。由于其一般水量不大，动态变化显著。在旱季时，可不考虑对工程建设的影响，在雨季时应该考虑，特别应考虑对基坑开挖的影响。

2. 潜水

饱水带中第一个具有自由表面的含水层中的水称作潜水（图 4-5）。潜水没有隔水顶板，或只有局部的隔水顶板。潜水的水面为自由水面，称作潜水面。从潜水面到隔水底板的距离为潜水含水层厚度；潜水面到地面的距离为潜水埋藏深度。

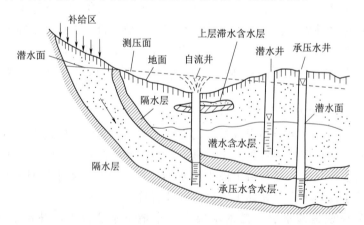

图 4-5　潜水、承压水及上层滞水

由于潜水含水层上面不存在隔水层，直接与包气带相接，所以潜水在其全部分布范围内可以通过包气带接受大气降水、地表水或凝结水的补给。潜水面不承压，通常在重力作用下由水位高的地方向水位低的地方径流。潜水的排泄方式有两种：一种是径流到适当地形处，以泉、渗流等形式泄出地表或流入地表水，这便是径流排泄；另一种是通过包气带或植物蒸发进入大气，这是蒸发排泄。

3. 承压水

充满于两个隔水层之间含水层中的水称为承压水（图 4-6）。承压水含水层上部的隔水层称作隔水顶板或限制层，下部的隔水层叫做隔水底板，顶底板之间的距离为含水层厚度。

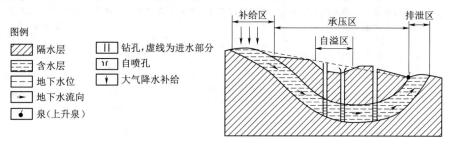

图例
▨ 隔水层
▤ 含水层
▭ 地下水位
→ 地下水流向
● 泉(上升泉)

▯ 钻孔,虚线为进水部分
Ⅷ 自喷孔
↓ 大气降水补给

图 4 - 6 承压水

承压性是承压水的一个重要特征。图 4 - 6 表示一个基岩向斜盆地，其含水层中心部分埋设于隔水层之下，两端出露于地表。含水层从出露位置较高的补给区获得补给，向另一侧排泄区排泄，中间是承压区。补给区位置较高，水由补给区进入承压区，受到隔水顶底板的限制，含水层充满水，水自身承受压力，并以一定压力作用于隔水顶板。要证实水的承压性并不难，用钻孔揭露含水层，水位将上升到含水层顶板以上一定高度再静止下来。静止水位高出含水层顶板的距离便是承压水头。井中静止水位的高程就是含水层在该点的测压水位。测压水位高于地表时，钻井能够自喷出水。

（二）按含水层的性质分类

按含水介质类型，可将地下水分为孔隙水、裂隙水和岩溶水。

含水层的空隙是地下水贮存的场所和运移的通道。含水层空隙性质的不同，地下水在其中贮存、运移和富集特点也不同。据此，可把地下水划分为孔隙水、裂隙水和岩溶水三大类。

1. 孔隙水

孔隙水分布于第四系各种不同成因类型的松散沉积物中。其主要特点是水量在空间分布上相对均匀、连续性好。它一般呈层状分布，同一含水层的孔隙水具有密切的水力联系，具有统一的地下水面。

2. 裂隙水

裂隙水是指储存于基岩裂隙中的地下水。岩石中裂隙的发育程度和力学性质影响着地下水的分布和富集。在裂隙发育地区，含水丰富；反之，含水甚少。所以，在同一构造单元或同一地段内，富水性有很大变化，因而形成裂隙水分布的不均一性。上述特征的存在，常使相距很近的钻孔的水量相差数十倍。

3. 岩溶水

储存和运动于可溶性岩层空隙中的地下水称为岩溶水。按其埋藏条件，可以是潜水，也可以是承压水。

岩溶水在空间的分布变化很大，甚至比裂隙水更不均匀。有的地方，水汇集于溶洞孔道中，形成富水区；而在另一地方，水可沿溶洞孔隙流走，造成一定范围内的严重缺水。

将两者不同的分类进行组合，地下水可分为 9 类（表 4 - 3）。

表 4-3 地 下 水 分 类 表

含水介质类型	孔　隙　水	裂　隙　水	岩　溶　水
上层滞水	局部黏性土隔水层上季节性存在的重力水	裂隙岩层浅部季节性存在的重力水	裸露岩溶化岩层上部岩溶通道中季节性存在的重力水
潜水	各类松散沉积物浅部的水	裸露于地表的各类裂隙岩层中的水	裸露于地表的各类岩溶化岩层中的水
承压水	山间盆地及平原松散沉积物浅部的水	组成构造盆地、向斜构造或单斜断块的被掩覆的各类裂隙岩层中的水	组成构造盆地、向斜构造或单斜断块的被掩覆的岩溶化岩层中的水

三、地下水的运动

地下水以不同形式（强结合水、弱结合水、毛细水和重力水等）存在于地层的空隙中。除了强结合水外，其他几种水在包气带和饱水带中都参与了运动。弱结合水虽在重力下不能运动，但在一定水头差的作用下，不但能运动，而且还能传递静水压力。粉质黏土、黏土层在一定水头差的作用下也透水。以往的研究多集中于饱水带重力水的运动，但实际生产中提出的不少问题涉及包气带水以至结合水的运动规律。

（一）基本概念

1. 水头

考虑地下水位以下土层中的单元体 A（图 4-7），地下水位以下所有孔隙都是连通的，而且充满水，因此单元体 A 中的水具有静水压力 u_w。如果在单元体 A 处插入一根开口管子（通常称测压管），水将在管中上升，一直到管底端的水压力与 u_w 平衡为止，亦即

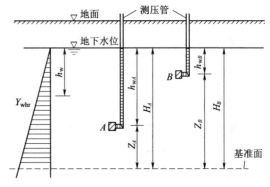

$$u_w = \gamma_w h_w \qquad (4-1)$$

式中　γ_w——水的重度，kN/m^3；

$\quad\quad h_w$——A 至测压管水面的铅直距离，通常称压力水头，m；

$\quad\quad u_w$——静水压力，又叫孔隙水压力，kN/m^2。

图 4-7　地下水位以下土层

这里必须注意区别三个水头：压力水头 h_w、位置水头 Z 和总水头 H。位置水头 Z 指的是所考虑的单元体至某一任意指定基准面的铅直距离；总水头 H 指的是压力水头与位置水头之和，亦即

$$H = h_w + Z \qquad (4-2)$$

一般来说，水总是从水头高处流向水头低处，这里的水头是指总水头 H，而不是指压力水头 h_w 或位置水头 Z。在图 4-7 中，$h_{wA} > h_{wB}$，$Z_B > Z_A$，但因 $H_A = H_B$，故水并不流动。考虑孔隙水压力 u_w 的绝对值时，需要注意的是压力水头 h_w；在地下水位处，$h_w = 0$，所以 $u_w = 0$，u_w 沿土层深度呈线性变化。考虑水的流动问题时，需要注意的是总水头 H，又称测压管水头（测压管中的水面至某指定基准面的铅直距离）。

2. 动水压力

水在土的孔隙内流动时受到土粒（骨架）的阻力，从作用力与反作用力大小相等、方向相反的原理可知，水流过时必定在土的颗粒骨架上产生压力。单位体积土颗粒骨架所受到的压力的总和，称作动水压力 G_D （kN/m³）。

渗流由下而上，动水压力大于土的有效重度，会产生渗流破坏。渗流破坏可能造成严重的工程事故，必须加以重视。此外，还要留意潜蚀或管涌的现象。它们也属于渗流破坏，整个土体虽然稳定，但细颗粒被水从粗颗粒之间带走，如任其发展，则孔隙扩大，水的实际流速增大，稍粗颗粒亦被带走，便会形成孔道，恶性循环，孔道不断扩大、加深，最终造成严重破坏。管涌现象是由于水力坡度太大所致，特别是不均匀系数 $\mu_u > 10$ 的无黏性土在较小的水力坡度（0.3～0.5）下就可能出现管涌。因此，作为防止渗流破坏（无论是流土、流沙还是管涌）的根本措施，设计中应尽可能减小水力坡度，必要时在水流逸出处增设反滤层（由细到粗的过渡层）。

3. 渗透与渗流

地下水在岩土空隙中的运动称为渗透。由于岩土空隙的大小、形状和连通情况极不相同，从而形成大小不等、形状复杂、弯曲多变的通道（图4-8）。在不同空隙或同一空隙中的不同部位，地下水的流动方向和流动速度均不相同，空隙中央部分流速最大，而水流与颗粒接触面上的流速最小。渗透是岩土中实际存在的水流，其特点是在整个含水层过水断面上是不连续的。如果按其实际情况来研究它，在理论上和实际上都将遇到巨大困难，对于实际应用也毫无意义。因此，通常根据生产实际需要对地下水流加以简化，即用假想的水流模型去代替真实的水流。一是不考虑渗流途径的迂回曲折，只考虑地下水的流向；二是不考虑岩土层的颗粒骨架，假想岩土的空间全被水流充满（图4-9），这种假想水流称为渗流。

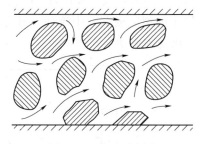

图4-8　渗透示意图

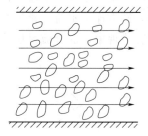

图4-9　渗流示意图

4. 层流与紊流

地下水在饱水岩层中并非静止不动的，它是从含水层中水位较高的地方向水位低的地方运动。根据实际观察和试验证实，水流运动有两种基本状态，即层流和紊流。

水质点运动连续不断、流束平行而不混杂为层流状态，如图4-10所示；水质点运动不连续，流束混杂而不平行的为紊流状态，如图4-11所示。

研究表明，水流的运动速度不大时，呈层流状态；当水流速度超过某一临界数值时，就由层流状态转为紊流状态。地下水在岩石的孔隙、裂隙中运动时水流速度较慢，所以，绝大多数情况下地下水运动呈层流状态，只有在很大的裂隙和岩溶洞穴中运动的地下水才

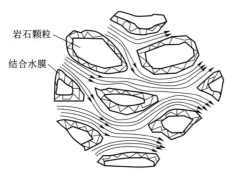

图 4-10 层流示意图 图 4-11 紊流示意图

呈紊流状态。

5. 稳定流和非稳定流

运动规律一般可以通过其运动要素（动水压力、流速、加速度等）在时间和空间里的变化来描述。如果某一水流的运动要素仅仅是空间坐标的函数，而与时间无关，这种水流称为稳定流。如图 4-12（a）所示，当水箱内水位保持不变，水从箱壁孔口流出，其压力和流速与它在空间的位置有关，而与时间无关，这种水流是稳定流。

当水流中各点的运动要素不仅与空间坐标有关，且需随时间变化而不同，这种水流是非稳定流。如图 4-12（b）中的水箱中的水量没有补给，随着时间的增长，水量减少，水头降低，各点压力减小，其他运动要素也随时间而改变。

（二）线性渗流定律

1. 达西定律

地下水的运动有层流、紊流和混合流三种形式。层流是地下水在岩土的孔隙或微裂隙介质中渗透，产生连续水流；紊流是地下水在岩土的裂隙或洞穴中流动，具有涡流性质，流线有互相交错现象；混合流是层流和紊流同时出现的流动形式。

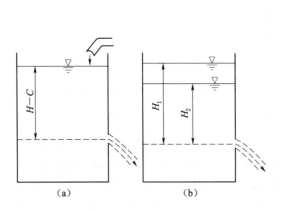

图 4-12 稳定流与非稳定流示意图
（a）稳定流；（b）非稳定流

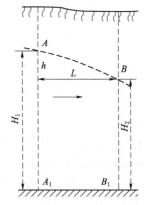

图 4-13 地下水层流断面图
AB—潜水面；A_1B_1—隔水层

地下水在土中的运动（渗透）属于层流（图 4-13），且遵循达西（Darcy）线性渗透定律，其公式如下：

$$Q = KA \frac{h}{L} \qquad (4-3)$$

其中 $\qquad\qquad\qquad\qquad h = H_1 - H_2$

式中 Q——单位时间内的渗透水量，m^3/d；

$\quad\quad K$——渗透系数，m/d；

$\quad\quad A$——水渗流的断面积，m^2；

$\quad\quad L$——断面间的距离，m；

$\quad\quad h$——距离为 L 的断面间的水位差，m；

$\quad\dfrac{h}{L}$——水力坡度，用符号 I 表示，代表单位长度渗流途径上所产生的水头损失，亦

$\qquad\quad$ 称水力梯度（无因次）；

H_1、H_2——断面 AA_1、BB_1 上的水位值。

$$I = \frac{H_1 - H_2}{L} \qquad (4-4)$$

式（4-3）两边同时除以断面面积 A 后，即得渗流速度 v，渗流速度与水力坡度成正比：

$$v = \frac{Q}{A} = KA \frac{h}{L} \qquad (4-5)$$

$$v = KI \qquad (4-6)$$

当 $I=1$ 时，得 $K=v$，即当水力坡度等于 1 时，渗透系数等于渗流速度，它的单位为 cm/s 或 m/d。

由式（4-6）可知，上述的渗透系数 K 也就是水力坡度等于 1 时的渗流速度。水在土中的渗流速度 v 取决于两方面的因素：一是土的透水性（反映为 K 的大小）；二是水力条件（反映为 I 的大小），这就是水在土中渗流的基本规律，亦即达西定律。

这里要注意两个问题：①v 并不是水在孔隙中真正流动的速度，因为孔隙是弯弯曲曲的。实际渗流途径并不等于 L；横截面积 A 中不全是孔隙，实际过水面积不等于 A。因此，实际平均流速大于渗流速度 v。但工程实践中关心的不是水质点的真正流速，而是流经整个土体的平均流量。所以用表观的流速 v、A、L 考虑是可以的，而且更为方便。②达西定律 $v=KI$ 只适用于砂及其他较细颗粒中。因为孔隙太大时（如卵石、溶洞）流速太大，会有紊流现象，水质点的流线互相交错，不是层流，不再与 I 的一次方成正比。渗流速度不是孔隙中的实际流速 u，它只是换算速度，因为在这个公式中用的断面积并不是孔隙的横断面积。

在一般情况下，砂土、黏土的渗透速度很小，其渗流可以看作是层流，渗流运动规律符合达西定律，渗透速度与水力梯度的关系，如试验所得图 4-14 中的曲线Ⅰ所示。但是，在某些黏性土中这个公式就不正确。因为在黏性土中颗粒表面有不可忽视的结合水膜，阻塞或部分阻塞了孔隙间的通道。试验表明，I 值比较小时克服不了结合水膜的阻力，水渗流不过去，只有当水力坡度 I 大于某一值 I_b 时，黏土才具有透水性（图 4-14

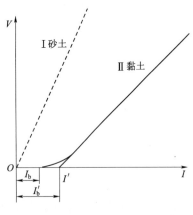

图 4-14　渗流速度与水力坡度

中的曲线Ⅱ）。

如果将曲线Ⅱ在横坐标上的截距用 I_b' 表示（称为起始水力坡度），当 $I > I_b'$，时，达西公式可改写为

$$v = K(I - I_b') \tag{4-7}$$

2. 水力坡度

水力坡度为沿渗透途径水头损失与相应渗透长度的比值。水质点与颗粒在空隙中运动时，为了克服水质点之间的摩擦阻力，必须消耗机械能，从而出现水头损失。所以，水力坡度可以理解为水流通过单位长度渗透途径为克服摩擦阻力所耗失的机械能。

3. 渗透系数

渗透系数 K 反映土的透水性大小，其常用单位为 m/s 或 m/d，一般通过做室内渗透试验或现场抽水或压水试验进行测定。

（1）渗透系数的测定。渗透系数测定的试验装置如图 4-15 和图 4-16 所示，有定水头和变水头两种。室内渗透试验的原理如图 4-17 所示，量测 Q 后反算 K。

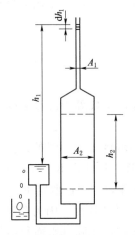

图 4-15　定水头渗透系数测定试验装置

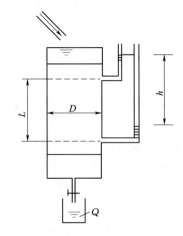

图 4-16　变水头渗透系数测定试验装置

（2）渗透系数经验值。表 4-4 可用于粗略估算土的渗透系数。

表 4-4　　　　　　　　　　各类土的渗透系数

土的种类	透水性大小	$K/(cm \cdot s)$	土的种类	透水性大小	$K/(cm \cdot s)$
卵石、碎石、砾石	很透水	$>1 \times 10^{-1}$	黏质粉土	中等透水性	$1 \times 10^{-4} \sim 1 \times 10^{-3}$
砂	透水	$1 \times 10^{-3} \sim 1 \times 10^{-2}$	粉质黏土	低透水性	$1 \times 10^{-6} \sim 1 \times 10^{-5}$
黏土	几乎不透水	$<1 \times 10^{-7}$	黏质粉土	中等透水性	$1 \times 10^{-4} \sim 1 \times 10^{-3}$

（三）非线性渗流定律

地下水在较大的空隙中运动且其流速较大时，则呈紊流运动，此时的渗流服从哲才定律。前面已经谈到，从层流向紊流的转变是逐渐过渡的，没有明显的界线。因此斯姆列盖

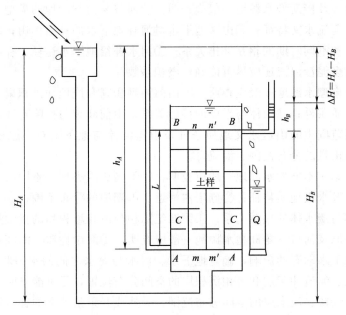

图 4-17　一维渗流试验装置示意图

尔认为，介于层流与紊流之间的流态是一种层流和紊流并存的混合流。

（四）流网

土体中的稳定渗流（水流运动要素不随时间变化，土的孔隙比和饱和度不变，流入单元体的水量等于流出单元体的水量以保持平衡）可用流网表示。流网由一组流线和一组等势线组成。

如图 4-17 所示，如果在 AA 面上若干点放置一些颜料，就会出现若干条反映水流方向的流线，如图中 $\overline{mn}$；和 $\overline{m'n'}$；两条流线之间的空间称为流槽。在 AA 面上各点的水头均等于 H_A，故称线 AA 为等势线，BB 和 CC 也都是等势线，即凡总水头相等的各点的连线称等势线。图 4-17 所示的方格网（不一定必须是方格）就称流网。

绘制流网的目的是可直观地考察水在土体中的渗流途径，更重要的是可用于计算渗流量以及确定土体中各点的水头和水力坡度。如图 4-17 所示的一维流动情况，实际上没有必要绘制流网，直接应用达西定律就可计算流量、确定各点的水头和水头差。但实际工程中遇到的很多是二维流或三维流情况，这时绘制流网就很有用。

第四节　水文地质工作的基本要求

水文地质工作主要通过不同的水文地质勘查方法来实现。故水文地质工作的基本要求即为不同的水文地质勘查方法的要求。下面重点介绍供水水文地质勘查的要求。

一、各类型水源地应查明的水文地质问题

对于各种类型的水源地，除查明一般水文地质条件外，还应根据各自的特点，有针对性地查明相应的专门水文地质问题。

（1）山间河谷及傍河型水源地一般应查明：①河谷与河谷阶地的类型、分布范围，河道的分布范围，河流水文特征；②山区地下水对河谷地下水的补给作用；③地下水与河水在不同河谷地段和不同时期的相互补排关系；④河水补给地下水途径、补给带宽度、河床沉积物结构。对多泥沙河流还应尽可能确定淤积系数。

（2）冲洪积扇型水源地一般应查明：①山前冲洪积扇和掩埋冲洪积扇的沉积结构、分布范围及水文地质条件；②山体与平原的接触关系、山前断裂与拗陷对冲洪积扇的形成作用，调查本流域范围内的山区水文地质条件及山川河流与地下水对平原地下水的补给特征；③地下水溢出带的分布范围、溢流量。

（3）冲积、湖积平原型水源地一般应查明：①不同成因类型、不同河系堆积物的沉积关系，岩相特点及水文地质特征；②确定占河道、占湖泊的分布范围；③咸水体的空间分布范围及咸水体与淡水体的接触关系；④第四纪陆相与海相堆积物的接触形式。

（4）滨海平原及河口三角洲型水源地一般应查明：①海岸性质、海滨变迁、海水入侵范围及潮汐对地下水动态的影响，确定地下水、河水与海水之间的水力联系和补排关系；②三角洲的面积、河流冲积层和海相沉积层的空间分布位置，尽可能查明三角洲的形成时代和变迁情况；③咸、淡水层的空间分布范围，天然或开采条件下的补、排转化关系。

（5）裸露岩溶型水源地一般应查明：①可溶岩与非可溶岩的界线及分布范围，圈定地下河补给区，大致确定地下水分水岭的位置及其变动情况；②地下河的分布及其大致轨迹；③地下河天窗、溶洞深潭、季节性溢洪湖、落水洞、洼地、干谷、地下河出口以及地表水消失和再现等岩溶地质现象；④基本查明岩溶管道、洞穴、溶孔的发育规律及充填情况，查明岩溶发育程度及垂直分带；⑤调查地质构造、地层岩性、地形地貌、河流水文等因素与岩溶发育的关系，查明有利于岩溶水形成的地层层位、褶皱部位和断裂带等富水地段；⑥调查岩溶大泉的形成条件及主要控制因素，确定岩溶大泉的泉域范围、泉流量及泉水下游的地下水排泄量；⑦选择典型地段分别在旱季、雨季和洪峰期进行连通试验，以查明地下河连通情况和地下水的流向、流速、流量以及岩溶水在各通道之间、岩溶水与地表水之间的相互转化条件和补给关系；⑧对大型洞穴应进行专门调查与测量。

（6）隐伏岩溶型水源地一般应查明：①盖层类型（松散层或碎屑岩类盖层或双重盖层）、分布及厚度、盖层中的含水层与下伏岩溶含水层之间的关系，以及岩溶水的水力特征；②岩溶发育的主要层位、深度及其发育特征，着重研究地质构造与岩溶发育的关系；③确定主要岩溶洞穴通道的大体空间分布位置、充填情况、岩溶水的富集规律与边界条件；④当隐伏岩溶区相邻的补给区或排泄区为裸露岩溶时，应利用邻区水文地质资料综合分析补给与排泄条件，作为该区岩溶水资源评价的依据；⑤岩溶矿区，应充分收集矿区水文地质资料，研究供、排结合的可能性。

（7）红层孔隙裂隙型水源地一般应查明：①红层中的溶蚀孔洞发育规律，以及砂岩、砾岩岩层的分布、厚度及富水性；②浅层孔隙裂隙潜水富集部位；③褶皱、断裂及裂隙对地下水富集规律的控制作用。

（8）碎屑岩裂隙型水源地一般应查明：①软硬相间地层组合情况及其中硬脆性岩层的厚度和裂隙发育程度，确定其局部富水地段，查明单一硬脆性岩层的断裂构造富水带；②可溶岩夹层的分布、溶蚀程度，确定其富水性；③不整合面和沉积间断面上出露的泉及其裂隙富水带。

（9）玄武岩裂隙孔洞型水源地一般应查明：①各期玄武岩顶气孔带、底气孔带、原生柱状裂隙、大型孔洞的发育特征和空间分布规律以及含水性能，各喷发间断期的沉积物特征及分布规律；②玄武岩裂隙、孔洞发育层与凝灰岩等隔水层接触带的富水情况。

（10）块状岩石孔隙裂隙型水源地一般应查明：①风化壳的性质、深度、分布规律和含水性能，确定具有一定汇水面积的富水地段；②岩浆岩围岩接触蚀变带的类型、宽度、破碎情况和裂隙发育程度及其富水情况；③脉岩的岩性、产状、规模、穿插关系、透水性以及脉岩迎水面裂隙带和脉岩与断裂相交部位的富水程度；④断裂带与节理密集带的产状、规模、充填及富水情况。

二、供水水文地质测绘的一般规定

（1）水文地质测绘，宜在比例尺大于或等于测绘比例尺的地形地质图基础上进行。如：

1）沿垂直岩层（或岩浆岩体）、构造线走向。

2）沿地貌变化显著方向。

3）沿河谷、沟谷和地下水露头多的地带。

4）沿含水层（带）走向。

（2）水文地质测绘的观测点，宜布置在下列地点：

1）地层界线、断层线、褶皱轴线、岩浆岩与围岩接触带、标志层、典型露头和岩性、岩相变化带等。

2）地貌分界线和自然地质现象发育处。

3）井、泉、钻孔、矿井、坎儿井、地表塌陷、岩溶水点（如暗河出入口、落水洞、地下湖）和地表水体等。

在进行水文地质测绘时，可利用现有遥感影像资料进行判释与填图，减少野外工作量和提高图件的精度。

（3）遥感影像资料的选用及要求。遥感影像资料的选择应符合下列要求：航片的比例尺与填图的比例尺接近；陆地卫星影像选用不同时间各个波段的 1：500000 或 1：250000 的黑白相片以及彩色合成或其他增强处理的图像；热红外图像的比例尺不小于 1：50000。

遥感影像填图的野外工作应包括下列工作内容：检验判释标志、检验判释结果、检验外推结果，对室内判释难以获得的资料，应进行野外补充。

遥感影像填图的野外工作每平方千米观测点数和路线长度可按下列规定执行：地质观测点数宜为水文地质测绘地质观测点数的 30%～50%；水文地质观测点数宜为水文地质测绘水文地质观测点数的 70%～100%；观测路线长度宜为水文地质测绘观测路线长度的 40%～60%。

三、供水地水文地质测绘内容和要求

（1）地貌调查通常包括下列内容：确定地貌的形态、成因类型及各地貌单元的界线和相互关系；调查地形、地貌与含水层的分布和地下水的埋藏、补给、径流、排泄的关系；确定新构造运动的特征、作用强度及其对地貌和区域水文地质条件的影响。

（2）地层调查通常包括下列内容：测制地层控制剖面，确定标志层；确定地层的成因类型、时代、层序及接触关系；测定地层的产状、厚度及分布范围；调查不同地层的透水性、富水性及其变化规律。

（3）地质构造调查通常包括下列内容：确定褶皱的类型、轴的位置、轴的长度及延伸和倾伏方向；判定两翼和核部地层的产状、裂隙发育特征并判定富水地段的位置；确定断层的类型、位置、产状、规模、断距、力学性质和活动性；查明断层上、下盘的节理发育程度，断层带充填物的性质和胶结情况，判定断层带的导水性、含水性和富水地段的位置；对节理进行形态测量统计，查明节理的力学性质、充填情况、延伸和交接关系，确定不同岩层层位和构造部位中的节理发育特征及其富水性，判定测区所属的地质构造类型、规模和等级（包括对构造变动历史、新构造的发育特点及其与老构造的关系的了解）；查明测区所在的构造部位及其富水性。

（4）泉调查通常包括下列内容：查明泉的出露条件、成因类型和补给来源；测定泉的流量、水质、水温、气体成分和沉淀物；了解泉的动态变化、利用情况，若有供水意义时，应设观测站进行动态观测。

（5）水井调查通常包括下列内容：查明井的类型、深度和结构。调查井的地层剖面、出水量、水位、水质及其动态变化；查明地下水的开采方式、用量、用途和开采后出现的问题；选择有代表性的水井进行简易抽水试验。

（6）地表水调查通常包括下列内容：测定地表水的水位、流量、水质、水温含砂量；调查地表水的动态变化和地表水（包括农田灌溉和污水排放等）与地下水（包括暗河和泉）的补排关系；调查地表水利用现状及地表水作为人工补给地下水的可能性；调查河床或湖底的岩性、淤塞和淤垫情况，以及岸边的稳定性。

（7）水质调查应包括下列内容：对有代表性的地下水水点和地表水水点，应采水样进行水质简易分析和专门分析。采取简易分析用的水样的水点数不宜少于《供水水文地质勘察规范》（GB 50027—2001）的规定，水质简易分析的项目宜包括：颜色、透明度、臭味、沉淀、Ca^{2+}、Mg^{2+}、（$Na^+ + K^+$）、HCO_3^-、Cl^-、SO_4^{2-}、pH 值、总矿化度、总硬度等。水质专门分析的项目应根据不同的目的分别确定，对生活饮用水应符合国家现行的《生活饮用水卫生标准》的要求；对生产用水，应根据不同工业企业的具体要求确定；在有地方病或水质污染的地区，应根据病情和污染的类型确定分析项目，划分地下水的水化学类型，查明地下水化学成分的变化规律，了解地下水污染的来源、途径、范围、深度、程度和危害情况。

四、各类地区水文地质测绘的专门要求

对各类地区水文地质测绘的专门要求，应根据需水量、水质等和地区的水文地质条件来确定调查内容、调查范围及其工作精度。

（1）山间河谷及冲洪积平原地区的调查宜包括下列内容：查明古河道的变迁、古河床的分布和多种成因沉积物的叠置情况及其特点；查明阶地的表面形态、地质结构、成因和叠置关系。

（2）冲洪积扇地区的调查宜包括下列内容：查明冲洪积扇的边界、规模和分布，扇轴的位置和走向，沿扇轴方向的岩性变化规律；查明地下水溢出带的位置和水文地质特征。

（3）滨海平原、河口三角洲和沿海岛屿地区的调查。宜包括下列内容：查明海水的侵入范围、咸水（包括现代海水和古代残留海水）与淡水的分界面及其变化规律；查明淡水层或透镜体的分布范围、厚度和水位及其动态变化；查明咸水区中淡水泉的成因、补给来源、出露条件、水质和水量；查明潮汐对地下水动态的影响。

（4）黄土地区的调查宜包括下列内容：查明黄土层中所夹粉土、姜结石和砂卵石含水层的分布范围、埋藏条件和富水性；查明黄土柱状节理、孔隙、溶蚀孔洞的发育特征和含水性；查明黄土塬上洼地的分布、成因和含水性；查明黄土底部岩层的含水性或隔水性。

（5）沙漠地区的调查宜包括下列内容：确定古河道、潜蚀洼地和微地貌（沙丘、草滩、湖岸、天然堤等）的分布及其与地下淡水层或透镜体的分布关系；查明喜水植物的分布及其与地下水埋深和化学成分的关系；查明沙丘覆盖的淡水层和近代河道两侧的淡水层的分布及其水文地质条件。

（6）冻土地区的调查宜包括下列内容：查明多年冻土和岛屿状冻土的分布范围；确定醉林、冰锥、冰丘和冰水岩盘的分布规律及其与地下水的关系；查明多年冻土层的上下限、厚度、分布规律和多年冻土层中地下水的类型（冻结层的层上水、层间水、层下水）；查明融区的成因、类型、分布范围和水文地质特征。

（7）碎屑岩地区的调查宜包括下列内容：确定岩层的互层情况，风化裂隙、构造裂隙的发育程度和深度，及其与地下水赋存的关系；查明可溶盐的分布和溶蚀程度，确定咸水与淡水的分界面。

（8）可溶岩地区的调查宜包括下列内容：查明微地貌（岩溶漏斗、竖井和洼地等）和岩溶泉与地下水分布的关系；查明构造、岩性、地下水径流和地表水文网等因素与岩溶发育的关系；选择有代表性的岩溶水点进行连通试验，测定暗河的水位、流量，确定暗河或地下湖的位置、规模、补给条件和开发条件，对大型洞穴进行洞内调查。

（9）岩浆岩和变质岩地区的调查宜包括下列内容：查明风化壳的发育特征、分布规律和含水性；查明岩脉的规模、穿插特征、岩性、产状，判定岩体、岩脉及其与围岩接触带的破碎程度和含水性；查明玄武岩的柱状节理和孔洞的发育特征及其含水性。

第五节 水文地质相关问题

在地下工程的勘查、设计、施工过程中，地下水始终是一个极为重要的问题。地下水既作为岩土体的组成部分直接影响岩土的性状与行为，又作为地下建筑工程的环境影响地下建筑工程的稳定性和耐久性。在地下工程设计时，必须充分考虑地下水对岩土及地下建筑工程的各种作用。施工时应充分重视地下水对地下工程施工可能带来的各种环境工程地质问题，进而采取相应的防治措施。

一、地下水的作用

（一）潜蚀作用

地下水的流动引起土壤颗粒被冲蚀搬运而导致土层下部被掏空形成空洞，这种现象称为潜蚀作用。

（二）孔隙水压力作用

在饱和土中，凡有应力场的微小变化，就会引起孔隙水压力的变化，孔隙水压力的变化往往会影响土体强度、变形和建筑物稳定性。例如，作用于滑坡上的孔隙水压力直接影响滑坡的稳定性；在高层建筑深基坑开挖中，由于孔隙水压力的作用可能导致坑底上鼓溃决。

（三）渗流作用

地下水在渗流过程中受到土骨架的阻力，与此同时，土骨架必然受到一个反作用力。单位体积内土颗粒所受到的渗流作用力称为渗透力。渗透力的作用方向与水流方向相同。在渗流过程中，若水自上而下渗流，则渗透力与重力方向相同，加大了土粒之间的压力；若水自下而上渗流，则渗透力的方向与重力方向相反，减少了土粒之间的压力。当渗透力大于或等于土的浮重度时，土颗粒处于悬浮状态，土的抗剪强度等于零，土颗粒能随渗流的水一起流动。

（四）浮托作用

地下水对水位以下的岩土体有静水压力的作用，并产生浮托。这种浮托力可以按阿基米德原理确定，即当岩土体的节理裂隙或孔隙中的水与岩土体外界的地下水相通，其浮托力应为岩土体的岩石体积部分或土颗粒体积部分的浮力。

二、潜蚀问题及防治

（一）潜蚀作用类型

潜蚀作用分为两类：机械潜蚀和化学潜蚀。机械潜蚀是指在动水压力作用下，土颗粒受到冲刷导致细颗粒被冲走，使土的结构遭到破坏。化学潜蚀是水溶解土中的易溶盐分，使土颗粒间的胶结被破坏，削弱了结合力，松动了土的结构。机械潜蚀和化学潜蚀一般是同时进行的，潜蚀作用降低了地基土的强度，甚至在地下形成洞穴，以致产生地表塌陷，影响建筑物的稳定。在黄土地区和岩溶地区的土层中最易发生潜蚀。

（二）产生潜蚀的条件

产生潜蚀的条件主要有两方面：一是适宜的土的组成；二是足够的水动力条件。

（1）土层的不均匀系数越大，越易产生潜蚀，一般不均匀系数大于 10 时，易产生潜蚀。

（2）两种相互接触的土层，当两者的渗透系数之比大于 2 时，易产生潜蚀。

（3）当渗透水流的水力坡度大于 5 时，水流呈紊流状态，易产生潜蚀。但天然条件下这样大的水头是少见的，故根据工程实践提出产生潜蚀的临界水力坡度 I_c。

（三）潜蚀的防治措施

潜蚀的防治措施主要有：加固土层（如灌浆等）、人工降低地下水的水力坡度、设置反滤层。

反滤层是防止潜蚀的保护措施，可布置在渗流从土中逸出的地方，特别是直接布置在排水的出口处。反滤层一般由几种粗细不同的无黏性土的颗粒组成。通常这些反滤层与渗流线正交，而且按颗粒直径大小由下而上顺序增加（图 4-18），若能正确地选择反滤层则可防止土中的潜蚀，甚至当渗流水力坡度很大的时候（$I=20$ 或更大），也可防治。反滤层的层数大多采用三层，也有两层的，各层厚度通常为 $15\sim20$cm，这主要取决于施工条件和反滤层颗粒的粗细。当反滤层的铺填不均匀或质量难以保证时，每层的平均厚度应该稍大，以保证反滤层不被破坏。

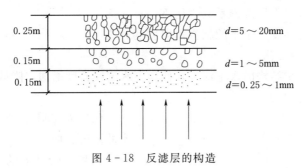

图 4-18 反滤层的构造

三、管涌问题与防治

（一）管涌

当基坑底面以下或周围的土层为疏松的沙土层时，地基土在具有一定渗透速度（或水力坡度）的水流作用下，其细小颗粒被冲走，土中的孔隙逐渐增大，慢慢形成一种能穿越地基的细管状渗流通路，从而掏空地基或坝体，使之变形、失稳，此现象即为管涌，如图 4-19 所示。

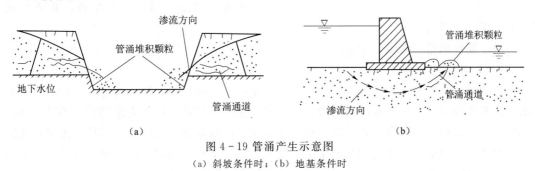

图 4-19 管涌产生示意图

（a）斜坡条件时；（b）地基条件时

国内外学者对管涌现象进行了广泛的研究，得到了许多计算方法。这里仅介绍一种较简便可行的计算方法。

当符合下列条件时，基坑是稳定的，不会发生管涌现象：

$$I < I_c \tag{4-8}$$

式中 I——动水坡度；

I_c——极限动水坡度，$I_c = \dfrac{G_s - 1}{1 + e}$；

G_s——土粒比重；

e——土的孔隙比。

（二）产生管涌的条件

管涌多发生在沙性土中。沙性土的特征是颗粒大小差别较大，往往缺少某种粒径，孔隙直径大且互相连通；其颗粒多由重度较小的矿物组成，易随水流移动，有较大和良好的渗流出路。产生管涌的具体条件如下：

（1）土中粗、细颗粒粒径比>10。

（2）土的不均匀系数>10。

(3) 两种互相接触土层渗透系数之比 $K_1/K_2>2$。

(4) 渗流的水力坡度大于土的临界水力坡度。

(三) 管涌的防治措施

(1) 增加基坑围护结构的入土深度,使地下水流线长度增加,降低动水坡度,对防止管涌现象的发生是有利的。

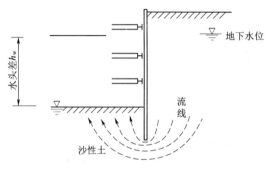

图 4-20 由地下水水位差引起的管涌

(2) 人工降低地下水位,改变地下水的渗流方向。

当基坑面以下的土为疏松的沙土层时,而且又作用着向上的渗透水压,如果由此产生的动水坡度大于沙土层的极限动水坡度时,沙土颗粒就会处于冒出状态,基坑底面丧失,要预防这种管涌现象(图4-20),必须增加地下墙的入土深度,增加流线长度从而降低了动水坡度,因而增加入土深度对防止管涌现象的发生是有利的。

四、流沙问题与防治

(一) 流沙

流沙是指含水饱和的松散细、粉沙(也包括一些沙质粉土、黏质粉土)在动水压力即水头差的作用下,产生的悬浮流动现象。它多发生在颗粒级配均匀而细的粉、细砂等沙性土中,有时在粉土中亦会发生。其表现形式是所有的颗粒同时从一近似管状通道中被渗透水流冲走。其发展的结果是使基础发生滑移和不均匀下沉,基坑坍塌,基础悬浮等,如图4-21所示。它的发生一般是突然性的,对工程的危害极大。

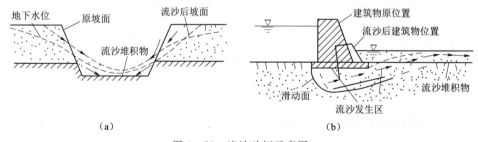

图 4-21 流沙破坏示意图
(a) 斜坡条件时;(b) 地基条件时

(二) 流沙成因

(1) 由于水力坡度大,流速快,冲动土的细颗粒使之悬浮而造成。

(2) 由于土颗粒周围附着亲水胶体颗粒,饱和时胶体颗粒吸水膨胀,使土粒密度减小,因而在不大的水冲力下即能悬浮流动。

(3) 沙土在振动作用下结构被破坏,体积缩小、使土颗粒悬浮于水而随水流动。

实际工程中,在地下水位以下开挖基坑时,往往会发生地下水带着泥沙一起涌冒的现象，此称之为翻沙或涌沙现象［图 4 - 22 (a)］，基坑开挖越深涌得越厉害，有时坑壁的土也可由板桩缝隙中流出。流沙不仅给施工造成困难，而且破坏地基强度，危及邻近已建房屋的安全。这个现象可以用一个简单的模型试验来说明。如图 4 - 22 (b) 所示，打开阀门 A，使沙中有向上的水流，当向上渗流的水头坡度 $I = h/l \approx 1$ 时，沙就失去稳定，放在沙表面的一块小石子就沉下去（因沙失去了承载力）；再把阀门 A 关起来，沙就恢复稳定状态。

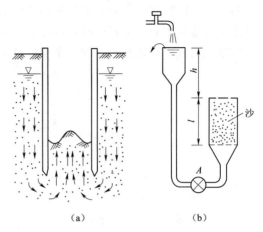

图 4 - 22 流沙现象试验

(a) 流沙现象现场试验；(b) 流沙现象模型试验

产生流沙的条件包括以下几点：

(1) 水力坡度较大，动水压力超过土粒重量能使土粒悬浮。

(2) 沙土孔隙度越大，越易形成流沙。

(3) 沙土的渗透系数越小，排水性能越差时，越易形成流沙。

(4) 沙土中含有较多的片状矿物，如云母、绿泥石等，易形成流沙。

（三）流沙的防治

当地下水的动水压力大于土粒的浮容重或地下水的水力坡度大于临界水力坡度时，就会产生流沙。这种情况的发生常是由于在地下水位以下开挖基坑、埋设地下管道、打井等工程活动而引起的，所以流沙是一种工程地质现象。流沙在工程施工中能造成大量的土体流动，致使地表塌陷或建筑物的地基破坏，能给施工带来很大困难，或直接影响建筑工程及附近建筑物的稳定，因此，必须进行防治。

在可能产生流沙的地区，如其上面有一定厚度的土层，应尽量利用上面的土层作为天然地基，也可用桩基穿过流沙层，将上部荷载传给下部稳定土层，应尽可能地避免开挖。如必须开挖，可用以下方法处理流沙：

(1) 人工降低地下水位，使地下水位降至可能产生流沙的地层以下，然后开挖，如图 4 - 23 所示。

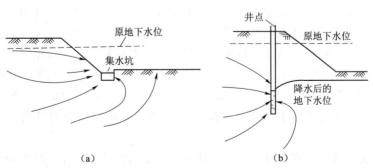

图 4 - 23 井点降水防止流沙现象示意图

(a) 集水坑式降水；(b) 竖井井点式降水

基坑开挖时地表以下的土层受到向上的地下水渗透力的作用。对沙性土层而言，当渗流的水力坡度增大到一定程度时，沙性土会呈流土破坏形式，即呈流态状涌出坡面。

在实际工程中应该有一定的安全度；对不均匀的粉沙土，容许渗流水力坡度 $I=1/3$。

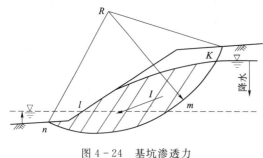

图 4-24　基坑渗透力

当水力坡度超出容许范围时，采用井点降水是防治流沙现象产生的直接有效的措施。井点降水降低了坑内、外的渗流水头差，把渗流水力坡度控制在容许范围之内，从而防范了流沙现象的产生，如图 4-24 所示。简单的集水坑并不能减小渗流水力坡度，而井点降水不但降低了渗流水力坡度，还可改变渗流方向，使地下水仅流向降水井管。

（2）打板桩。在土中打入板桩，一方面可以加固坑壁，同时又延长了地下水的渗流路程以减小水力坡度，减小地下水流速。

（3）冻结法。用冷冻方法使地下水结冰，然后开挖。

（4）水下挖掘。在基坑（或沉井）中用机械在水下挖掘，避免因排水而造成产生流沙的水头差，为了增加沙的稳定，也可向基坑中注水同时进行挖掘。此外，处理流沙的方法还有化学加固法、爆炸法及加重法等。在基槽开挖的过程中如局部地段出现流沙时，可立即抛入大块石等，也能克服流沙的活动。

五、沙土液化问题与防治

（一）液化

饱和松散的沙（包括某些粉土）受到振动时，如果孔隙水来不及排出，体积减小的趋势将使孔隙水压力不断增高，有效应力逐渐减小。当有效应力降低为零时，土便丧失抗剪强度，成为液体状态，这就是常说的液化现象。

液化可在饱和沙层中任何部位发生，既可在地面，也可在地面以下某一深度处，取决于沙的状态和振动情况，有时上部的沙层本来不液化，但由于下部沙层发生液化，超静水压力随着水的向上流动而消散，这时如果水力坡度太大，向上水流可能使上部沙层发生渗流破坏而失稳，或即使达不到失稳，但也会使上部沙层的承载能力大为下降。

饱和沙层发生液化时，通常可在地面上看到喷水冒沙或沿地裂缝涌水的现象。喷水可高达数米，随水流上冒的沙粒则在喷冒口周围形成"火山口"状堆积，其直径可达数米。这种喷水冒沙现象一般在强震后数秒钟内开始出现，并可延续到地震振动停止后几十分钟至数小时，甚至十余小时。然而，也有发生液化而不出现喷水冒沙现象的情况。例如，当发生液化的饱和沙层位于地面下较深处而厚度又比较薄时，向上排放的孔隙水和沙粒不足以喷出地面，只在上覆土层中形成"沙脉"。这种潜伏在地面以下的液化通常不产生明显的宏观危害。

沙类土液化使地基土丧失承载力，并伴随有一定的活动性，往往给工程建筑造成灾害性的破坏。例如：1964 年 6 月 6 日日本新潟地震，由于沙土液化，地基丧失承载力，使工程建筑物遭到广泛的破坏，许多构筑物下沉大于 1m，并有一公寓倾斜达 80°。沙土液化时，有地下水从地面裂缝冒出，同时，汽车、房屋和其他物体下沉到液化的沙土中，而有的地下构筑物则被浮托到地面，港口设施等也遭到严重破坏。

荷兰西南海边，1861—1947 年间先后发生过 229 次沙土液化事件，总面积达 250 万 m^2，移动液体的体积达到 2500 万 m^3，海岸原地面坡度为 $10°\sim15°$，液化后地面坡度坍塌为 $3°\sim4°$。又如唐山地震中发现地基液化的地层至少有四种情况，从平面分布看有片状和带状（图 4 - 25），从垂直剖面看有浅层液化与深层液化。片状和浅层液化多出现在河流冲积扇地区，而带状和深层液化出现在填平的古河道的下游。这些土层的分布情况，对工程危害性并不相同。所以认真分析土层的分布，对保证设计的准确性具有重要意义。

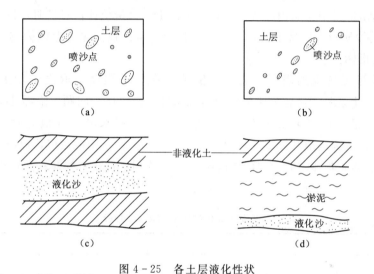

图 4 - 25 各土层液化性状
(a) 片状液化平面；(b) 带状液化平面；(c) 浅层液化平面；(d) 深层液化平面

调查统计表明，平原地区的地震震害中有半数以上是由于液化造成的。以海城、唐山地震为例，由于地震液化造成严重损坏的建筑物数目约占地基基础震害总数的 54%。地基液化可使房屋倾斜、倒塌、地坪隆起、开裂，路基滑移纵裂，岸坡滑动，并使有些浅埋地下的轻量构筑物（如管道）托出地面。总之，位于液化地区内的各种工程设施几乎无一可幸免于难。

（二）产生液化的因素

从沙土液化的本质而言，人们开始的认识是密沙不容易液化，而松沙则容易液化。因此认为沙土的密度是关键问题。对不同密度的沙剪切时的变化进行了研究，发现松沙在剪切时体积收缩，而密沙在剪切时会发生膨胀（剪胀性），于是提出临界孔隙比的概念，即当孔隙比 e 等于临界孔隙比时，沙受剪时，体积既不发生收缩也不发生膨胀。当沙土的孔隙比低于临界孔隙比时就不会发生液化；只有当沙土的孔隙比高于临界孔隙比时，受振时发生收缩，孔隙水压力上升，粒间有效应力减小，使沙土的强度降低甚至丧失，则会发生液化。

对沙土液化进行大量的试验研究后，发现仅按"临界孔隙比"评价是片面的，孔隙比小于临界孔隙比的沙，在某些条件下也会发生液化。因此孔隙比大小不是液化的唯一因素。沙土、粉土液化的发生既与其土质特性（内因）有关，也与液化前该土体所处的应力条件以及使之发生液化的动力作用特性等外部因素有关，是上述因素综合作用的结果。

1. 沙土、粉土的特性（包括土的类别、颗粒组成及密实度）

一般条件下，因饱和粉、细砂比中、粗砂透水性差，受震（振）时易于液化。根据已经发生液化现场的土工分析统计资料来看，一般认为特别容易发生液化的砂土的平均粒径 $d_{50}=0.075\sim0.2mm$；颗粒大小越均匀，不均匀系数大于 5 者，较之级配良好的砂土易于液化；土中黏土颗粒具有抑止液化的作用，故纯净的砂较之含有某些数量黏粒的砂易于液化。海城、唐山地震中大面积已液化饱和粉土的土工分析统计资料表明，粉土中黏粒含量不大于 10% 的沙质粉土更易于液化。因此，黏粒含量已被国家规范定为判别粉土液化性能的一个重要指标。

土工分析与现场观测表明，液化的敏感性在很大程度上取决于砂土或粉土的密度（D_r 或 e）。上述易于液化砂土的颗粒组成条件也说明这一问题。临界孔隙比的概念说明密实度是引起液化的重要因素之一。按我国《水利水电工程地质勘察规范》（GB 50487—2008），认为当饱和砂土的相对密度 D_r 小于表 4-5 中的数值，地震时可能发生液化。日本新潟 1964 年地震时，烈度 7 度区 $D_r\leqslant0.5$ 地段液化很普遍，而在 $D_r\geqslant0.7$ 地段则未发生液化。

表 4-5　　　　　　　　　　　　可能发生液化的相对密度 D_r 指标

设计烈度	6	7	8	9
D_r	0.65	0.70	0.75	0.80~0.85

2. 液化前沙土、粉土所处的起始应力条件

天然沙土或粉土由于地面有无超载、先期压力和埋深不同，地下水位不同，使其土体处于不同的起始应力状态。当沙土、粉土所处围压增大，液化的可能性就减小，或发生液化所需的动力作用强度也就增大。在我国邢台地震时，该地有一村庄下面埋藏沙层与周围地区相同，但因该村庄填土 2~3m 厚，未发生液化，而其周围地区广泛液化。

3. 动力作用的特性

对类别和密实度一定的沙土或粉土，起始应力状态也一定时，要使之产生液化就必须使动力作用强度超过某一临界值。对地震来说，可用地面最大加速度作为指标。一般经验，当地面最大加速度为 $0.1g$（g 为重力加速度，$1g=980cm/s^2$）则可能发生液化。现场观测和室内外试验资料还表明，土在动力作用下液化的产生还与应力应变的变化频率及振动延续时间有关。如阿拉斯加地震时，由沙土液化而产生的滑坡多发生在地震后 90s，如地震延续时间只有 45s，则不发生液化，也不发生滑坡现象。室内试验表明，液化要振动频率达一定数值后才发生。

综合以上因素可以看到，要正确地评定沙土和粉土液化，就必须很好地研究上述这些因素和它们之间的相互关系。

（三）抗液化措施

抗液化措施主要分为两类：

一类是将可液化土层全部或部分处理（加密或挖除换土），或者是采用桩基或深基础将建筑物荷载穿过可液化土层传到下面非液化土层上。这类方法比较彻底，但费用较贵，应视具体情况（如建筑物的重要性和重量、可液化土层的液化危害系数、厚度和位置深浅等）慎重决定是否采用。用振冲法、强夯等加密可液化饱和沙层可取得良好效果。

另一类是不做地基处理，着重增加上部结构的整体刚度和均衡对称性（包括避免采用对不均匀沉降敏感的结构形式）以及加强基础的整体性和刚性（如采用箱基、筏基或钢筋混凝土交叉条形基础），以提高建筑物均衡不均匀沉降的能力，减少地基液化可能造成的危害。

震害调查表明，可液化土层直接位于基础底面以下和可液化土层同一基础底面之间有一层非液化土层。两种情况不大相同，后种情况震害大大减轻。因此，如果靠近地表有一定厚度的非液化土层而建筑物荷载又不是特别重，应尽量利用上面这层非液化土层作为持力层，采用浅基础方案。同理，提高地面设计标高，利用填土增加作用于可液化土层上的覆盖压力也是一种防止液化的有效措施。

总之，选择合理的抗液化措施十分重要，既要保证必要的安全度，又要防止造成浪费。应结合地基液化等级和建筑物具体情况全面综合考虑，可参照以往工程经验，也可参照建筑抗震设计规范中的有关规定进行选择。

六、渗流问题

（一）地下水渗流作用下围护基坑稳定性

在饱和软黏土中开挖基坑时，都需要进行围护，围护结构通常采用板桩、地下连续墙、胶板桩或具有止水措施的钻孔灌注桩。由于地下水位很高，在围护结构周围流线和等势线很集中，如图 4-26 所示，图中 S_1、S_2 是基坑开挖前后维护结构的深度，T_1、T_2 是基坑开挖前后地下水位影响深度。因此很容易造成基坑底部的渗流破坏，所以设计围护结构插入深度时，必须考虑抵抗破坏的能力，具有足够的渗流稳定安全度。

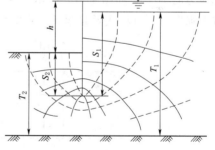

图 4-26　地下水流线和等势线图

（二）地下水渗流作用下的边坡稳定性

在不采用井点降水的情况下开挖基坑，坡面内有渗流时，由于动水力作用，会对边坡的稳定性造成不利的影响。图 4-27 表示浸润曲线通过边坡的情况，地下水自上而下流动会产生一个动水力，动水力的作用，促使土体向下滑动。动水力可通过流网分析来进行计算，但在实用上可取平均水力坡度来计算。图 4-27 中，A、B 两点为浸润曲线与滑动面的交点，则平均水力坡度即为 AB 线的斜率。

七、坑底突涌和井底土体位移问题与防治

地表以下充满于两个稳定隔水层之间承受静水压力的含水层中的重力水称为承压水。它的形成过程与所在地区的地质发展史关系密切，在地下工程中也是产生环境地质问题的

主要因素之一。

（一）基坑突涌

当基坑之下有承压水存在，开挖基坑减小了含水层上覆不透水层的厚度，当它减小到一定程度时，承压水的水头压力能顶裂或冲毁基坑底板，造成突涌。基坑开挖后的最小透水层厚度（H）如图 4-28 中所示。

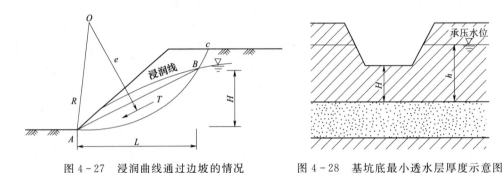

图 4-27　浸润曲线通过边坡的情况　　　　图 4-28　基坑底最小透水层厚度示意图

1. 突涌的形式

（1）基底顶裂，出现网状或树状裂缝，地下水从裂缝中涌出，并带出下部的土颗粒。

（2）基坑底发生流砂现象，从而造成边坡失稳和整个地基悬浮流动。

（3）基底发生类似于"沸腾"的喷水现象，使基坑积水，地基土扰动。

2. 突涌的防治措施

可应用减压井降低基坑下部承压水头，防止由于承压水压力引起基坑突涌。在减压井降水过程中，应对孔隙水压力进行监测，要求承压含水层顶板 A 点的孔隙水压力应小于总应力的 70%，如图 4-29 所示。当基坑开挖面很窄时，此条件可放宽一些，因为土的抗剪强度对抵抗坑底隆起起到一定的作用。

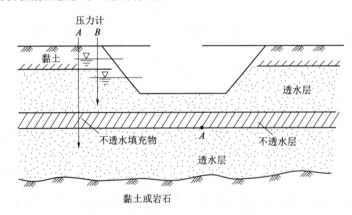

图 4-29　基坑下方承压含水层情况

（二）井底土体位移

当沉井排水下沉接近设计深度时，如果井底以下不透水层厚度不足，就可能被下面承压含水沙层中的承压水顶破，如图 4-30 所示。其后果是井底大量涌入泥沙，沉井突沉，并导致沉井四周地面产生大幅度大范围的沉降；当沉井采用不排水下沉时，如果井内水深不足，或封底的素混凝土厚度不足以平衡承压水压力，则井底以下不透水层底面上的向上压力大于向下压力，也会导致井底被顶破而产生井底涌砂，因而导致井周的地面产生大范围大幅度的下沉。出现上述问题的主要原因是在做沉井施工组织设计前，未得到足够钻探深度的地质资料，不了解沉井开挖深度以下大于 1.3 倍开挖深度范围的工程地质和水文地质条件。

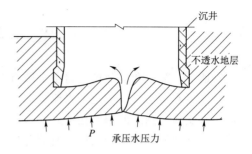

图 4-30　井底承压水引起土体移动示意图

（三）基底抗承压水层的基坑稳定性

如果在基底下的不透水层较薄，而且在不透水层下面具有较大水压的承压含水层时，当上覆土重不足以抵挡下部的水压时，基底就会隆起破坏，墙体就会失稳，如图 4-31 所示。所以在地下墙设计、施工前必须查明地层情况及承压含水层水头情况。

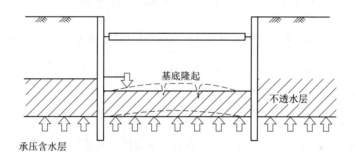

图 4-31　承压水产生的基底隆起

先考虑上覆土层重量与承压水的水压力平衡，此时的安全系数取 1.1～1.3。当不满足此条件时，对有空间效应的小型基坑或较窄的条形基坑，可考虑上覆土层重量及其支护壁的摩擦力与水压力的平衡，土与支护壁间的摩擦系数根据具体工程的条件由试验确定，土作用于支护壁上正压力可采用主动土压力，这是偏于安全的，安全系数可取 1.2。若还不能满足稳定条件，则应采取一定的措施以防止基坑的失稳，常见的有下面两种：

（1）用隔水挡墙隔断含水层。

（2）用深井点降低承压水头。

当基坑底面下的黏土层（隔水层）厚度不足以抵抗承压水的向上压力时，常采用深井点降低承压水头，以确保坑底的稳定。

本 章 关 键 词

水文地质、地下水运动、地下水的不良作用、地下水相关工程问题、水文地质勘查

🐛 思考题

1. 地下水赋存和运动场所岩土空隙有哪些？各种空隙主要成因及其特点是什么？

2. 地下水含水系统与地下水流动系统的异同点？

3. 水文地质测绘的基本任务。

4. 流网图能够反映什么信息有哪些？

5. 地下水不良作用的成因？

6. 各种水资源的应用中，地下水也是日常生活当中常用的一种水资源，请问大家在日常生活中如何利用地下水的，在利用的过程当中遇到了什么样的问题？

参 考 文 献

[1] 付朝汕. 简析水文地质问题在工程勘查中的重要性 [J]. 世界有色金属, 2019 (13): 178-179.

[2] 侯国华, 高茂生. 唐山曹妃甸浅层地下水水化学特征及咸化成因 [J]. 地学前缘, 2019, 26 (6): 49-57.

[3] 董亮, 苏永华, 付蕾. 地下水降低对高速铁路桥梁群桩基础的影响 [J]. 中国铁道科学, 2019, 40 (4): 1-9.

[4] 白洁, 巨能攀, 张成强. 苗尾水电站赵子坪岸坡变形失稳的地下水动力作用分析 [J]. 水文地质工程地质, 2019, 46 (4): 159-166.

[5] 刁钰, 高泽东, 郑刚. 天津市基坑抽排地下水量计量研究 [J]. 岩土工程学报, 2019, 41 (S1): 69-72.

[6] 李治军, 袁景明, 崔越. 基于抽水试验的地下水允许开采量计算 [J]. 人民长江, 2019, 50 (S1): 79-81.

[7] 尹晓萌, 晏鄂川, 刘旭耀. 土体稳定性计算中地下水作用力探讨 [J]. 岩土力学, 2018, 40 (1): 156-164.

[8] 刘胜利, 蒋盛钢, 曹成勇. 强透水砂卵地层深基坑地下水控制方案比选与优化设计 [J]. 铁道科学与工程学报, 2018, 15 (12): 3189-3197.

[9] 魏世博, 聂振龙, 申建梅. 巴丹吉林沙漠南缘地下水补给机制研究 [J]. 人民黄河, 2019, 41 (2): 88-93.

[10] 李辉, 张旭虎, 赵亮. 基于古河道变迁的廊坊东沽港地面沉降影响因素研究 [J]. 长江科学院院报, 2019, 36 (2): 52-57.

[11] 张文卿, 王文凤, 刘淑芹. 长白山矿泉水补给径流与排泄关系 [J]. 河海大学学报 (自然科学版), 2019, 47 (2): 108-113.

[12] 何绍衡, 夏唐代, 李连祥. 地下水渗流对悬挂式止水帷幕基坑变形影响 [J]. 浙江大学学报 (工学版), 2019, 53 (4): 713-723.

[13] 张昊. 水文地质勘察中常见的难点及对策 [J]. 中国金属通报, 2019, (5): 160, 162.

[14] 于丽丽, 凌敏华, 刘昀竺. 跨省超采区地下水压采协调机制研究 [J]. 人民黄河, 2018, (2): 53-56.

[15] 杨元丽, 杨荣康, 孟凡涛. 黔中高原台面浅覆盖型岩溶塌陷分布及影响因素浅析 [J]. 中国岩溶, 2017, 36 (6): 801-807.

[16] 贺鑫, 崔原, 滕超. 辽宁抚顺西露天矿南帮滑坡变形与地下水位关系 [J]. 中国地质灾害与防治学报, 2018, 29 (1): 72-77.

［17］ 倪剑. 哈密盆地区域水文地质条件分析 ［J］. 四川地质学报，2018，38（1）：134 - 137，142.

［18］ 郑亚楠，吕红宾，胡晓农. 基于 Visual MODFLOW 的地下水流数值模拟：以四川垮梁子滑坡为例 ［J］. 人民长江，2018，49（6）：50 - 56＋74.

［19］ 吴启福，郭建平. 某水库岩溶水文地质环境影响预测 ［J］. 四川地质学报，2018，38（1）：143 - 145.

［20］ 李方华. 高家坪隧道地下水系统识别及涌水量预测 ［J］. 地下空间与工程学报，2018，14（1）：250 - 259.

［21］ 吴海江. 水在不同工况下对边坡工程稳定性影响的分析 ［J］. 冶金与材料，2017，37（6）：24 - 25.

［22］ 向国泽，杨淑萍. 水文地质勘察中常见的难点及其应对措施 ［J］. 冶金与材料，2018，38（1）：30＋32.

［23］ 胡梅新. 地下水对建筑物地基的影响及防治措施分析 ［J］. 冶金与材料，2018，38（2）：43 - 44.

［24］ 吴斌，金康康，杨帆. 地下水对七里 10 号滑坡变形及稳定性的影响作用分析 ［J］. 华东公路，2018，（2）：104 - 106.

［25］ 方建陈. 岩土工程勘察工作中水文地质问题研究 ［J］. 山东工业技术，2018，（8）：118，134.

［26］ 程凌鹏，范子训，王新惠. 南水进京后典型区域地下水与地面沉降新动态 ［J］. 人民黄河，2018，40（7）：82 - 87.

［27］ 赵青. 地质勘查中水文地质问题分析及灾害防治 ［J］. 水利规划与设计，2018，（7）：57 - 59.

［28］ 高超，郭波波. 马鞍山铁矿水文地质特征及防治水对策 ［J］. 采矿技术，2016，16（6）：125 - 129.

［29］ 王者鹏，张健，叶志华. 某岩溶隧道水文地质分析与涌水量预测 ［J］. 公路工程，2016，41（5）：7 - 10＋27.

第五章 常见地质工程问题及研究

第一节 概 述

地质工程是以地球科学为理论基础，以地质调查、矿产资源普查与勘探、重大工程的地质结构与地质背景涉及的工程问题为主要对象，以地质学、地球物理、地球化学、数学地质、遥感技术、测试技术、计算机技术等为手段，为国民经济建设服务的先导性工程领域。

近年来，随着我国经济建设的快速发展，大型、超大型水利水电工程、高等级公路、城市地下空间开发及大型矿产资源的开采等相继进入建设高潮，出现了诸如采煤过程中的瓦斯爆炸、涌水；隧道掘进过程中出现的塌方、岩爆、涌水；水利水电工程中的滑坡等地质灾害。特别是我国实施西部大开发的战略目标。西电东送、西气东输等一大批国家重点工程在祖国的西南部诞生，如具有世界最长深埋隧道的南水北调西线工程、世界最大地下洞室群的龙滩电站、世界第二大深切峡谷的虎跳峡电站等都处在西部复杂地质环境中，显然，在这些重大工程的建设中，受到我国西部地区独特的复杂地质条件如复杂的地壳结构、高山峡谷的特殊环境、强烈的内外动力地质作用、极为活跃的构造运动、地质灾害频繁、地质环境脆弱等影响，或多或少存在着诸如滑坡、深开挖边坡、洞室围岩稳定及坝基抗滑稳定等工程地质问题。

总之，人类工程活动破坏或改变了固有的地质环境，而地质环境同时又制约各项工程建设，影响工程建筑物的稳定和正常使用，如意大利瓦依昂水库库岸滑坡等。因此，运用科学的技术方法，用最少的投资保证工程的安全运行是每个地质工作者责无旁贷的责任。作为地质工程专业技术人员，面临新的挑战，必须具备运用科学的方法去解决复杂地质问题的能力。

本章主要讲述地质工程理论在地基工程、斜坡地质灾害防治、城市地下空间开发、水电资源开发利用、矿产资源勘查与开发利用、城市地质调查等领域的应用。

第二节 地基工程地质问题

高层建筑的结构问题一直是建筑行业着重需要解决的，而应运而生的地基便扮演着拯救者的角色，坚固的地基是建设高质量建筑物的保证和前提。高层建筑物的修建过程中，地基是工程的支承体，接受由基础传递来的全部荷载，在保证地基本身不破坏的同时，要求地基的变形或沉降不至于危及上部结构的安全与正常使用。

然而，地基本身又是地质体，从属于建设地点自然环境条件下的表层地质构成。建设场地可能选定在地表上人类能够生存的任何地方，如山陵地带、平原地带、滨海地带、沼泽地带或冻土地带等，因此其地表地质的构成是千变万化的，地基可能是岩体，但更广泛的是覆盖在地表的土体。它们的工程地质性质大不相同，对建筑工程的支承能力也有很大差别。

地基按岩土介质可分为土质地基与岩质地基。任何建筑物都建造在地基上，地基失去稳定就意味着工程的破坏，因此，研究各类工程地基的可能性、适宜性和稳定性显得尤为重要。地基的主要问题在于弄清地基的工程地质特性，地基承载力和稳定性分析是建筑工程的重要工程地质问题，要求施加在地基上的基底压力应小于地基承载力特征值，并保证地基的稳定性要求，对特殊地基要进行专门的稳定性分析。

一、地基承载力

任何建筑物都建造在一定的地层上，通常把直接承受建筑物荷载影响的那一部分地层称为地基。未经人工处理就可以满足设计要求的地基称为天然地基。如果地基软弱，其承载力不能满足设计要求时，需要对地基进行加固处理，例如采用换土垫层、深层密实、排水固结、化学加固等方法进行处理，经过处理以后的地基称为人工地基。基础是将建筑物承受的各种荷载传递到地基上的下部结构，一般应埋入地下一定深度处，进入较好的地层。图 5-1 为地基与基础示意图。直接承受基础传来荷载的土层或岩层，称为持力层；持力层以下的岩土层叫下卧层。持力层是直接支承基础的岩土层，选择合适的地基持力层，直接关系到基础的可靠性及上部结构的稳定性。

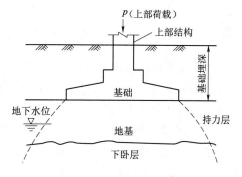

图 5-1 地基与基础示意图

作为建筑地基的岩土，可分为岩石、碎石土、砂土、粉土、黏性土和人工填土等，所以地基按岩土介质的不同分为土质地基与岩质地基。要保证建筑物的安全与正常使用，必须有牢固的地基。要保证地基的稳定可靠，就必须结合地基工程地质条件进行分析。

（一）土质地基承载力

地基承受建筑物荷载作用后，内部应力会发生变化。一方面，附加应力引起地基内土体变形，造成建筑物沉降；另一方面，会引起地基内土体的剪应力增加。地基承载力是指地基土单位面积上所承受的荷载，以 kPa 计。通常可分为两种承载力：一种称为极限承载力，它是指地基即将丧失稳定性时的承载力；另一种称为地基承载力特征值，它是指地基稳定有足够的安全度，并且变形控制在建筑物容许范围内时的承载力。因此，要求施加在地基上的工程设计荷载应小于地基承载力特征值。

1. 地基破坏模式

地基土破坏模式可以通过现场载荷试验来研究，这实际上是一种基础受荷的模拟试验。在地基土上放置一块模拟基础的承压板，受加载条件的限制，板的尺寸较实际基础小，一般约为 0.25～1.0 m²，置于基底的设计标高上，然后在板上逐级施加荷载，同时测定在各级荷载作用下承压板的沉降量，并观察周围土位移情况，直到地基土破坏失稳为止。

通过试验可得到荷载板各级压力 p 与相应的稳定沉降量 s 之间的关系，绘得 p-s 曲线，如图 5-2（a）所示。对该 p-s 曲线的特性进行分析，就可以了解地基的承载性状。通常地基破坏的过程可分为以下三个阶段：

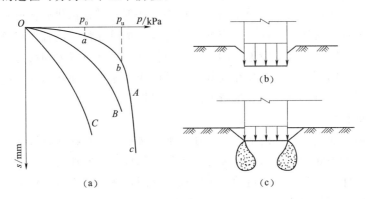

图 5-2　地基破坏的三个阶段
（a）p-s 曲线；（b）线弹性变形阶段；（c）弹塑性变形阶段

（1）压密阶段（或称线弹性变形阶段），相当于 p-s 曲线上的 Oa 段，在这一阶段，p-s 曲线接近于直线，土中各点的剪应力均小于土的抗剪强度，土体处于弹性平衡状态。在这一阶段，荷载板的沉降主要是由于土的压密变形引起的，如图 5-2（a）和（b）所示。p-s 曲线上相应于 a 点的荷载称为比例极限。

（2）剪切阶段（或称弹塑性变形阶段），在这一阶段，p-s 曲线已不再保持线性关系，沉降的增长率随荷载的增大而增加。在这一阶段，地基土局部范围内（首先在基础边缘处）的剪应力达到土的抗剪强度，土体发生剪切破坏，这些区域也称塑性区。随着荷载的继续增加，土中塑性区的范围也逐步扩大，如图 5-2（c）所示，直到土中形成连续的滑动面。因此，剪切阶段也是地基中塑性区的发生与发展阶段。相应于 p-s 曲线 b 点的荷载称为极限荷载。

（3）破坏阶段，相当于 p-s 曲线上的 bc 段，当荷载超过极限荷载后，荷载板急剧下沉，即使不增加荷载，沉降也不能稳定，因此，p-s 曲线陡直下降。在这一阶段，由于土中塑性区范围的不断扩展，最后在土中形成连续滑动面，如图 5-3（a）所示，土从载荷板四周挤出隆起，基础急剧下沉或向一侧倾斜，地基发生整体剪切破坏。

试验研究表明，地基剪切破坏的形式除了整体剪切破坏以外，还有局部剪切破坏和刺入剪切破坏形式。

局部剪切破坏的特征是：随着荷载的增加，基础下塑性区仅仅发展到地基某一范围内，土中滑动面并不延伸到地面，如图 5-3（b）所示。基础两侧地面微微隆起，没有出现明显的裂缝。其 p-s 曲线如图 5-2（a）中的曲线 B 所示，曲线也有一个转折点，但不像整体剪切破坏那么明显，在转折点之后，p-s 曲线还是呈线性关系。

刺入剪切破坏的特征是：随着荷载的增加，基础下土层发生压缩变形，基础随之下沉，当荷载继续增加，基础周围附近土体发生竖向剪切破坏，使基础刺入土中。基础两边

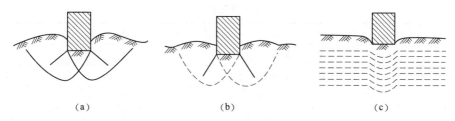

图 5-3 地基的破坏形式

(a) 整体剪切破坏；(b) 局部剪切破坏；(c) 刺入剪切破坏

的土体没有移动，如图 5-3（c）所示。刺入剪切破坏的 $p-s$ 曲线如图 5-2（a）中曲线 C，沉降随着荷载的增大而不断增加，但 $p-s$ 曲线上没有明显的转折点没有明显的比例界限及极限荷载。地基究竟发生何种破坏形式，主要与土的压缩性有关。一般来说，对于密实砂土和坚硬黏土将出现整体剪切破坏，而对于压缩性比较大的松砂和软黏土，将可能出现局部剪切和刺入剪切破坏。此外，破坏形式还与基础埋深、加荷速率等因素有关。当基础埋深较浅、荷载快速施加时，将趋向发生整体剪切破坏；若基础埋深较大，无论是砂性土或黏性土地基，最常见的破坏形态是局部剪切破坏。

2. 地基承载力的确定方法

地基承载力特征值可由载荷试验或其他原位测试、公式计算，并结合工程实践经验等方法综合确定。如果 $p-s$ 曲线是典型的［图 5-2（a），A 曲线］，在曲线上能够明显地区分三个阶段，则可以较方便地定出该地基的比例界限荷载和极限承载力。如果 $p-s$ 曲线上没有明显的三个阶段，这时可根据实践经验，取对应于沉降 $s=(0.01\sim0.02)b$（b 为荷载板直径或者宽度）时的荷载作为地基承载力。

当基础宽度大于 3m 或埋置深度大于 0.5m 时，从载荷试验或其他原位测试经验值等方法确定的地基承载力特征值，还要进行修正

$$f_a = f_{ak} + \eta_b \gamma (b-3) + \eta_d \gamma_m (d-0.5) \qquad (5-1)$$

式中　f_a——修正后的地基承载力特征值，kPa；

　　　　f_{ak}——地基承载力特征值，kPa；

　η_b、η_d——基础宽度和深度的地基承载力修正系数，按基底下土的类别查表 5-1 确定；

　　　　γ——基础底面以下土的重度，地下水以下取浮重度，kN/m³；

　　　　γ_m——基础底面以上土的加权平均重度，地下水以下取浮重度，kN/m³；

　　　　b——基础底面宽度，m，当宽度小于 3m 时按 3m 取值，大于 6m 时按 6m 取值；

　　　　d——基础埋置深度，m，一般自室外地面标高算起。

当偏心距小于或等于 0.333 倍的基础底面宽度时，根据土的抗剪强度指标确定地基承载力特征值可按下式计算，并满足变形要求：

$$f_a = M_b \gamma b + M_d \gamma_m d + M_c c_k \qquad (5-2)$$

式中　　　　f_a——由土的抗剪强度指标确定的地基承载力特征值，kPa；

M_b、M_d、M_c——承载力系数，按表 5-2 确定；

　　　　　　b——基础底面宽度，大于 6m 时按 6m 取值，对于砂土小于 3m 时按 3m 取值；

　　　　　　c——基底下一倍短边宽度内土的黏聚力标准值，kPa。

表 5 - 1　　　　　　　　　　承载力修正系数表

土 的 类 别		η_b	η_d
淤泥和淤泥质土		0	1
人工填土 e 或 $I_L \geqslant 0.85$ 的黏土		0	1
红黏土	含水比＞0.8	0	1.2
	含水比≤0.8	0.15	1.4
大面积压实填土	压实系数＞0.95、黏粒含量≥10％的粉土	0	1.5
	最大干密度 2.1 t/m³ 级配沙石	0	2
粉土	黏粒含量≥10％的粉土	0.3	1.5
	黏粒含量＜10％的粉土	0.5	2
e 和 I_L 均＜0.85 的黏性土		0.2	1.6
粉沙、细沙（不包括很湿或饱和时的稍密状态）		2	3
中沙、粗沙、砾石和碎石土		3	4.4

注　1. 强分化和全分化的岩石，可参照所风化成的相应土类取值，其他状态下的岩石不修正。
　　2. 地基承载力特征值按照深层平板载荷试验确定时间，η_d 取 0。

表 5 - 2　　　　　　　　　　承 载 力 系 数 表

土的内摩擦角标准值 $\varphi_k /(°)$	M_b	M_d	M_c	土的内摩擦角标准值 $\varphi_k /(°)$	M_b	M_d	M_c
0	0	1.00	3.14	22	0.61	3.44	6.04
2	0.03	1.12	3.32	24	0.80	3.87	6.45
4	0.06	1.25	3.51	26	1.10	4.37	6.90
6	0.10	1.39	3.71	28	1.40	4.93	7.4
8	0.14	1.55	3.93	30	1.90	5.59	7.95
10	0.18	1.73	4.17	32	2.60	6.35	8.55
12	0.23	1.94	4.42	34	3.40	7.21	9.22
14	0.29	2.17	4.69	36	4.20	8.25	9.97
16	0.36	2.43	5.00	38	5.00	9.44	10.80
18	0.43	2.72	5.31	40	5.80	10.84	11.73
20	0.51	3.06	5.66				

（二）岩质地基承载力

岩质地基是指建筑物以岩体作为持力层的地基。岩石具有比土体更高的抗压、抗拉和抗剪强度，可以在岩石地基上修建更多类型的结构物。

为了保证建筑物或构筑物的正常使用，对于支撑整个建筑荷载的岩石地基要考虑以下三点：①基岩体需要有足够的承载能力，以保证在上部建筑物荷载作用下不产生碎裂或蠕变破坏；②在外荷载作用下，由岩石的弹性应变和软弱夹层的非弹性压缩产生的岩石地基沉降值应该满足建筑物安全与正常使用的要求；③确保由交错结构面形成的岩石块体在外荷载作用下不会发生滑动破坏，这种情况通常发生在高陡岩石边坡上的基础工程中。

根据《建筑地基基础设计规范》（GB 50007—2011），对于完整、较完整和较破碎的岩石地基承载力特征值，可根据室内饱和单轴抗压强度按式（5-3）计算

$$f_a = \varphi_r f_{rk} \tag{5-3}$$

式中　f_a——岩石地基承载力特征值，kPa；

　　　f_{rk}——岩石饱和单轴抗压强度标准值，kPa；

　　　φ_r——折减系数，根据岩体完整程度以及结构面的间距、宽度、产状和组合，由地区经验确定。无经验数据时，对完整岩体可取 0.5；对较完整岩体可取 0.2～0.5；对破碎岩体可取 0.1～0.2。该折减系数值未考虑施工因素及建筑物使用后风化作用的影响；对于黏土质岩，在确保施工期及使用期不致遭水浸泡时，也可采用天然湿度的试样，不进行饱和处理。对破碎、极破碎的岩石地基承载力特征值，可根据地区经验取值，无地区经验时，可根据平板载荷试验确定。

岩基载荷试验采用圆形刚性承压板，直径为 300mm。当岩石埋藏深度较大时，可采用钢筋混凝土桩，但桩周围需要采取措施以消除桩身与土之间的摩擦力。岩石地基承载力按如下测定：①对应于 $p-s$ 曲线上起始直线段的终点为比例界限。符合终止加载条件的前一级荷载为极限荷载。将极限荷载除以 3 的安全系数，所得值与对应于比例界限的荷载相比较，取小值。②每个场地载荷试验的数量不应少于 3 个，取最小值作为岩石地基承载力特征值。③岩石地基承载力不进行深宽修正。

二、地基稳定性

岩土地基是建筑物的根本，统称为地基基础工程，其稳定性好坏直接影响到建筑物的安全和正常使用。基础工程是在地下或水下进行的，施工难度大，在一般高层建筑中，其造价约占总造价的 25%，工期占总工期的 25%～30%。当需采用深基础或人工地基时，其造价和工期所占比例更大。地基基础工程还是隐蔽工程，一旦失事，不仅损失巨大，而且补救十分困难。因此，对岩土地基稳定性进行工程地质分析，具有十分重要的实际意义。

（一）建筑地基稳定性

建筑地基所选持力层首先要满足承载力和变形要求，并且下卧层也能满足要求。对于中小型建筑物，良好土层是指坚硬、硬塑、可塑黏性土，中压缩性密实的其他土层，承载力大于 150kPa；软弱土层是指软塑、流塑黏性土层和松散砂层，承载力一般小于150kPa。

根据地基土分层情况，可分以下五类典型地基，如图 5-4 所示。

（1）a 型地基。地基压缩层范围内由均匀的压缩性较小的土层构成，选择基础持力层应重点考虑地基土的冻胀性、房屋用途和作用在地基上的荷载等条件。

（2）b 型地基。地基压缩层范围内由均匀的高压缩性的软土构成，对各类建筑物地基均不能满足变形条件时，需要采用人工地基，必要时加强上部结构的刚度，仍按 a 型地基条件选择持力层。

（3）c 型地基。由两层土构成，上层软土，下层好土，持力层选择应综合考虑确定。若软土层厚小于 2m，基础持力层应为好土层；若软土层厚为 2～5m，对于低层轻型建

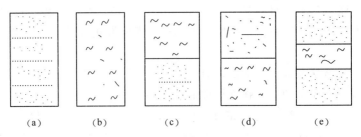

图 5-4　地基土的组成类型

(a) a 型地基；(b) b 型地基；(c) c 型地基；(d) d 型地基；(e) e 型地基

▨▨▨——好土　▨▨▨——软土

筑，可将基础做在表层软土内，以避免大量的土层开挖，必要时可采用人工地基；对于 3~5 层的一般混凝土结构和无吊车设备的单层工业厂房，是否将下面的好土层作为持力层，应视具体情况来定。对高层和有地下室的一般混合结构房屋，应选下面的好土层作为持力层。若软土层厚大于 5m，对低层轻型建筑和 3~5 层一般的混合结构房屋及无吊车设备的单层工业厂房，应以利用表土为主，必要时加强上部结构刚度或采用人工地基；对有地下室的房屋和高层建筑，是否以好土为持力层，或采用桩基，人工地基，应根据表土的具体厚度和施工设备条件定。

（4）d 型地基。由两层土构成，上层好土，下层软土。当表土层厚度较大时，基础尽可能浅埋，用好土做持力层，以减小压缩层范围内软土层厚度，如果必要可将室外设计地面提高到天然地面以上（即在天然地面上填土）；如果土层很薄，按 b 型地基考虑。

（5）e 型地基。由若干层交替的好土和软土构成，视各层土的厚度和压缩性质，根据减少基础沉降原则按上述情况确定。

根据《建筑地基基础设计规范》（GB 50007—2011），地基稳定性可采用圆弧滑动面法进行验算。最危险的滑动面上各力对滑动中心产生的抗滑力矩与滑动力矩应符合下式要求：

$$M_R \geqslant 1.2 M_s \qquad (5-4)$$

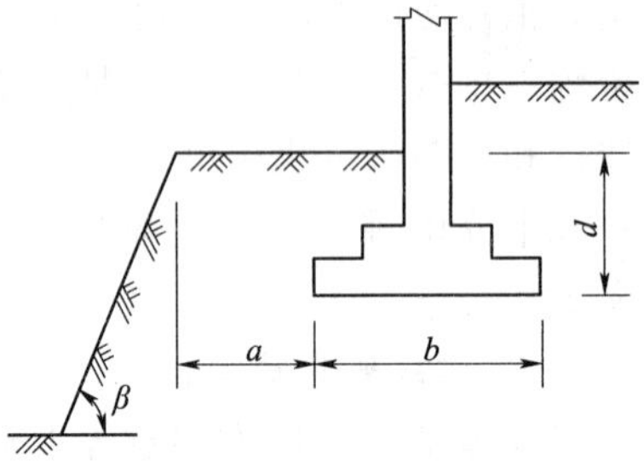

式中　M_R——滑动力矩，kN·m；

　　　M_s——抗滑力矩，kN·m。

图 5-5　基础底面外边缘至坡顶水平距离示意图

位于稳定土坡坡顶上的建筑，如图 5-5 所示，当垂直于坡顶边缘线的基础底面边长小于或等于 3m 时，其基础底面外边缘线至坡顶的水平距离应符合下式要求，但不得小于 2.5m。

条形基础

$$a \geqslant 3.5b - d/\tan\beta \qquad (5-5)$$

矩形基础

$$a \geqslant 2.5b - d/\tan\beta \qquad (5-6)$$

式中　a——基础底面外边缘至坡顶的水平距离，m；

b——垂直于坡顶边缘线的基础底面边长，m；

d——基础埋置深度，m；

β——边坡坡角，(°)。

(二) 岩基稳定性

1. 岩基失稳破坏的类型分析

岩基失稳破坏的主要影响因素有 5 个方面：①区域地壳稳定性；②岩体的结构特征、变形特征强度特征、水稳性等；③边界临空面和结构面；④荷载的类型大小和方向；⑤工程类别对岩基失稳有重要影响，如高层建筑除了考虑垂直荷载之外，还应考虑水平荷载的影响；对高耸构筑物，水平荷载很大，应考虑迎风一侧基础的抗拔能力，以防构筑物倾倒。

岩基的破坏形式不仅与工程类型有关，还与影响岩体稳定的主要因素有关。破坏类型如下：

(1) 当区域稳定性为相对稳定，工程岩体本身的内在条件较好（完整性好、变形模量和强度均大）时，岩体失稳破坏的类型取决于边界条件、工程类型及工程荷载性质的组合特点，岩体失稳破坏的方式往往以剪切滑移方式为主。

(2) 当区域稳定性为相对活动（以活动性地震断裂活动为主），工程的场地条件较好（岩体本身的内在条件较好，且无失稳分离面和临空面作为边界条件等），若工区位于区域活动性地震断裂带附近（如地面塌陷、地裂缝等）时，岩基将随着地震断裂的活动而发生水平位移或垂直位移甚至产生断裂等失稳破坏情况，并致使筑于其上的构筑物失稳破坏；若工区不位于地面塌陷、地裂缝区域而处于高烈度地震区时，岩体一般不至于失稳破坏，地面建筑物则往往在水平地震力的作用下发生拦腰水平截断而倾覆，处于地下的构筑物一般很安全。

(3) 区域环境和工程场地均处于突出的高水平构造应力状态，工程类型为地下圆拱直墙型隧洞工程，岩体本身内在条件好，无失稳分离面作为边界条件时，隧洞围岩失稳破坏的方式一般是隧洞两直墙在高水平构造应力的压迫下弯凸和相互不断靠拢，或两直墙岩体因应力剧烈释放而不断发生张裂崩塌破坏。

(4) 当区域相对稳定，岩体抗压强度较高，不具备失稳滑移的边界条件，但近于水平的层面结合力弱，地面建筑物承受强大的风荷载时，可能发生的往往是岩基因抗拔力不足而发生建筑物迎风面之下的岩基首先张拉破坏并导致建筑物倾倒。

(5) 区域相对稳定，工程场地为河流之滨，岩体本身内在条件较差。岸坡建筑物岩基失稳如图 5-6 所示，其主要以压缩性大的薄层状碎裂结构页岩为主，岸坡陡峭，坡前缘为中厚层状节理发育的砂岩，岩层陡倾，倾向坡里。在建筑物荷载的作用下，建筑物持力层将发生过大的压缩沉降变形，与其侧向膨胀变形相对应的侧向压力将使岸坡前缘砂岩层发生弯折、崩塌，前缘砂岩附近的持力层必随之发生压缩破坏，导致建筑物向河中倾覆，或沿可能的滑动面倾滑到河中。

2. 岩基稳定性分析方法

由于不同类型的工程岩体对稳定性要求不同，不同结构特征及边界条件的岩体的变形与失稳机制不同，因此，岩体稳定性分析的方法亦不尽相同。归纳起来，国内外应用于岩

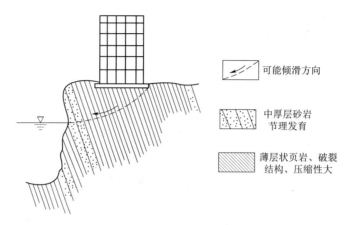

可能倾滑方向

中厚层砂岩
节理发育

薄层状页岩、破裂
结构、压缩性大

图 5-6　岸坡建筑物岩基失稳示意图

基稳定性分析的方法有：地质分析类比法、岩体结构分析与计算法、岩体稳定性分类法、数值模拟计算法、地质模拟试验法等。

地质分析类比法是比较分析待建工程地区的工程地质条件与具有类似工程地质条件相邻地区的已建工程，获得对待建工程岩体稳定性程度的认识；岩体结构分析与计算法是从分析岩体的结构特征和岩体的边界条件与受力状态入手，通过必要的室内外试验，获取岩体稳定性计算的参数，进行稳定性计算；岩体稳定性分类法是以大量岩体质量与性质的实践性数据为基础，从岩体稳定性角度出发，对岩体的质量进行单指标的分类或多指标的综合评判分类；数值模拟计算法是从研究岩体的应力与应变的本构方程和获取岩体变形参数入手，建立岩体在承受工程荷载条件下的力学模型，评价岩体的稳定性；地质模拟试验法是在岩体结构特征、岩体边界条件分析和室内外力学试验所得参数的基础上，以相似材料制作按比例缩小的地质试验模型，施加按比例缩小的荷载，观测其变形、破坏过程，获取所需计算参数，进而通过反馈分析、定量和定性计算分析岩体的稳定性和破坏规律。

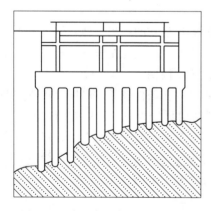

图 5-7　广州白云宾馆岩基示意图

以上 5 种方法，通常需要互相配合使用。但对中小工程，则常用地质类比法进行简单的分析计算。对于岩基的稳定分析，最重要的是确定被结构面分割的滑动割离体其受力条件以及计算的参数。

3. 高层建筑岩基稳定性分析

下面以广州白云宾馆的岩基利用为例，分析高层建筑的岩基稳定性。

广州 33 层的白云宾馆，高 114.05m，总重近 10 万 t（图 5-7）。建筑场地的上部覆盖层为残积、坡积的红褐色硬可塑粉质黏土，总厚度为 10 ～ 27.72m，其下埋藏着第三系砂岩与砾岩交互成层的基岩，岩面起伏较大。由于高层建筑对整体倾斜的严格限制以及有抗震、抗风等要求，基岩上的覆盖土层不能满足工程要求。为此设置了

287 根直径为 1m 的混凝土灌注桩和直径为 2m 的钢筋混凝土墩。施工前用钻探把各桩（墩）的基岩摸清，灌注桩最长的为 17.25m，端头嵌入新鲜基岩 0.5～1.0m，经荷载试验确定单桩设计承载力为 4500kN。桩完成后于桩身取芯（混凝土）检查质量。建成后，测点沉降量均小于 4mm。

（三）特殊地基稳定性分析

1. 不同类型岩土地基的稳定性特点

建筑场地根据岩土体结构可以分为坚硬、半坚硬岩石地基和松散土石地基。前者在一般情况下都能满足建筑物的要求；后者则又可根据岩性均一程度划分为均一土石地基、稳定成层土石地基、厚度变化强烈且夹有透镜体的成层土石地基。不同类型岩土地基的稳定性是不同的，具体表现在以下几个方面。

均一土石地基，可以是松散砂-砾质的或黏土质的砂-砾质土石。松散砂在静荷载作用下承载能相当高，但如为疏松结构则会在振动荷载下产生强烈沉降，所以不适宜作为有振动荷载的厂房地基。砂质地基在饱水情况下易于产生流砂或潜蚀，从而降低承载能力并影响工程稳定性，这时必须采取特殊的施工措施。黏土质土石在干燥情况下承载能力也能满足一般厂房要求，但随含水量增高、稠度状态变化，其承载能力就会降低。如选用一些特殊黏性土石作为地基，则往往需采取特殊措施。稳定成层的土石地基，由岩性上有某种差别而层厚稳定的土石组成，如夹有可压缩性很高的弱土层也是不利的，但沉降将是均匀的。

厚度变化强烈且夹有透镜体的成层土石地基，这是最不利的情况，建筑物将会产生强烈的不均匀变形。当夹有厚度变化比较大的软弱土层时，往往使建筑物产生不能允许的变形。为防止这种变形，则需经过特殊处理（图 5-8），山麓或河谷斜坡多为此类地基。

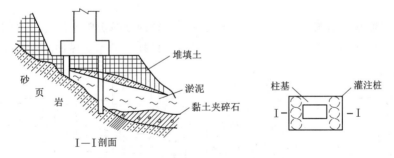

图 5-8　不均匀土地基的桩基处理

2. 软土地基稳定性分析

淤泥、淤泥质土称为软土，由软土组成的地基称为软土地基。淤泥和淤泥质土一般是第四纪后期在滨海、湖泊、河滩、三角洲、冰碛等地质环境下沉积形成的。这类土大部分是饱和的，含有机质，天然含水量大于液限，孔隙比大于 1。软土在我国沿海一带分布很广，如渤海湾及天津塘沽、长江三角洲，浙江、珠江三角洲及福建省沿海地区都存在海相或湖相沉积的软土。

软土的强度很低，天然地基上浅基础的承载力基本值一般为 50～80kPa，不能承受较大的建筑物荷载，否则就可能出现地基的局部破坏乃至整体滑动；在开挖较深的基坑时，可能出现基坑的隆起和坑壁的失稳现象。

软土压缩性较高，建筑物基础的沉降和不均匀沉降较大。若沉降过大将引起建筑物基础标高的降低，将影响建筑物的使用条件，或者造成倾斜、开裂破坏。软土渗透性很小，固结速率很慢，沉降延续的时间很长，给建筑物内部设备安装与外部连接带来困难；同时，软土的强度增长比较缓慢，长期处于软弱状态，影响地基加固的效果。

软土具有比较高的灵敏度，若在地基施工过程中产生振动、挤压和搅拌等作用，就可能引起软土结构的破坏，降低软土的强度。软土地基在地震作用下，还可能出现震陷现象。例如1976年唐山地震时，一些建筑物发生整体倾斜。

3. 砂土液化地基稳定性分析

在强烈的地震作用下，饱和松散砂土及低塑性土的颗粒骨架会产生急剧的增密，于是孔隙水就承担了全部土体自重压力及所受的外压力，土中有效应力瞬时消失，土的抗剪强度趋近于零。一方面，导致场地地基的失稳；另一方面，常常在地层表面出现喷水冒砂现象。饱和砂土在循环荷载作用下，可能产生相态的转化，由固态转为液态，这种相态转变过程就是孔隙水压力发展过程。砂土液化是一种特殊情况下的强度问题，可称为液化破坏。

砂土液化现象非常广泛，地基失效而引起房屋、桥台、桥墩、码头、机场、道路和公用设施，以及水利工程等破坏。地基砂土液化涉及的因素很多，包括覆盖土层的厚度地下水位的深度、地震烈度、砂土粒度和密实度等。

4. 岩溶地基稳定性分析

岩溶对地基稳定的影响，主要表现在以下5个方面：

（1）没有根据场地内岩溶发育和分布条件，结合建设要求趋优避劣、合理布局而酿成事故。

（2）因岩溶基岩面崎岖不平，并有土层分布，致使地基沉降不均匀；或因桩柱支撑不可靠而导致上部结构破坏。岩溶地基不均匀沉降和桩柱不可靠支撑如图5-9所示。

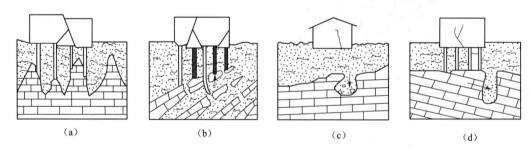

     (a)   (b)   (c)   (d)

图 5-9 岩溶地基不均匀沉降和桩柱不可靠支撑示意图

（a）水平的可溶岩基岩面崎岖不平，桩端支撑不可靠产生不均匀沉陷；（b）倾斜的可溶岩基岩面桩柱挠曲产生不均匀沉陷；（c）基岩面附近溶洞上土层坍塌产生结构开裂；（d）倾斜岩溶基岩面因荷载产生层面滑移、结构开裂

（3）地下洞穴顶板坍塌，导致基础悬空、结构开裂。当有这种可能时，则应根据基础下洞穴所处位置、形态和大小，验算洞穴顶板的稳定，或对基础形式做合理调整与设计。

(4) 因基础范围附近有洞穴或垂直溶隙,致使地基岩石受力后,沿层面产生向洞隙方向的滑移 [图 5-9 (d)]。

(5) 在工程条件下,如荷载的长期作用,地表水的下渗,以及地下水动力条件的改变,会造成新的不稳定因素。

在岩溶与土洞地区的地基稳定分析应考虑以下三个问题:溶洞和土洞分布密度和发育情况;溶洞和土洞的埋深对地基稳定性影响;抽水对土洞和溶洞顶板稳定的影响。由于地下水位大幅度下降,使保持多年的水位均衡遭到急剧破坏,大大地减弱了地下水对土层的浮托力。由于抽水产生地下水的循环,动水压力会破坏一些土洞顶板的平衡,引起土洞顶板的破坏和地表塌陷。

按表 5-3 列出的各项因素可对岩溶场地稳定性作出有利和不利的定性评价。但定性评价只是一种经验比拟法,仅适用于一般工程。

表 5-3 岩溶场地稳定性评价表

评价因素	对稳定有利	对稳定不利
地质构造	无断层、褶曲,裂隙不发育或胶结良好	有断层、褶曲,裂隙发育,有两组以上张开裂隙切割岩体
岩溶特征及产状	层厚,强度大,产状平缓的灰岩、白云岩	薄层,强度低,倾角陡的泥灰岩、石灰岩
岩溶发育程度及洞体形态、埋藏条件	岩溶发育程度微弱,覆盖层厚、埋藏深,洞体小,单个分布,有充填,无冲蚀可能	岩溶发育程度强烈至极强,埋藏浅或无覆盖,地表石芽、沟槽发育,洞径大,扁平状,覆盖体相连,无充填或半充填
地下水	无	有水流或间歇性水流
地震基本烈度	小于 7 度	等于或者大于 7 度
建筑物荷载及重要性	荷载小,一般建筑物	荷载大,重要建筑物

溶洞顶板稳定性定量评价主要适用于顶板为中厚层、薄层、裂隙发育,易风化的较软弱的碳酸盐岩层,有可能坍塌的溶洞,或仅知洞体高度时。由于顶板坍塌后,塌落体体积增大,当顶板具有一定的坍落高度时,溶洞空间即被填满,无须考虑其对地基的影响。顶板应具有的塌落高度计算公式为

$$H = H_0/(K-1) \tag{5-7}$$

式中 H——顶板应具有的塌落高度,m;

H_0——洞体最大高度,m;

K——岩石松散(胀余)系数(石灰岩为 1.2,黏土为 1.65)。

顶板安全厚度计算适用于顶板较完整、厚度较大、强度较高,且已知顶板厚度和裂隙切割情况时,常用方法如下。

按极限平衡条件计算顶板能抵抗荷载剪切的厚度验算,公式为

$$T \geqslant P \tag{5-8}$$

$$H \geqslant P/(\tau_f L) \tag{5-9}$$

式中 T——溶洞顶板的总抗剪力,kN;

P——溶洞顶板所受总荷载,kN;

　　H——顶板岩层厚度，m；

　　τ_f——岩体的计算抗剪强度（石灰岩一般为允许抗剪强度的 1/12），kPa；

　　L——溶洞平面周长，m。

按梁板受力情况验算一定厚度顶板的抗弯强度，公式为

$$\frac{6M}{bH^2} \leqslant [\sigma] \tag{5-10}$$

因此，

$$H = \sqrt{\frac{6M}{b[\sigma]}} \tag{5-11}$$

式中　H——顶板岩层厚度，m；

　　　$[\sigma]$——岩体允许抗弯强度（石灰岩一般为允许抗压强度的 1/8），kPa；

　　　b——梁板的宽度，m；

　　　M——弯矩，kN·m。

当顶板中间有裂隙，两端支座坚固完整时，按悬臂梁计算，见式（5-12）；

当一端支座有裂缝，其他处完整时，按简支梁计算，见式（5-13）；

当顶板完整无裂隙时，按固端梁计算，见式（5-14）。

$$M = qL^2/2 \tag{5-12}$$

$$M = qL^2/8 \tag{5-13}$$

$$M = qL^2/12 \tag{5-14}$$

式中　q——总荷载，kN；

　　　L——洞宽，m。

对于完整的水平顶板，也可假定荷载按 30°～35° 扩散角向下传递。当传递线交于顶板与洞壁交点以外时，即可认为顶板上荷载由溶洞外岩体支承，顶板是安全的，也可用洞跨比法确定。一般认为，当顶板厚度与建筑物跨过洞穴的长度比值为 0.5～0.87 时，可认为顶板是安全的。

三、地基处理

（一）地基处理的目的

当天然地基不能满足各项工程建设要求时，就必须采取一定措施使地基满足使用要求。常用的措施有：重新考虑基础设计方案，选择合适的基础类型；调整上部结构设计方案对地基进行处理加固。一般而言，地基问题可归结为以下几个方面：

（1）承载力及稳定性。地基承载力较低，不能承担上部结构的自重及外荷载，导致地基失稳，出现局部或整体剪切破坏，或冲剪破坏。

（2）沉降变形。高压缩性地基可能导致建筑物发生过大的沉降量，使其失去使用效能，地基不均匀或荷载不均匀导致地基沉降不均匀，使建筑物产生倾斜、开裂、局部破坏，失去使用效能甚至整体破坏。

（3）动荷载下的地基液化、失稳和震陷。饱和无黏性土地基具有振动液化的特性。在地震、机器振动、爆炸冲击、波浪作用等动荷载作用下，地基可能因液化、震陷导致地基失稳破坏；软黏土在振动作用下，产生震陷。

（4）渗透破坏。土具有渗透性，当地基中出现渗流时，将可能导致流土（流砂）和管涌（潜蚀）现象，严重时能使地基失稳、崩溃。

对于存在上述问题的地基，称为不良地基或软弱地基。采用合适的地基处理方法可以使这些问题得到解决或较好地解决。换言之，地基处理的目的就是选择合理的地基处理方法对不能满足直接使用的天然地基进行有针对性的处理，以解决不良地基所存在的承载力、变形、稳定、液化及渗透问题，从而满足工程建设的要求。

认识和分析地基条件，评价其工程性质，选择合理的地基处理方法并完成卓有成效的施工，实现高质量、低成本的目标是岩土工程师的重要任务之一。

（二）地基处理对象

地基处理对象主要包括：软黏土、杂填土、冲填土、饱和粉细砂、湿陷性黄土、泥炭土、膨胀土、多年冻土、岩溶土洞等。另外，除上述各种软弱和不良地基上建造结构物需要考虑地基处理外，当旧房改造、增层等原因使荷载增大导致原地基不能满足新要求，或由于地下工程开挖带来的土体稳定、变形或渗流问题时，同样也需要进行地基处理。

（三）地基处理原理和分类

前面已经谈到，当天然地基不能满足建（构）筑物对地基稳定、变形以及渗透方面的要求时，需要对天然地基进行地基处理，以满足建（构）筑物对地基的要求，保证其安全与正常使用。现有的地基处理方法很多，新的地基处理方法还在不断发展。要对各种地基处理方法进行精确的分类是困难的。根据地基处理的加固原理，可对地基处理方法进行分类。

（1）置换。用物理力学性质较好的岩土材料置换天然地基中部分或全部软弱土或不良土，形成双层地基或复合地基，以达到提高地基承载力、减少沉降的目的，主要包括换土垫层法、挤淤置换法、褥垫法、振冲置换法（或称振冲碎石桩法）、沉管碎石桩法、强夯置换法、砂桩（置换）法、石灰桩法，以及EPS超轻质料填土法等。

（2）排水固结。土体在一定荷载作用下固结，孔隙比减小，强度提高，以达到提高地基承载力、减少施工后沉降的目的。它主要包括加载预压法、超载预压法、砂井法（包括普通砂井、袋装砂井和塑料排水带法）、真空预压与堆载预压联合作用，以及降低地下水位等。

（3）灌入固化物。向土体中灌入或拌入水泥、石灰，或其他化学固化浆材在地基中形成增强体，以达到地基处理的目的，主要包括深层搅拌法、高压喷射注浆法、渗入性灌浆法、劈裂灌浆法、挤密灌浆法和电动化学灌浆法等。

（4）振密、挤密。采用振动或挤密的方法使未饱和土密实以达到提高地基承载力和减少沉降的目的，主要包括表层原位压实法、强夯法、振冲密实法、挤密砂桩法、爆破挤密法、土桩和灰土桩法。

（5）加筋。在地基中设置强度高、模量大的筋材，以达到提高地基承载力、减少沉降的目的。强度高、模量大的筋材可以是钢筋混凝土，也可以是土工格栅、土工织物等。主要包括加筋土法、土钉墙法、锚固法、树根桩法、低强度混凝土桩复合地基和钢筋、混凝土桩复合地基法等。

（6）冷热处理。通过冻结土体，或焙烧、加热地基土体改变土体物理力学性质以达到地基处理的目的。它主要包括冻结法和烧结法两种。

（7）托换。对原有建筑物地基和基础进行处理和加固，主要包括基础加宽法、墩式托换法、桩式托换法、地基加固法以及综合加固法等。

（8）纠偏。对由于沉降不均匀造成倾斜的建筑物进行矫正的手段，主要包括加载纠偏法、掏土纠偏法、顶升纠偏法和综合纠偏法等。

（四）地基处理实质

地基处理是利用物理、化学、生物方法，对地基中的软弱土，或不良土进行置换、改良（或部分改良）、加筋，形成人工地基。经过地基处理形成的人工地基大致上可以分为三类：均质地基、多层地基和复合地基。广义地讲，桩基础也可以说是一类经过地基处理形成的人工地基。将桩基础也包括在内，通过地基处理形成的人工地基可以分为以下三类：

（1）通过土质改良或置换，全面改善地基土的物理力学性质，提高地基土抗剪强度，增大土体压缩模量，或减小土的渗透性。该类人工地基层属于均质地基或多层地基。

（2）通过在地基中设置增强体，增强体与原地基土体形成复合地基，以提高地基承载力，减小地基沉降。

（3）通过在地基中设置桩，利用桩体承担荷载。特别是端承桩，通过桩将荷载直接传递到地基中承载力大、模量高的土层。

按照上述思路，各种天然地基和人工地基均可归属于下述三类地基：①均质地基（包括多层地基）；②复合地基；③桩基础。

四、工程实例：某 220kV 变电站场地强夯地基处理方案设计

拟建的国家电网公司某户外 220kV 变电站位于河北省赤城县，距小营村东约 600m，距国道 G112 南侧约 100m，省道 S241 约 275m。建设区域南北长 125m，东西宽约 100m，该区北侧紧邻 G112 国道，交通便利。站区范围内地形南高北低，相对平坦、较开阔，周围自然环境较好，附近虽有工厂，但污染较少，区内无矿产资源，不存在压矿问题，也不存在采空区，此外区内无重点保护的自然、人文遗址，也没有机场和军用设施。为缩短工程建设周期，提高工程质量，该项目主要针对站区地层特征，对区内强夯地基处理方案进行研究。

1. 工程地质概况

拟建的某 220kV 变电站场地内的主要地基土层由上至下分别为：①粉质黏土，灰黑色，厚 3.4～4.0m，具强烈湿陷性；②黄土状粉土，褐黄色，厚 0.5～5.30m，具中等湿陷性；③粉土，褐黄色，厚 0～1.2m，具轻微-不具湿陷性；④卵石层，杂色，密实，中-粗砂充填，未揭穿。场地范围内总体地形平坦开阔，地下水位埋深大于 30m，场地湿陷性等级为 Ⅱ 级非自重湿陷性，各深度土层的主要物理力学参数见表 5-4。

依据场区工程地质概况，可选的地基处理方案有强夯、柱锤挤密工艺的灰土挤密桩、水泥土挤密桩、挤密 CFG、大开挖换填等。无论何种方案，按要求均须全部消除场地湿陷性，处理后地基承载力不小于 180kPa，以满足上部建（构）筑物建设要求。

表 5 - 4　　　　　　　　　　　　场地内土层物理力学参数

取样深度	密度/(g/cm³)		天然含水量 /%	湿陷系数	孔隙比	压缩系数
	天然密度	干密度				
1	1.69	1.44	17.6	0.074	1.114	0.508
2	1.73	1.46	18.5	0.071	1.112	0.506
3	1.69	1.43	17.3	0.069	1.104	0.497
4	1.46	1.28	16.8	0.067	1.103	0.495
5	1.47	1.28	16.0	0.062	1.088	0.478
6	1.48	1.28	15.4	0.062	1.043	0.428
7	1.45	1.28	17.2	0.028	1.033	0.418
8	1.46	1.29	14.2	0.025	1.033	0.418
9	1.51	1.33	14.3	0.022	0.901	0.293
10	1.55	1.33	17.1	0.017	0.863	0.262

2. 地基处理方案设计

拟建场地整平后标高约 95.0m，根据建筑物概况、《岩土工程勘测报告书》《建筑地基处理技术规范》(JGJ 79—2012)、《湿陷性黄土地区建筑规范》(GB 50025—2018)、《建筑地基基础设计规范》(GB 50007—2011)，采用强夯地基处理或挤密工艺的灰土、水泥土桩复合地基方案较适宜。经过地基处理方案的比选和经济技术分析评价，并结合施工工期要求，确定采用强夯施工方案，设计强夯夯击能为 8000kN·m，间距 4.0m×4.0m，处理后的地基承载力不小于 180kPa，故场地周边须挖隔震沟，导致施工范围将远超出建筑红线，且须移动外侧地下光缆和地面高压线，8000kN·m 的夯击能可能影响到邻近居民与工厂。若减小夯击能，则需开挖运土出场，下部土层强夯施工完毕后，再将运出场地的土运回，场地整平后再进行强夯。在工程总造价不变的情况下，工期将延期 2 周。

拟建场地土样含水量若接近最优含水量，则可适当降低夯击能，可达到设计的加固深度；反之，含水量过大，施工中将出现"橡皮土"，或因含水量过小，有效加固深度会减小。为提高设计方案的可靠性，从现场取样（粉土层）进行了击实试验，结果见表 5 - 5。由表 5 - 4、表 5 - 5 可知，拟建场地土层含水量（17.6%），接近最优含水量（17.7%），因此对施工较有利。

表 5 - 5　　　　　　　　　　击 实 试 验 结 果

试样质量 /g	湿密度 /(g/cm³)	干密度 /(g/cm³)	湿土质量 /g	干土质量 /g	含水率 /%
1546.2	1.632	1.632	114.4	100.7	13.6
1593.5	1.682	1.648	125.3	108.4	15.6
1642.8	1.734	1.650	125.7	106.8	17.7
1605.8	1.695	1.644	127.9	107.0	19.6
1790.6	1.890	1.623	116.2	95.6	21.6

注　筒质量为 4589.3g，筒体积为 947.4cm³。

强夯法的有效加固深度既是反映处理效果的重要参数，又是选择地基处理方案的重要依据。影响有效加固深度的因素除夯锤重、落距外，还与夯击次数、锤底单位静压力、地基土性质、不同土层厚度和埋藏顺序以及地下水位等密切相关。本项目施工拟选择夯锤直径为 2.5m，锤重 17.8t，吊高 16.9m，自由落体自动脱钩，夯击能为 3000kN·m，经计算得加固深度约 6.9m。考虑到场地底层为卵石层，强夯冲击波的反射能力较强，预计在夯击能为 3000kN·m 的夯击下，加固深度可达到 7.0～7.5m，满足工程施工要求。

拟建场地的平整、强夯施工顺序为：①将表层耕植土清除，场地北侧需加固处理的土层厚度仅为 3.8～4.5m，最大不超过 6.0m，由于需要加固土层的含水量接近塑限含水量，因此，用 3000kN·m 的夯击能进行强夯施工可满足加固深度要求；②在场地北侧的第一次和"隔排跳打"第二次点夯施工完毕后，进行北侧夯击能为 1000kN·m 的满夯施工；③进行场地整平，确保北侧土层厚度达到 9～11m，下部 4～6m 的土层已得到强夯处理，未处理的素填土厚度为 4.5～5.1m，在点夯施工完毕后，后期满夯的有效影响深度可达 2.5～3.5m，可完成北侧地表回填土的夯实目标，南侧土层厚为 9.8～11.2m，下挖深度为 4.8～6.5m；④全场地采用 3000kN·m 的夯击能，用"隔排跳打"工艺进行施工，可完全消除拟建场地土的湿陷性；⑤在场地整平后，采用夯击能为 1000kN·m 进行满夯施工。由于强夯施工和场地整平可穿插同步进行，故可大幅度缩短施工工期。

3. 强夯地基处理效果分析

施工完毕 1 周后，共布置静载荷试验点 9 个（编号为 1～9 号），湿陷性检测点 12 个（编号为 10～21 号）对本研究方案的施工效果进行检测，其中 1 号点的检测结果见表 5-6。由表 5-6 可知：本研究方案基本消除了场地土体的湿陷性，可见该场地采用 3000kN·m 的夯击能进行强夯地基处理达到了设计要求。

表 5-6　　　　　　　　　　　　　　1 号点的检测结果

取样深度 /m	密度/(g/cm³)		天然含水量 /%	湿陷系数	孔隙比	压缩系数
	天然密度	干密度				
1	2.03	1.74	16.5	0	0.555	0.083
2	1.95	1.68	15.9	0	0.611	0.107
3	1.94	1.67	16.3	0	0.613	0.108
4	2.00	1.75	14.2	0	0.536	0.076
5	2.04	1.79	13.7	0	0.505	0.065
6	1.7	1.44	17.8	0.011	0.864	0.263
7	1.78	1.52	17.0	0.007	0.768	0.193
8	1.75	1.50	16.4	0.005	0.789	0.207
9	1.74	1.45	19.8	0.013	0.859	0.259
10	1.68	1.43	17.1	0.014	0.875	0.271

4. 小结

以河北省赤城县某户外 220kV 变电站拟建场地为例，结合区内地层特征及相关施工要求，对区内强夯地基处理方案进行了设计施工，有效解决了区内土体的湿陷性，此外，由于强夯施工和场地整平可穿插同步进行，在一定程度上缩短了施工周期，对于类似工程具有一定的参考价值。

第三节　斜坡地质灾害

一、地质灾害基本概念及特征

地质灾害是在地球发展演化过程中，由各种自然地质作用和人类活动所形成的灾害性地质事件。地质灾害在时间和空间上的分布及变化规律，既受制于自然环境，又与人类活动有关，后者往往是人类与地质环境相互作用的结果。一般认为，地质灾害是指由于地质作用（自然的、人为的或综合的）使地质环境产生突发的或渐进的破坏，并造成人类生命财产损失的现象或事件。地质灾害与气象灾害、生物灾害等都属于自然灾害的一个主要类型，具有突发性、多发性、群发性和渐变性等特点。由于地质灾害往往造成严重的人员伤亡和巨大的经济损失，所以在各种自然灾害中占有突出的地位。

由地质灾害的定义可知，地质灾害的内涵包括两个方面，即致灾的动力条件和灾害事件的后果。地质灾害是由地质作用产生的，包括内动力地质作用和外动力地质作用。随着人类活动规模的不断扩展，人类活动对地球表面形态和物质组成正在产生愈来愈大的影响。因此，在形成地质灾害的动力中还包括人为活动对地球表层系统的作用，即人为地质作用。

需要强调的是，只有对人类生命财产和生存环境产生影响或破坏的地质事件才能称为地质灾害。如果某种地质过程仅仅是使地质环境恶化，并没有破坏人类生命财产或影响生产、生活环境，只能称之为灾变。例如，发生在荒无人烟地区的崩塌、滑坡、泥石流等，不会造成人类生命财产的损毁，故这类地质事件属于灾变；如果这些崩塌、滑坡、泥石流等地质事件发生在社会经济发达地区，并造成不同程度的人员伤亡和（或）财产损失，则可称之为地质灾害。

由地质作用引起或地质条件恶化导致的自然灾害都可以划归为地质灾害，主要包括地震、火山、崩塌、滑坡、泥石流、地面沉降、地裂缝、水土流失、土地荒漠化、海水入侵、部分洪水灾害、海岸浸蚀、地下水污染、地下水水位升降、地方病、矿井突水溃沙、岩爆、煤与瓦斯突出、煤层自燃、冻土冻融、水库淤积、水库及河湖塌岸、特殊岩土地质灾害等。

复杂的地质条件、频繁的构造活动，以及东部季风气候带来的充沛降雨，使得崩塌、滑坡、泥石流、地裂缝、地面沉降、地面塌陷等灾害在我国分布广泛。特别是近年来受极端天气、地震、工程建设等因素影响，地质灾害多发、频发，给人民群众生命财产造成严重损失。地质灾害已经成为我国除偶发特大地震外的第一大自然灾害。

我国地质灾害种类多、分布广、频次高、强度大、灾情严重，是世界上地质灾害最严重、受威胁人口最多的国家之一。根据自然资源部地质灾害技术指导中心发布的全国地质灾害通报：2019 年全国共发生地质灾害 6181 起，其中滑坡 4220 起、崩塌 1238 起、泥石流 599 起、地面塌陷 121 起、地裂缝 1 起和地面沉降 2 起，分别占地质灾害总数的 68.27%、20.03%、9.69%、1.96%、0.02%和 0.03%（图 5-10），共造成 211 人死亡、

13 人失踪、75 人受伤，直接经济损失 27.7 亿元。与 2018 年相比，地质灾害发生数量、造成的死亡失踪人数和直接经济损失分别增加 108.4％、100.0％和 88.4％（表 5－7）。在 2019 年全国 6181 起地质灾害中，自然因素引发的有 5904 起，占总数的 95.5％；人为因素引发的有 277 起，占总数的 4.5％。自然因素主要为降雨等；人为因素主要为采矿和切坡等。

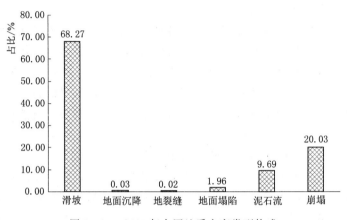

图 5－10　2019 年全国地质灾害类型构成

与前 5 年平均值相比，地质灾害发生数量、造成的死亡失踪人数和直接经济损失均有所减少，分别减少 21.4％、28.2％和 14.2％。

表 5－7　　　　　　　　　　**2018—2019 年地质灾害基本情况对比表**

项　　目	发生数量/起	死亡失踪/人	直接经济损失/亿元
2019 年	6181	224	27.7
2018 年	2966	112	14.7
同比增减量	3215	112	13
同比增减比例/％	108.4	100.0	88.4

根据《地质灾害防治条例》第四条对地质灾害灾情分级的规定，2019 年全国特大型地质灾害有 25 起，造成 44 人死亡、9 人失踪、11 人受伤，直接经济损失 13.4 亿元；大型地质灾害有 37 起，造成 26 人死亡、13 人受伤，直接经济损失 2.2 亿元；中型地质灾害有 262 起，造成 65 人死亡、2 人失踪、6 人受伤，直接经济损失 5.0 亿元；小型地质灾害有 5857 起，造成 76 人死亡、2 人失踪、45 人受伤，直接经济损失 7.1 亿元。

二、斜坡地质灾害研究意义

崩塌、滑坡、泥石流（简称"崩滑流"）等斜坡地质灾害是地质、自然地理环境与人类活动等因素综合作用的产物。对于斜坡地质灾害的影响因素，总体上可分为地质因素及非地质因素两类，前者指崩滑流灾害发生的物质基础，后者则是发生崩滑流灾害外动力因素或触发条件。重力是斜坡地质灾害的内在动力，地形地貌、地质构造、地层岩性、岩土体结构特性、新构造活动及地下水等条件是影响斜坡失稳的主要自然因素，而大气降水、爆破、人工开挖和地下开采等人类工程活动对斜坡的变形破坏起着重要的诱导作用。

体积巨大的表层物质在重力作用下沿斜坡向下运动，常常形成严重的地质灾害。尤其是在地形切割强烈、地貌反差大的地区，岩土体沿陡峭的斜坡向下快速滑动可能导致人身伤亡和巨大的财产损失。慢速的土体滑移虽然不会危害人身安全，但也可造成巨大的财产损失。斜坡地质灾害可以由地震活动、强降水过程而触发，但主要的作用营力是斜坡岩土体自身的重力。从某种意义上讲，这类地质灾害是内、外营力地质作用共同作用的结果。

斜坡岩土体位移现象在自然界十分普遍，有斜坡的地方便存在斜坡岩土体的运动，就有可能造成灾害。由于土地资源的紧张，人类正在大规模地在山地或丘陵斜坡上进行开发建设，因而增大了斜坡变形破坏的规模，使崩塌、滑坡灾害不断发生。筑路、修建水库和露天采矿等大规模工程活动也是触发或加速斜坡岩土体产生运动的重要因素之一。

斜坡地质灾害，特别是崩塌、滑坡和泥石流，每年都造成巨额的经济损失和大量的人员伤亡。除了直接经济损失和人员伤亡外，崩塌、滑坡和泥石流灾害还会诱发多种间接灾害而造成人员伤亡和财产损失，如交通阻塞、水库大坝上游滑坡导致洪水泛滥、水土流失等。

当然，随着地质灾害防治工作的深入开展，地质灾害气象预警预报的不断推广，防灾避险科普知识的宣传普及、群测群防和乡镇国土所的评估、巡查、宣传、预案和人员"五到位"建设，广大干部群众的防灾避险意识逐步提高。但是，对于地质灾害发生机理、形成过程及其防治仍然有待深入，因此，加强斜坡地质灾害的研究具有重要的理论和现实意义。

三、我国斜坡地质灾害发育的分布规律

滑坡、崩塌、泥石流等斜坡地质灾害的分布发育主要受地形地貌、地质构造、新构造活动、地层岩性以及气候、人为活动等因素的制约，这些影响因素的空间分布特征直接控制了我国崩滑流灾害的区域分布规律。无论是灾害点分布密度还是灾害发生频度，我国大陆崩滑流分布的总体规律是中部地区最发育，西部地区较发育，东部地区较弱。

(一) 中部强烈发育区

我国中部地区崩滑流的发育，从总体来看集中分布在 $0°\sim40°N$，$98°\sim112°E$ 的范围内，包括横断山、川西山地、白龙江、金沙江中上游、滇东北、川东、鄂西、黄土高原、黄河上游、秦巴山区等地段。但各处的发育程度不尽一致，类型也有区别，不同地段各有特点。

中部地区地质环境脆弱，地形地貌、地质构造、地层岩性复杂，新构造活动强烈，地震频繁，为崩滑流的形成提供了内在条件；加之气候条件复杂（暴雨多）、人类活动强烈，两类因素的叠加作用，使该区成为我国崩滑流灾害最发育的地区。

中部的黄土高原地区，地形切割强烈，一般切割深度 $100\sim300m$，沟壑纵横，水土流失强烈，为滑坡、崩塌的形成提供了有利的地形条件。滑坡、崩塌灾害也十分发育。黄河中、上游地区古滑坡甚多，大型滑坡体积可达几千万立方米，甚至上亿立方米。由于黄土疏松、多孔，地形切割强烈，沟谷十分发育，地表水系密度大、沟谷坡降大，沟谷纵比降可达 $20\%\sim40\%$，为该地区泥石流发育提供了有利的条件。

复杂的气候条件是中部地区滑坡、崩塌、泥石流灾害发育的主要外部因素。秦岭以南

地区降水较丰沛，年均降水量为 800～1200mm；秦岭以北地区，雨量偏少，为干旱半干旱地区，年均降水量约 400～600mm。从总体上看，整个中部地区降水主要集中分布在 7—8 月，降水量占全年降水量的 30％～50％。因此，暴雨是该地区滑坡、崩塌、泥石流形成和发育的重要诱发因素之一。

20 世纪 70 年代以后，随着大规模的开发大西南、大西北地区，人类活动的规模不断加大，崩滑流灾害发生的频次也逐渐增加。

（二）西部中等发育区

西部地区包括我国第一级地貌阶梯的青藏高原和部分第二级地貌阶梯的西部山地。青藏高原海拔在 4000m 以上，地形切割强烈。西部山地海拔大多在 2000～3500m，相对切割深度 500～1000m，地形切割也很强烈，山体斜坡稳定性差。这些自然因素为崩滑流的形成和发育提供了有利条件。

西部地区气候复杂多变，藏南受印度洋暖湿气流影响，降水主要集中在 7—8 月，暴雨强度大，年均降水量 600～1000mm，丰沛的大气降水和冰雪融水为崩滑流灾害的发育提供了有利的外部条件。西部山地受高纬度亚洲内陆气流的影响，气候干燥少雨，年均降水量 200～400mm，降水集中分布在夏季。所以，天山、阿尔泰山等地也发育较多的冰川泥石流，但滑坡、崩塌发生概率比较小。

（三）东部弱发育区

我国东部地区地处第三级地貌阶梯地带，地貌由低山、丘陵、平原组合而成。海拔一般为 500～1000m，相对切割深度数十米至近百米，山地斜坡较缓，斜坡变形破坏较弱。东部地区气候主要受太平洋暖湿气流的控制，南北气候差异较大。南部虽降水丰沛，但由于地形相对高差小，且地层岩性以坚硬的岩石为主，地质环境不利于斜坡变形破坏，崩塌、滑坡、泥石流不发育。华北和东北，如燕山地区和辽南、辽西山地，尽管山地切割程度中等，且年降水量不大，但降水比较集中，暴雨强度大，加之地层岩性以古老的变质岩为主，岩石破碎，对山地斜坡变形破坏较为有利。因此，这些地区崩塌、滑坡、泥石流发育，但规模较小。另一方面，在这些地区发育的崩塌、滑坡、泥石流常具有群发性特征，所以危害比较严重。

四、崩塌地质灾害

（一）崩塌的特点

崩塌的过程表现为岩块（或土体）顺坡猛烈地翻滚、跳跃，并相互撞击，最后堆积于坡脚，形成倒石堆。崩塌的主要特征为：下落速度快、发生突然；崩塌体脱离母岩而运动；下落过程中崩塌体自身的整体性遭到破坏；崩塌体的垂直位移大于水平位移。具有崩塌前兆的不稳定岩土体称为危岩体。

崩塌运动的形式主要有两种：一种是脱离母岩的岩块或土体以自由落体的方式而坠落，另一种是脱离母岩的岩体顺坡滚动而崩落。前者规模一般较小，从不足 1m³ 至数百立方米；后者规模较大，一般在数百立方米以上。

（二）崩塌的形成条件

崩塌是在特定自然条件下形成的。地形地貌、地层岩性和地质构造是崩塌的物质基础；降雨、地下水作用、振动力、风化作用以及人类活动对崩塌的形成和发展起着重要的作用。

1. 地貌

地貌主要表现在斜坡坡度上。从区域地貌条件看，崩塌形成于山地、高原地区；从局部地形看，崩塌多发生在高陡斜坡处，如峡谷陡坡、冲沟岸坡、深切河谷的凹岸等地带。崩塌的形成要有适宜的斜坡坡度、高度和形态，以及有利于岩土体崩落的临空面。这些地形地貌条件对崩塌的形成具有最为直接的作用。崩塌多发生于坡度大于 55°、高度大于 30m、坡面凹凸不平的陡峻斜坡上。据我国西南地区宝成线风州工务段辖区内 57 个崩塌落石点的统计数据（表 5-8），有 75.4% 的崩塌落石发生在坡度大于 45° 的陡坡。坡度小于 45° 的 14 次均为落石，而无崩塌，而且这 14 次落石的局部坡度亦大于 45°，个别地方还有倒悬情况。

表 5-8 崩塌落石与边坡坡度关系的统计

边坡坡度	<45°	45°~50°	50°~60°	60°~70°	70°~80°	80°~90°	总计
崩塌次数	14	11	7	17	6	2	57
百分率/%	24.56	19.30	12.28	29.82	10.53	3.51	100

2. 地层岩性与岩体结构

（1）地层岩性。岩性对岩质边坡的崩塌具有明显控制作用。一般来讲，块状、厚层状的坚硬脆性岩石常形成较陡峻的边坡，若构造节理和（或）卸荷裂隙发育且存在临空面，则极易形成崩塌。相反，软弱岩石易遭受风化剥蚀，形成的斜坡坡度较缓，发生崩塌的机会小得多。

沉积岩岩质边坡发生崩塌的概率与岩石的软硬程度密切相关。若软岩在下、硬岩在上坚硬岩体常发生大规模的倾倒式崩塌，下部软岩风化剥蚀后，上部构面的倾向与坡向相同；含有软弱结构面的厚层坚硬岩石组成的斜坡，若软弱结构面的倾向与坡向相同，极易发生大规模的崩塌。

页岩或泥岩组成的边坡极少发生崩塌。

岩浆岩一般较为坚硬，很少发生大规模的崩塌。但当垂直节理（如柱状节理）发育并存在顺坡向的节理或构造破裂面时，易产生大型崩塌；岩脉或岩墙与围岩之间的不规则接触面也为崩塌落石提供了有利的条件。

变质岩中结构面较为发育，常把岩体切割成大小不等的岩块，所以经常发生规模不等的崩塌落石。片岩、板岩和千枚岩等变质岩组成的边坡常发育有褶曲构造，当岩层倾向与坡向相同时，多发生沿弧形结构面的滑移式崩塌。

土质边坡的崩塌类型有溜塌、滑塌和堆塌，统称为坍塌。按土质类型，稳定性从好到差的顺序为碎石土、黏砂土、砂黏土、裂隙黏土；按土的密实程度，稳定性由大到小的顺序为密实土、中密土、松散土。

（2）岩体结构。高陡边坡有时高达上百米甚至数百米，在不同部位、不同坡段发育有方向、规模各异的结构面，它们的不同组合构成了各种类型的岩体结构。各种结构面的强度明显低于岩块的强度。因此，倾向临空面的软弱结构面的发育程度、延伸长度以及该结构面的抗拉强度是控制边坡产生崩塌的重要因素。

3. 地质构造

（1）断裂构造对崩塌的控制作用。区域性断裂构造对崩塌的控制作用主要表现为以下几种：

1）当陡峭的斜坡走向与区域性断裂平行时，沿该斜坡发生的崩塌较多。

2）在几组断裂交汇的峡谷区，往往是大型崩塌的潜在发生地。

3）断层密集分布区岩层较破碎，坡度较陡的斜坡常发生崩塌或落石。

（2）褶皱构造对崩塌的控制作用。位于褶皱不同部位的岩层遭受破坏的程度各异，因而发生崩塌的情况也不一样。

1）褶皱核部岩层变形强烈，常形成大量垂直层面的张节理。在多次构造作用和风化作用的影响下，破碎岩体往往产生一定的位移，从而成为潜在崩塌体（危岩体）。如果危岩体受到震动、水压力等外力作用，就可能产生各种类型的崩塌落石。

2）褶皱轴向垂直于坡面方向时，一般多产生落石和小型崩塌。

3）褶皱轴向与坡面平行时，高陡边坡就可能产生规模较大的崩塌。

4）在褶皱两翼，当岩层倾向与坡向相同时，易产生滑移式崩塌；特别是当岩层构造节理发育且有软弱夹层存在时，可以形成大型滑移式崩塌。

4. 地下水

地下水对崩塌的影响主要表现为以下几点：

（1）充满裂隙的地下水及其流动对潜在崩塌体产生静水压力和动水压力。

（2）裂隙充填物在水的软化作用下抗剪强度大大降低。

（3）充满裂隙的地下水对潜在崩落体产生浮托力。

（4）地下水降低了潜在崩塌体与稳定岩体之间的抗拉强度。边坡岩体中的地下水大多数在雨季可以直接得到大气降水的补给，在这种情况下，地下水和雨水的联合作用，使边坡上的潜在崩塌体更易于失稳。

5. 地振动

地震、人工爆破和列车行进时所产生的振动可能诱发崩塌灾害。地震时，地壳的强烈震动可使边坡岩体中各种结构面的强度降低，甚至改变整个边坡的稳定性，从而导致崩塌的产生。因此，在硬质岩层构成的陡峻斜坡地带，地震更易诱发崩塌。

列车行进产生的振动诱发崩塌落石的现象在铁路沿线时有发生。在宝成线 K293＋365m 处，1981 年 8 月 16 日当 812 次货物列车经过时，突然有 720m³ 岩块崩落，将电力机车砸入嘉陵江中，并造成 7 节货车车厢颠覆。

6. 人类活动

修建铁路或公路、采石、露天开矿等人类大型工程开挖常使自然边坡的坡度变陡，从而诱发崩塌如工程设计不合理或施工措施不当，更易产生崩塌，开挖施工中采用大爆破的方法使边坡岩体因受到振动破坏而发生崩塌的事例屡见不鲜。宝成线宝鸡至洛阳段因采用大爆破引起的崩塌落石有 7 处，其中一处是在大爆破后 3h 产生的，崩塌体积约 20×10⁴m³。1994 年 4 月 30 日，发生于重庆市武隆区境内乌江鸡冠岭山体崩塌虽然是多种因素综合作用的结果，但在乌江岸边修路爆破和在山坡中段开采煤矿等人类活动也是重要的诱发因素。

（三）崩塌灾害实例

1. 湖北省远安县盐池河崩塌灾害

1980年6月3日，湖北省远安县盐池河磷矿突然发生了一场巨大的崩塌灾害，标高839m的鹰嘴崖部分山体从700m标高处俯冲到500m标高的谷地。在山谷中乱石块覆盖面积南北向长为560m，东西向宽为400m，石块加泥土厚度30m，崩塌堆积的体积共100万m³。最大岩块有2700多t重。顷刻之间，盐池河上筑起一座高达38m的堤坝，构成了一座天然湖泊。乱石块把磷矿的五层大楼掀倒、掩埋，死亡307人，还毁坏了该矿的设备和财产，损失十分惨重。

盐池河山体产生灾害性崩塌具有多方面的原因。除地质因素外，地下磷矿层的开采是上覆山体变形崩塌的最主要的人为因素。这是因为磷矿层赋存在崩塌山体下部，在谷坡底部出露。该矿采用房柱采矿法及全面空场采矿法，1979年7月采用大规模爆破房间矿柱的放顶管理方法，加速了上覆山体及地表的变形过程。采空区上部地表和崩塌山体中先后出现地表裂缝10条。裂缝产生的部位，都分布在采空区与非采空区对应的边界部位。说明地表裂缝的形成与地下采矿有着直接的关系。后来裂缝不断发展，在降雨激发之下，终于形成了严重的崩塌灾害。在发现山体裂缝后，该矿曾对裂缝的发展情况进行了设点简易监测，虽已掌握一些实际资料，但不重视分析监测资料，没有密切注意裂缝的发展趋势，因而不能正确及时预报，也是造成这次灾难性崩塌的主要教训之一。

2. 重庆武隆鸡尾山崩塌灾害

2009年6月5日15时许，重庆市武隆区铁矿乡鸡尾山发生大规模山体崩塌，掩埋了12户民房以及山下400m外的铁矿矿井人口，造成10人死亡，64人失踪（含矿井内27名矿工），8人受伤的特大型地质灾害，也是一次巨型滑移式崩塌地质事件。

鸡尾山山体变形已具有较长的历史。20世纪60年代发现张开裂缝，1998年危岩裂缝最大宽度达2m，2001年以来多次发生小规模崩塌，新增裂缝最长500m，并有多处纵向裂缝。2005年7月18日，鸡尾山发生山体崩塌$1.1 \times 10^4 m^3$。2009年6月2日滑源区前缘发生局部崩塌，6月4日同一位置再次发生崩塌，并向中下部岩体转移，崩塌范围扩大。6月5日15时许，长约720m、宽约140m、厚约60m，总体积约$480 \times 10^4 m^3$的危岩体沿下伏软弱层产生快速滑动破坏，在跃下前缘约70m高的陡坎后迅速解体撒开，沿途发生高速冲击、刨蚀和铲刮作用，碎屑流堆积长度达2.2km。整个过程历时约1min。

（1）有利于崩滑灾害产生的地质条件。鸡尾山山体属于单斜结构，岩层总体向N35°W方向倾斜，倾角达20°～35°。北侧前缘和东侧两面临空。坡体贯穿性结构面发育，主要有两组近于正交的陡倾结构面（裂隙），第一组结构面（75°～110°∠79°～81°）既形成该区东侧陡壁，又为本次崩滑体提供了西侧边界；第二组结构面（175°～185°∠75°～81°）构成崩滑体的后缘边界。滑源区灰岩层中存在连续分布的含炭质和沥青质页岩夹层，构成坡体中相对软弱的结构面，并为岩体滑动提供了潜在底滑面。山体岩溶作用强烈，溶洞、岩溶管道、落水洞和溶蚀裂缝等较为发育，破坏了山体的结构，在一定程度上降低了山体的稳定性。上述两组陡倾结构面及软弱夹层将巨厚层状灰岩切割成"积木块"状，为崩滑灾害的发生提供了基本的坡体结构条件。

（2）前部关键块体的控制作用。滑源区岩层产状为345°∠21°，而斜坡东侧陡壁总体走向为 N7°E。岩层层面倾向山内，与斜坡陡崖走向存在 22°左右的交角。因此，滑源区被结构面切割成"积木块"状的岩体并不能完全沿倾向方向顺畅地滑动，而是要受到前部岩体的阻挡。致使鸡尾山崩滑体最终能产生大规模滑动破坏的关键因素是：崩滑体西侧结构面的延伸方向在崩滑体中前部发生了明显的转折，即走向由 N7°E 转为 N35°E，这一转折为崩滑体向东侧陡崖临空方向滑出提供了条件。因此，滑源区中前部的"三角形"块体就成为控制整个崩滑体稳定性的"关键块体"。一旦"关键块体"被剪断和突破，被切割成块状的岩体经长时间蠕滑变形积累的巨大应变能将在瞬间释放，另外滑源区前缘存在一超过 50m 的陡坎，由高差产生的势能将在滑体运动过程转化为巨大动能，并由此产生出乎意料的高速远程运动。事实上，从崩滑前（6 月 2 日开始）多次小规模崩塌主要发生在滑源区前部这一现象已清楚地印证了"关键块体"的存在。

（3）采矿活动的影响。自 20 世纪 20 年代开始，人们开始在鸡尾山山体内开采二叠系梁山组（P_1l）中的铁矿层（图 5 - 11）。采矿活动自山体上游侧（南侧）向下游侧（北侧）不断扩展。20 世纪 60 年代至灾害发生前的采矿活动主要位于滑源区北东侧之下，2004 年以后的开采又刚好位于滑源区前缘之下。尽管其矿层较薄（均厚 1.2m）、开采量不大（实际生产能力仅 1 万 t/a）、采矿方式也有利于山体稳定（房柱式开采），但分析认为，长期大范围（采空区面积超过 5 万 m³）的地下开采活动无疑会影响和改变上覆山体的应力场环境，从而对其稳定性构成扰动。尤其是采矿活动对滑源区后缘和西侧拉裂边界的形成和发展具有一定的促进作用。

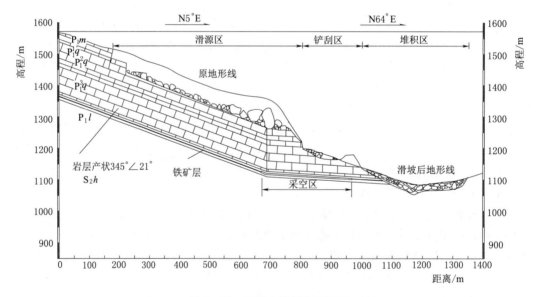

图 5 - 11 鸡尾山崩滑体剖面图

3."8·14"成昆铁路山体崩塌灾害

2019 年 8 月 14 日 12 点 44 分，受四川省部分地区持续降雨影响，在凉山州甘洛县境内，成昆铁路凉红至埃岱站间，埃岱 2 号至 3 号隧洞附近突发山体崩塌险情。在此参与成昆铁路抢险清淤工作的 24 人遇险。截至 2019 年 8 月 18 日 21 时 25 分，当日搜寻到 8 具疑似失联人员遗体，累计已发现 12 具疑似失联人员遗体。山体还在继续坍塌，给施救工作带来极大影响。

灾害发生后，铁路部门立即启动 I 级响应，迅速组织力量，会同地方消防人员全力开展救援。四川省应急管理厅牵头成立了由中国铁路成都局集团、中铁十局及地方消防公安等部门组成的救援指挥部。截至 2019 年 8 月 18 日，据成昆铁路"8·14"山体边坡垮塌抢险救援指挥部消息：省州县三级抢险救援工作组会同铁路部门，在确保安全的前提下，共投入消防、武警、民兵等救援力量 667 人，出动救援机械设备 39 台。

五、滑坡地质灾害

(一) 滑坡的特点

在自然地质作用和人类活动等因素的影响下，斜坡上的岩土体在重力作用下沿一定的软弱面整体或局部保持岩土体结构而向下滑动的过程和现象及其形成的地貌形态称为滑坡。滑坡的特征主要表现为以下几种：

(1) 发生变形破坏的岩土体以水平位移为主，除滑体边缘存在为数较少的崩离碎块和翻转现象外，滑体上各部分的相对位置在滑动前后变化不大。

(2) 滑体始终沿着一个或几个软弱面（带）滑动，岩土体中各种成因的结构面均有可能成为滑动面，如古地形面、岩层层面、不整合面、断层面、贯通的节理裂隙面等。

(3) 滑动过程可以在瞬间完成，也可能持续几年甚至更长的时间。规模较大的整体滑动一般为缓慢、长期或间歇的滑动。滑坡的这些特征使其有别于崩塌、错落等其他斜坡变形破坏现象。

(二) 滑坡的形成条件

自然界中，无论天然斜坡还是人工边坡都不是固定不变的。在各种自然因素和人为因素的影响下，斜坡一直处于不断地发展和变化之中。滑坡形成的条件主要有地形地貌、地层岩性、地质构造、水文地质条件和人为活动等因素。

1. 地貌

斜坡更容易失稳而发生滑坡。斜坡的成因、形态反映了斜坡的形成历史、稳定程度和发展趋势，对斜坡的稳定性也会产生重要的影响。如山地的缓坡地段，由于地表水流动缓慢，易于渗入地下，因而有利于滑坡的形成和发展。山区河流的凹岸易被流水冲刷和掏蚀，当黄土地区高阶地前缘坡脚被地表水侵蚀和地下水浸润，这些地段也容易发生滑坡。

2. 地层岩性

地层岩性是滑坡产生的物质基础。虽然不同地质时代、不同岩性的地层中都可能形成滑坡，但滑坡产生的数量和规模与岩性有密切关系。第四系黏性土、黄土与下伏三趾马红土及各种成因的细粒沉积物，第三系、白奎系及侏罗系的砂岩与页岩、泥岩的互层，煤系地层，石炭系的石灰岩与页岩、泥岩互层，泥质岩的变质岩系，质软或易风化的凝灰岩等更容易发生滑动的地层和岩层组合。这些地层岩性软弱，在水和其他外营力作用下因强度降低而易形成滑动带，从而具备了产生滑坡的基本条件。因此，这些地层往往称为易滑地层。

3. 地质构造

地质构造与滑坡的形成和发展的关系主要表现在两个方面：

（1）滑坡沿断裂破碎带往往成群成带分布。

（2）各种软弱结构面（如断层面、岩层面、节理面、片理面及不整合面等）控制了滑动面的空间位置及滑坡范围。如常见的顺层滑坡的滑动面绝大部分是由岩层层面或泥化夹层等软弱结构面构成。

4. 水文地质条件

各种软弱层、强风化带因组成物质中黏土成分多，容易阻隔、汇聚地下水，如果山坡上方或侧方有丰富的地下水补给，则这些软弱层或风化带就可能成为滑动带而诱发滑坡。地下水在滑坡的形成和发展中所起的作用表现为以下四点：

（1）地下水进入滑坡体增加了滑体的重量，滑带土在地下水的浸润下抗剪强度降低。

（2）地下水位上升产生的静水压力对上覆不透水岩层产生浮托力，降低了有效正应力和摩擦阻力。

（3）地下水与周围岩体长期作用改变岩土的性质和强度。

（4）地下水运动产生的动水压力对滑坡的形成和发展起促进作用。

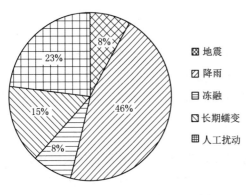

图 5 - 12　中国大型滑坡的主要诱发和触发因素所占比例分布图

5. 人类活动

人工开挖边坡或在斜坡上部加载，改变了斜坡的外形和应力状态，增大了滑体的下滑力，减小了斜坡的支撑力，从而引发滑坡。铁路、公路沿线发生的滑坡大多与人工开挖边坡有关。人为破坏斜坡表面的植被和覆盖层等人类活动均可诱发滑坡或加剧已有滑坡的发展。图 5 - 12 为中国大型滑坡的主要诱发和触发因素所占比例分布图，其中人工扰动占到了 23%。

（三）典型滑坡灾害实例

1. 岷江叠溪地震滑坡

叠溪位于四川茂县的岷江上游左岸，距离成都市 249km，距离茂县 56km，E103°41′、N32°01′，是一座依山傍水修建的山区古城。叠溪是扼守川西平原通往松潘草原和青海、甘肃等省区重要交通要道。1933 年 8 月 25 日 15 时 53 分，叠溪发生震中烈度 X 度的 7.5 级强烈地震，波及范围北至西安，东至万县，西抵马尔康，南达昭通。Ⅷ度以上烈度区面积达 2000km²，而Ⅵ度以上的烈度区面积更大，达 1.4×10^4km²。震中区的沙湾、叠溪、较场坝、猴儿寨、龙池等地瞬间天昏地暗，山崩江断，群峰晃荡，叠溪古城刹那间被 WN 方向的山崩垮落下来的岩石所埋葬。

由于发生在山区，此次地震的突出特征是在广大范围内诱发强烈的河流岸坡及沟谷斜坡的崩塌与滑坡，这些崩滑灾害摧毁了叠溪古城、沙湾、较场坝、猴儿寨、龙池及附近的 21 个羌寨，造成 6865 人死亡，1925 人受伤。斜坡崩滑形成的滑坡坝在岷江及其支流上形成不同规模的 11 个堰塞湖，其中以叠溪附近的大、小海子规模最大。较场坝以北岷江两岸的观音崖和银屏崖遥相对峙，地震时两者从山顶坠入岷江，形成长 800m、宽 170m、高 255m 的大海子拦河大坝。至今，大海子水深仍有 98m，并保持 7.3×10^7m³ 的库容。

小海子位于大海子下游，并与其首尾相接，由较场滑坡堵江形成（图5-13）。

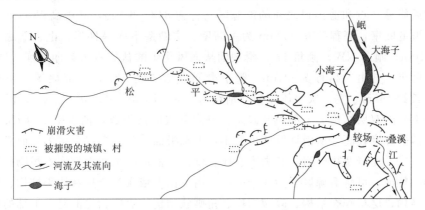

图5-13 1933年叠溪地震在叠溪—松平沟一带诱发的崩滑灾害分布

地震后第45天，即1933年10月9日19时00分，强烈的余震引发松平沟、白腊寨等7处海子溃决，加之岷江上游松潘地区阴雨连绵，江水暴涨，大海子拦河大坝溃决，积水倾湖而出，长驱直下，大店以上水位高达60m，到达都江堰市时水位仍有12m高，都江堰洪水流量高达$10.2×10^3 m^3/s$。特大洪水消退后，江边到处是人畜尸体，仅茂汶一县就死亡2500余人，加上汶川、都江堰市等，共造成8千余人死亡。

叠溪地处松潘—甘孜地槽褶皱带、秦岭近地槽褶皱带与龙门山断裂带构成三角地带内，区域构造主要表现为一系列紧密线状弧形倒转褶皱及相伴的冲断层。区内出露基岩为泥盆系、石炭系、二叠系和三叠系浅变质岩，主要为变质砂岩、大理岩化灰岩、千枚岩和板岩等。叠溪地震诱发的斜坡灾害中，以较场滑坡的规模最大。较场滑坡堆积体位于小海子左岸，前缘顺岷江分布，长1400m。位于高程2110～2425m，顺坡向平均长约1400m，垂直于坡向的平均宽约900m，平面面积约1.5km²，其滑坡体平均厚度约170m，体积约$2.1×10^8 m^3$。滑坡堆积体前缘宽、后缘窄，由数个不同高程平台和联结斜坡构成，坡面坡度15°～35°，前缘斜坡坡度一般40°～50°，局部达70°。根据物质组成，较场滑坡堆积体可分为前后两部分。后部具有二元结构，上部为第四系湖泊相沉积、底部为具有碎裂结构的三叠系变质砂岩、结晶灰岩和千枚岩。堆积体前部主要表现为由块碎石和亚砂土组成的崩塌堆积；其滑体前缘超覆于岷江漂卵砾石冲积层之上，形成小海子滑坡坝。

2. 华蓥山溪口滑坡

1989年7月10日，由特大暴雨触发的四川溪口滑坡是20世纪80年代末期中国最大的崩滑地质灾害事件，该滑坡导致221余人死亡，直接经济损失达600多万元。

1989年7月，溪口所在地区遭受历史上罕见的特大暴雨袭击，月降雨量达222.9mm，7月10日记录到的最大小时降雨强度达到88.6mm。1989年7月9日上午，溪口北侧斜坡地势低洼地带出现了"土爬"。10日中午暴雨强度增大，斜坡上有块石滚下并击中农舍。此后不久，滑源区前部传出"隆隆"之地鸣声，随之地面鼓胀，山体从马鞍坪村村后坡脚倾斜而下，沿北偏西方向直接扑向长约300m的马鞍坪村平台。此后，滑坡体转化为泥石流沿溪口沟奔流而下，高速冲向溪口镇北角。整个滑坡事件从启动到停积历时约60s，摧毁溪口水泥厂、川煤12处、红岩煤矿、溪口粮库和沿途的数个村庄，造成重大伤亡和经济损失。

　　滑坡后缘最高点和剪出口之间的滑源区高程为 848～655m，其中高程 848～790m 处为次级滑坡的断壁，高程 790～695m 为主断壁。主断壁平面呈梯形，上、下底宽分别为 75m 和 110m，倾向 NW，倾角 47°。滑裂面从强风化碳酸盐岩进入第四系崩、坡积层后，呈缓弧形剪出，剪出口高程为 655m。整个滑面形似"匙"状，上部裸露滑床长 210m；下部滑面长约 165m。主、次滑体体积分别约为 $1.8×10^5 m^3$ 和 $2.0×10^4 m^3$。滑坡纵剖面具有上硬下软的双层结构。上部由寒武系、奥陶系碳酸盐组成，两者以 F_7 断层为界，该套地层总体的强度较高。从滑坡侧壁可看出，上部滑面沿强、弱风化带的界面发育。下部为志留系页岩、泥岩及粉砂岩，其强度总体较低。滑面沿泥页岩上覆崩坡积物中发育。根据岩体结构特征，可将滑源区分为 6 个区域，由上而下依次为：层状块裂结构、厚层状结构、层状结构、层状碎裂结构、碎裂结构、角砾状结构。需要指出的是：下部的角砾状结构岩体，实际为断层破碎带经重新胶结后形成的角砾岩，其胶结物成分以钙质为主，胶结致密坚硬、完整程度高（图 5-14）。

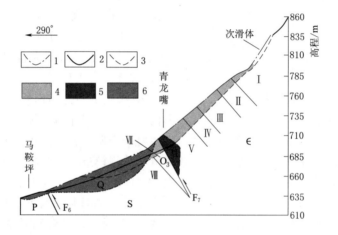

图 5-14　溪口滑坡源区地质结构示意图

1—初始地形线；2—滑后地形线；3—滑动面；4—强风化带；5—钙质角砾岩；6—第四系崩坡积物

Ⅰ—层块碎裂结构；Ⅱ—厚层状结构；Ⅲ—层状结构；Ⅳ—层状碎裂结构；Ⅴ—碎裂结构；

Ⅵ—角砾状结构；Ⅶ—奥陶系层状灰岩；Ⅷ—志留系泥、页岩；$\in$—寒武系地层；

S—志留系地层；P—二叠系地层；Q—第四系地层

　　滑坡的发生首先与该地区上硬下软的地质结构有关。由于过去地质历史时期热泉出露而胶结强化的 F_7 断层角砾岩起到承担、阻止上部坡体变形的锁固段作用，这一部位存在显著应力集中。

　　3. 四川丹巴滑坡

　　四川省甘孜藏族自治州丹巴县县城坐落在大金河右岸的狭窄河谷地带，高程 1864m，城区规划面积为 $2.5km^2$，城区人口约 1.1 万人，为全县政治、经济、文化中心，也是甘孜州的重要出口通道。2002 年 8 月，丹巴县城后侧高 200m、平均坡度 32° 的高陡斜坡出现变形。2004 年 10 月，变形明显加剧。2005 年 1—3 月，出现 4 次变形加速期，整体下滑迹象日趋明显。2 月 3 日位移量由原来 6mm 增大到 8mm；2 月 22 日，日均位移速率增至 17～33mm；3 月 8 日，主滑面日位移量达到 18.53mm；3 月 14 日，斜坡变形再次加速并发生局部崩滑，前缘外推和鼓胀，多处房屋被摧毁，造成 1066 万元的经济损失。此时，斜坡累计变形量已达 70～80cm，最大处接近 1m，边界裂缝已基本贯通和圈闭，总体积 $2.20 \times 10^6 m^3$ 的丹巴滑坡基本形成。如果该滑坡再次发生远距离整体滑移，将直接危害到县政府、县公安局及妇幼保健院等 10 多个企事业单位以及 1071 间房屋，涉及人口 4620 人，资产价值上亿元。如果滑体堵塞大金河河道，后果将更加不堪设想（图 5-15）。

图 5-15　四川丹巴县滑坡外貌

　　丹巴处于青藏高原东部，新构造运动以强烈抬升为特点，大金河的强烈下切形成高差大、坡度陡的地形，为滑坡灾害的发育奠定有利的地貌条件。区内多年平均降水量 605.7mm，降雨集中，暴雨次数少，但降雨强度大。滑坡区基岩为志留系茂县群第四岩组（S_{mx}^4）石榴石二云片岩及少量黑云母变粒岩，盖层由古滑坡堆积层（Q_4^{del}）、崩坡积层（Q_4^{col+dl}）组成（图 5-16）。地下水埋深较大，勘探钻孔中未见稳定水位，滑坡区附近无地下水出露。

　　由于滑坡尚未发生远距离滑移，钻孔勘查未发现明显的滑带擦痕及镜面，也未见地下水异常，仅部分钻孔及基岩面附近见到黏质砂土等细粒相物质增多的现象。根据综合推断，滑坡前缘及中部滑带位于堆积层-基岩界面，后缘滑带则位于堆积层中；滑面倾角约 30°，与坡面倾角基本一致，滑体厚度 20～35m。滑坡表面不同方向、不同规模的拉裂缝十分发育，总长超过 1500m。根据变形特征，整个滑坡可

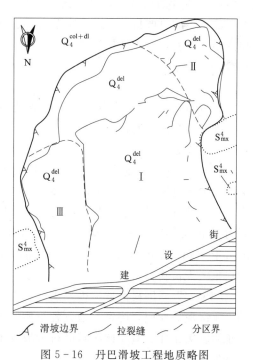

图 5-16　丹巴滑坡工程地质略图

137

划分为Ⅰ、Ⅱ、Ⅲ三个区。

Ⅰ区为滑坡主体，前缘宽约200m，后缘宽约150m，纵长290m，地形坡度平均超过30°，平面形态呈不规则状长方形，面积约0.055km²，平均滑体厚30m，体积约1.7×10^6 m³，主滑方向353°。滑坡体前缘呈高6~28m的阶梯状陡斜坡，总体坡度50°~70°，局部陡立，滑体强烈剪出，造成坡脚建设街房屋地面、墙体开裂，破坏严重。滑坡体后部东低西高，地形总体较平缓，变形强烈，拉裂缝及错落台阶发育，裂缝基本贯通形成两条不规则弧形裂缝。

Ⅱ区位于滑坡后部左侧，主要受主滑体滑移牵引形成，面积约6.0×10^3 m²，滑体主倾方向20°，地形坡度20°~30°，滑体厚度15~20m，体积1.5×10^5 m³。变形主要体现在后缘及侧缘拉裂缝、前缘掉块滑塌。较Ⅰ区整体变形速率大且不稳定。Ⅲ区位于滑坡右侧，前缘宽50m，后缘宽85m，纵长180m，面积0.014km²，地形纵坡30°~45°，滑体平均厚度25m，体积3.5×10^5 m³。滑体主要由大块石土组成，滑床位于基岩面。Ⅲ区左侧与Ⅰ区相连，变形主要体现在后缘及侧缘拉裂缝，宽5~15cm，错距5~40cm，可见深一般为10~50cm。丹巴滑坡初期整治采用坡脚堆载反压、坡体预应力锚索加固和削方减载的综合方案，其中堆载体积为7.2×10^3 m³，设置1300kN预应力锚索269根（长40~52m、锚固段长8~10m）、削方1.8×10^3 m³，加固效果显著。丹巴滑坡属于古滑坡复活，而复活原因则是多方面的。首先，厚度较大的古滑坡堆积叠置在相对稳定的变质岩高陡斜坡上，由于2种介质在物理、水理及力学行为方面的巨大差异，堆积层本身就具有沿基岩面滑移的潜势，而人类活动则加速古滑坡复活的进程。1998年以后，随着丹巴县城的发展，大量的房屋沿斜坡脚或依坡而建，部分挖方削坡，增大斜坡前缘的临空面，引起边坡变形，2003年边坡变形明显加剧。2004年3~10月，建设街大规模改建，大量削坡使原本就已陡峭的斜坡临空面进一步增大，造成坡脚支撑力减弱，导致斜坡向临空方向挤压蠕动变形、滑移，坡体结构破坏松弛，强度不断降低，从而在古滑坡前缘坡脚形成剪切蠕滑。

4. 四川茂县滑坡

2017年6月24日6时许，四川省茂县叠溪镇新磨村新村组后山山体发生高位滑坡，瞬间摧毁坡脚的新磨村，掩埋64户农房和1500m道路，堵塞河道1000m，导致10人死亡、73人失踪，引起国内外的广泛关注。该滑坡源区所在位置103°39′46″E，32°4′47″N，垮塌区长约200m，宽约300m，平均厚度约70m，体积约450×10^4 m³。山体沿岩层层面滑出，滑体迅速解体沿斜坡坡面高速运动，沿途铲刮坡面原有松散崩滑堆积物，体积不断增大，运动到坡脚原有扇状老滑坡堆积体后，开始向两侧扩散，直至运动到河谷底部和受到对面山体阻挡才停止运动。最终形成顺滑坡运动方向1600m，顺河长1080m，平均厚度大于10m，体积约为1300×10^4 m³的滑坡堆积体，几乎将新磨村全部掩埋（图5-17），造成重大人员伤亡。

"6·24"新磨村滑坡灾害发生后，党中央、国务院领导作出重要批示，国务院立即启动了Ⅰ级应急响应，国家和地方各级相关部门也即刻作出应急响应，开展了现场应急救援和抢险救灾工作。对于此次新磨村滑坡发生，其主要原因包括先天的内在控制性因素和外在诱发因素。现分述如下：

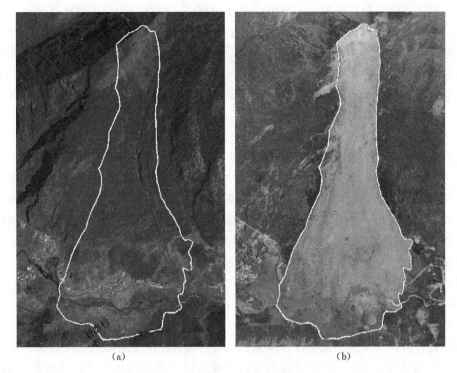

(a)　　　　　　　　　　　　(b)

图 5-17　新磨村滑坡前后影像图

(a) 2017 年 4 月 8 日高分 2 号影像；(b) 2017 年 6 月 25 日无人机航拍影像

（1）有利于滑坡产生的地形条件。首先，滑坡发育在一高耸、单薄的山脊之上，这种山脊对地震波放大效应显著，很容易在强震作用下被震裂。其次，滑源区下方即为陡壁，为滑坡的高位剪出提供了良好的临空条件。再者，滑坡运动区为一较顺直斜坡，为滑坡的高速远程运动提供了有利的地形条件。

（2）有利于滑坡产生的地质条件。如前所述，滑坡区地处较场弧形构造的弧顶部位，岷江断裂和松坪沟断裂两条活动断裂的交汇部位，构造运动异常活跃，历史上多次发生地震。滑坡区岩性主要为三叠系杂谷脑组变质砂岩夹板岩，岩性软弱，力学强度低，且多存在软弱结构面，属典型的易滑地层。滑坡区地处松坪沟左岸，左岸为典型的中陡倾角顺向斜坡，属典型的易发生滑坡的坡体结构。活跃的构造部位、易滑的地层岩性和坡体结构，这些地质条件均有利于滑坡发生。

（3）多次地震的震裂损伤。滑坡位于地震高发区，该区历史上经历过多次地震，最近的包括 1933 年叠溪地震、1976 年平武地震以及 2008 年汶川地震，多次地震使山体震裂松动，岩体破碎，裂缝发育，存在"内伤"。如前所述，1933 年叠溪地震是滑源区山体震裂松动，在此次滑坡源区东西侧边界部位易形成明显的拉张裂缝，为滑坡的发生提供了结构基础。在后续两次地震中裂缝可能会进一步发展。后缘裂缝的存在为雨水的入渗，物理化学风化提供了重要的通道，致使其力学强度不断降低。

（4）降雨诱发滑坡的发生。滑坡区不利的地质条件、包括叠溪地震在内的多次地震作用，使滑源区具备了基本的变形破坏条件和基础。长期的重力作用使滑源区岩体进一步产生时效变形，裂缝不断扩展贯通，滑坡变形逐渐形成，最终使滑源区岩体逐渐进入临界失稳状态。2017年5月1日至滑坡发生前附近叠溪镇和松坪沟两处降水观测站资料表明，前两个月的时段内累计降雨量达200多mm，显著大于该地区同期降雨量。尽管滑坡发生前一周的降雨量较小，但6月8—15日经历了一次持续降雨过程，累积降雨量约80mm，最大日降雨量达到25mm。持续的降雨最终导致本已处于临界状态的滑块整体失稳破坏。

六、泥石流

（一）泥石流的一般特征

泥石流是山区特有的一种突发性地质灾害现象。它常发生于山区小流域，是一种饱含大量泥沙石块和巨砾的固液两相流体，呈黏性层流或稀性紊流等运动状态，是地质、地貌、水文、气象、植被等自然因素和人为因素综合作用的结果。泥石流暴发过程中，有时山谷雷鸣、地面震动，有时浓烟腾空、巨石翻滚；混浊的泥石流沿着陡峻的山涧峡谷冲出山外，堆积在山口。泥石流含有大量泥沙石块，具有发生突然、来势凶猛、历时短暂、大范围冲淤、破坏力极强的特点，常给人民生命财产造成巨大损失。

泥石流具有如下三个基本性质，并以此与挟沙水流和滑坡加予以区分。

（1）泥石流具有土体的结构性，即具有一定的抗剪强度，而挟沙水流的抗剪强度等于零或接近于零。

（2）泥石流具有水体的流动性，即泥石流与沟床面之间没有截然的破裂面，只有泥浆润滑面，从润滑面向上有一层流速逐渐增加的梯度层；而滑坡体与滑床之间有一破裂面，流速梯度等于零或趋近于零。

（3）泥石流一般发生在山地沟谷区，具有较大的流动坡降。泥石流体是介于液体和固体之间的非均质流体，其流变性质既反映了泥石流的力学性质和运动规律，又影响着泥石流的力学性质和运动规律。无论是接近水流性质的稀性泥石流，还是与固体运动相近的黏性泥石流，其运动状态介于水流的紊流状态和滑坡的块体运动状态之间。泥石流中含有大量的土体颗粒，具有惊人的运移能力和冲淤速度。挟沙水流几年，甚至几十年才能完成的物质运移过程，泥石流可以在几小时，甚至几分钟内完成。由此可见，泥石流是山区塑造地貌最强烈的外营力之一，又是一种严重的突发性地质灾害。

根据泥石流发育区的地貌特征，一般可划分出泥石流的形成区、流通区和堆积区。泥石流形成区位于流域的上游沟谷斜坡段，山坡坡度30°～60°，是泥石流松散固体物质和水源的供给区。泥石流流通区位于沟谷的中下游，一般地形较顺直，沟槽坡度大，沟床纵坡降通常在1.5%～4.0%。泥石流堆积区是泥石流固体物质停积的场所，位于冲沟的下游或沟口处，堆积体多呈扇形、锥形或带形。

（二）泥石流的形成条件

泥石流现象几乎在世界上所有的山区都有可能发生，尤其是在新构造运动时期隆起的山系最为活跃，遍及全球50多个国家。我国是一个多山的国家，山地面积广阔，又多处于季风气候区，加之新构造运动强烈、断裂构造发育、地形复杂，从而是我国成为世界上泥石流最发育、分布最广、数量最多、危害最严重的国家之一。泥石流的形成条件概括起来主要表现为三个方面：地表大量的松散固体物质、充足的水源条件和特定的地形地貌条件。

1. 物源

泥石流形成的物源条件指物源区岩土体的分布、类型、结构、性状、储备方量和补给的方式、距离、速度等。而岩土体的来源又决定于地层岩性、风化作用和气候条件等因素。

从岩性来看，第四系各种成因的松散堆积物容易受到侵蚀、冲刷。因而山坡上的残坡积物、沟床内的冲洪积物以及崩塌、滑坡所形成的堆积物等都是泥石流固体物质的主要来源。厚层的冰碛物和冰水堆积物则是我国冰川型、融雪型泥石流的固体物质来源。

就我国泥石流物源区的土体来说，虽然成因类型很多，但依据其性质和组成结构可划分为碎石土、沙质土、粉质土和黏质土4种类型。沙质土广泛分布于沙漠地区，但因缺少水源很少出现水沙流，而多在风力作用下发生风沙流；粉质土主要分布于黄土高原和西北、西南地区的山谷内，在水流作用下可形成泥流；黏质土以红色土为代表，广布于我国南方地区，是这些地区泥石流细粒土的主要来源。板岩、千枚岩、片岩等变质岩和喷出岩中的凝灰岩等属于易风化岩石，节理裂隙发育的硬质岩石也易风化破碎，这些岩石的风化物质为泥石流提供了丰富的松散固体物质来源。

2. 水源

水不仅是泥石流的组成部分，也是松散固体物质的搬运介质。形成泥石流的水源主要有大气降水、冰雪融水、水库溃决水、地表水等。我国诱发泥石流灾害的水源通常是由暴雨形成，由于降雨过程及降雨量的差异，形成明显的区域性或地带性差异。如南方雨量大，泥石流较为发育；北方雨量小，泥石流暴发数量也少。

3. 地形地貌

地形地貌对泥石流的发生、发展主要有两方面的作用：

（1）通过沟床地势条件为泥石流提供位能，赋予泥石流一定的侵蚀、搬运和堆积能量。

（2）在坡地或沟槽的一定演变阶段内，提供足够数量的水体和土石体。沟谷的流域面积、沟床平均比降、流域内山坡平均坡度以及植被覆盖情况等都对泥石流的形成和发展起着重要的作用。

泥石流既是山区地貌演化中的一种外营力，又是一种地貌现象或过程。泥石流的发生、发展和分布无不受到山地地貌特征的影响。全球泥石流频发地带主要分布于环太平洋山系和阿尔卑斯—喜马拉雅山系。这两大山系的新构造运动活跃，地震强烈，火山时有喷发，山体不断抬升，河流切割剧烈，地形高差相对大，为泥石流发育提供了必需的地形条件。我国泥石流比较集中地分布于全国性三大地貌阶梯的两个边缘地带。这些地区地形切割强烈，相对高差大。坡地陡峻，坡面土层稳定性差，地表水径流速度和侵蚀速度快。这些地貌条件有利于泥石流的形成。地形陡峻、沟谷坡降大的地貌条件不仅给泥石流的发生提供了动力条件，而且在陡峭的山坡上植被难以生长，在暴雨作用下，极易发生崩塌或滑坡，从而为泥石流提供了丰富的固体物质。如我国云南省东川地区的蒋家沟泥石流，就明显具有上述特点。

泥石流的规模和类型受许多种因素的制约，除上述三种主要因素外，地震、火山喷发和人类活动都有可能成为泥石流发生的触发因素，从而引发破坏性极强的自然灾害。

（三）泥石流灾害实例

1. 四川省"8·13"特大泥石流灾害

2010年8月12—14日，四川省部分地区降大到暴雨，局部地区大暴雨。本次降雨主要分布在成都、德阳、广元、绵阳、雅安、阿坝等"5·12"汶川地震的重灾区，并使极重灾区绵竹市清平乡、汶川县映秀镇和都江堰市龙池镇遭受了极为严重的泥石流灾害，造成了惨重的损失，这次泥石流灾害被相关部门统称为四川省"8·13"特大泥石流灾害。

（1）竹清平乡泥石流灾害。2001年8月12日18时至13日凌晨4时四川省绵竹市清平乡出现局地大暴雨，引发特大山洪泥石流灾害，使全乡6000余人遭受不同程度灾害，并造成7人遇难，7人失踪，33人受伤。泥石流灾害大范围损毁和掩埋了清平乡场镇（图5-18、图5-19），造成清平乡379户房屋受损，占总户数的20.9%，直接经济损失达6亿元左右。

图5-18　清平乡文家沟滑坡及泥石流灾害前后三维对比图

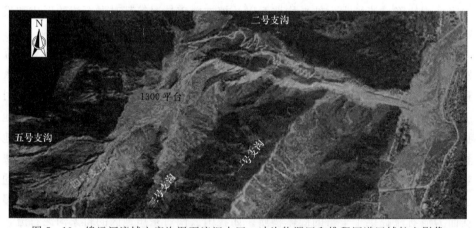

图5-19　绵远河流域文家沟泥石流汇水区、冲沟物源区和堆积河道区域航空影像

8月12日18时左右，清平乡开始降雨，22时之前，雨量较小，随后逐渐增大。22时30分时至13日凌晨1时30分左右，降雨演变为大到暴雨。随后逐渐减小，直至13日

凌晨 4 时 00 分左右停止。据清平乡雨量站监测结果表明,此次降雨过程总雨量达到 227mm。12 日 23 时 45 分时左右,文家沟、走马岭沟开始暴发泥石流。13 日凌晨 1 时左右,文家沟内大方量的泥石流整体涌出,泥石流像一股猛烈的巨浪一样瞬间抵达绵远河对岸,随即又折返回来形成堆积坝,堵塞绵远河,形成堰塞湖。后续的富含泥沙和碎块石的山洪泥石流逐渐漫过堆积坝,流向河流下游,将场镇上游新建的幸福大桥冲垮,整体向前推移至下游的老大桥,新桥桥面与老桥紧密贴合,致使桥洞大面积堵塞,形成"拦挡坝"。受此影响,13 日凌晨 2 时 30 分左右,山洪泥石流改道漫流,进入左侧的清平乡场镇,淹没了镇上的学校、加油站及部分安置房。

清平乡在汶川地震前地质灾害就极为发育,共查明地质灾害隐患 44 处。汶川地震后新增地质灾害隐患 71 处。本次泥石流灾害共有 11 条沟同时暴发泥石流,在清平乡场镇形成了长达 3.5km,宽 400~500mm,平均厚约 5m(最大厚度超过 13m),总方量约 $600 \times 10^4 m^3$ 的堆积和淤埋区,覆盖面积达 $120 \times 10^4 m^2$ 左右。

(2)汶川县映秀红椿沟泥石流灾害。汶川县映秀红椿沟位于映秀新城区对岸,汶川地震的发震断裂带映秀—北川断裂带顺该沟穿过。红椿沟沟域面积 $5.35km^2$,主沟长 3.62km,沟口至沟源相对高差 1288m,沟床纵坡在沟口段 $10°~15°$,沟源段 $15°~35°$。"5·12"汶川地震在沟谷两岸诱发了大量的崩塌、滑坡,新增松散固体物源量约 $380 \times 10^4 m^3$。

2010 年 8 月 13 日下午 4 时 30 分左右,映秀镇开始降雨,至 8 月 14 日凌晨雨强加大,2h 降雨量达 163mm。14 日凌晨 3 时 00 分左右,红椿沟上游及其甘溪铺、大水沟、新店子等支沟同时暴发泥石流,5 时左右结束。调查表明,在距红椿沟沟口约 1km 处的沟道内集中分布了"5·12"地震形成的 B_7 崩塌、H_2、H_3 滑坡等松散堆积物。此沟段物源量约 $100 \times 10^4 m^3$,由大量泥土夹少量碎块石组成,结构松散,堆积厚度约 20m。由于 H_2 和 H_3 呈"对冲"状态分布于红椿沟两岸,堵塞沟道形成滑坡坝。当上游洪水和泥石流体淤埋上涨到一定高度后滑坡体突然溃决,形成阵发性泥石流,将前部 B_7 崩塌的部分物质冲掉。约 $70 \times 10^4 m^3$ 的泥石流体,在经约 1km 沟道的加速流动后,其中约 $40 \times 10^4 m^3$ 的泥石流龙头快速冲入岷江,形成宽约 100m、长 350~400m 的堰塞体堵断岷江河道,将岷江主流逼向河谷右岸,直接冲进映秀新区,形成特大洪涝灾害。另 $30 \times 10^4 m^3$ 因前缘受阻逐渐减速停积于沟口段。事后的调查分析表明,在此次泥石流暴发过程中,H_3 滑坡几乎被全部冲走,其提供松散物质约 $18 \times 10^4 m^3$;H_2 滑坡的坡脚部分被侵蚀,提供 $5 \times 10^4 m^3$ 左右的物源(H_2 滑坡总体积为 $55 \times 10^4 m^3$),B_7 崩塌大部分被冲走(B_7 总体积 $15 \times 10^4 m^3$),提供了 $10 \times 10^4 m^3$ 的物源,其他物源来自沟道中上游。2010 年 8 月 18 日的另一次强降雨使停积于红椿沟沟口段的部分堆积物再次启动 $5~8 \times 10^4 m^3$,使已疏通的河道再次被堵塞,造成映秀镇的二次洪涝灾害。

2. 都江堰市龙池泥石流灾害

都江堰龙池镇于 2010 年 8 月 13 日午后开始降雨,15 时 30 分降雨增大,最大 1h 降雨量达 75mm(16 时 00 分—17 时 00 分),最大 2h 降雨量 128.3mm(16 时 00 分—18 时 00 分),从 15 时 00 分到 18 时 00 分降雨量达 150mm,从 16 时 00 分开始暴发泥石流。受特殊地形、地质条件影响,龙池镇在汶川地震前地质灾害就极为发育,共有 21 处地质灾害隐患点。汶川地震后,地质灾害隐患点增加到 57 处。在"8·13"强降雨过程中,龙池镇新增地质灾害点 63 处,其中泥石流 37 处、滑坡 22 处、崩塌 4 处,主要沿龙溪河两岸分布。"8·13"强降雨使龙池镇约 50 条沟同时暴发泥石流和滑坡灾害,估算进入河道的总固体物源量超出 $1000×10^4 m^3$,使分布于龙溪沟河床的绝大多数房屋被部分或全部掩埋,其中以八一沟最为典型和严重。八一沟泥石流位于龙池镇云华村、龙溪河右岸。八一沟是由八一沟、大干沟、小干沟和小湾支沟构成的大型泥石流沟,流域面积 $8.5km^2$,主沟长 4.5km,沟床平均纵坡降 200‰。地震后多次暴发泥石流灾害。在"8·13"降雨过程中,先后有两次大规模的物源冲出,集中于 13 日 16 时 00 分左右和 14 日 5 时 00 分左右,总冲出量约 $200×10^4 m^3$,将沟内已完工的泥石流治理工程(拦挡坝和排导槽)全部摧毁。

分析"8·13"特大泥石流灾害的原因,主要有以下两点:

(1)"5·12"汶川大地震使震区山体大范围震裂松动,并触发了数以万计的崩塌、滑坡,巨量的松散固体物源堆积于沟谷、坡麓和斜坡浅表层,为泥石流的暴发提供了异常丰富的物源,是震区暴发特大泥石流灾害的根本原因。

(2)局地短时强降雨是灾区产生特大泥石流灾害的直接诱发因素。近年来,全球气候异常,容易出现局地短时强降雨天气。如在"8·13"特大泥石流过程中,在清平乡、映秀镇、龙池镇等泥石流暴发点都出现了局地强降雨天气,其降雨量都大大超过了震区泥石流启动的临界雨量(35~40mm/h)。此外,龙门山地区高山峡谷的地貌、复杂的地质构造、破碎的岩体结构,也为特大型泥石流的暴发提供了基本地形、构造和物源条件。

3. 甘肃舟曲特大泥石流

2010 年 8 月 7 日 23 时 00 分左右,甘肃省舟曲县城北面三眼峪和罗家峪受强暴雨影响,爆发了特大泥石流灾害。泥石流出山口后,沿沟床冲进月圆村、北关村、北街村、东街村、南门村、椿场村、罗家村、瓦厂村,所到之处淤埋耕地、摧毁房屋与建筑,三眼峪口被夷为平地。三眼峪泥石流出山口后,形成长约 2km,宽 170~270m(最宽 350m,城区 80m)、平均 200m 左右的堆积区,淤积厚度 2~7m,平均约 4m;罗家峪泥石流出山口后,形成长约 2.5km,平均宽度约 70m 的堆积区,平均堆积厚度 2m。泥石流冲进白龙江,形成堰塞湖,水位上升 10m 左右,淹没大半个县城,造成重大财产损失和人员伤亡。据统计,泥石流灾害共造成 4496 户、20227 人受灾,水毁农田约 $95hm^2$,水毁房屋 307户、5508 间,其中农村民房 235 户,城镇职工及居民住房 72 户;进水房屋 4189 户、20945 间,其中农村民房 1503 户,城镇民房 2686 户;机关单位办公楼水毁 21 栋,损坏车辆 18 辆。截至 2010 年 08 月 15 日,共有 1248 人遇难,496 人失踪,是新中国成立以来我国最严重的泥石流灾害事件。

对于此次泥石流灾害的发生,可以从物源、地形、水源三方面分析如下:

(1)物源条件。受构造运动和地震的影响,三眼峪和罗家峪内崩塌、滑坡较为发育,其堆积于沟道中,是泥石流物质的主要来源。据史料记载,1879 年文县—武都地区曾经发生 8 级地震,形成大量的崩滑体堆积于沟道中,还形成了数量、高度不等的多级堆积坝,堵塞沟道。其中三眼峪的大峪、小峪形成了 4 座 80~280m 高的堆积坝,三眼峪 4 条支沟共有滑坡 8 处,滑动面积 $0.88km^2$,滑坡总体积 $1303.9×10^4 m^3$,发育崩塌体 58 个,

方量约 $2830.1\times10^4\,m^3$，此外沟内还发育滑塌、坍塌和沟道堆积物约 $1029\times10^4\,m^3$，以上各项共计 $5163\times10^4\,m^3$，可以直接补给泥石流的松散固体物质 $2510\times10^4\,m^3$。根据对罗家峪的勘查，从遥感影像判断，其沟谷内的固体物质与三眼峪近似，主要由坡积物供给。

（2）地形条件。三眼峪、罗家峪地形独特，其沟谷形态呈圈椅状，上游宽阔，下游束窄，在流域出山口形成卡口，此种地形容易汇集上游水土，在下游形成大规模泥石流。三眼峪山体陡峻，源区坡度普遍超过50°，支沟沟道坡降14%，跌坎、堆石坝位置坡降超过50%，主沟沟床坡降9%。沟内山体基岩裸露，造成流域内地表径流极易汇流，为泥石流提供了有利的动力条件。野外调查与遥感解译表明，罗家峪与三眼峪地形、地表覆盖相近，利于泥石流活动。

（3）水源条件。具备丰富的固体物质与有利的地形条件后，强降雨是泥石流最重的触发因子。气象观测数据显示，2010 年 8 月 7 日当地强降雨持续约 40min，降雨量超过90mm，最大降雨量出现在舟曲县城东南 10km 的东山镇，降雨量 96.3mm，舟曲县西北方向上游的迭部县代古寺为 93.8mm，据此推断，三眼峪和罗家峪上游地区与这两个地区地处同一降雨带，降雨量与东山镇、代古寺相当，是舟曲县建站以来的最大降雨强度。受三眼峪、罗家峪自然条件的影响，强降雨迅速汇流，形成沟谷洪水，冲刷堆石坝及沟道中的固体物质，造成堆石坝及拦沙坝溃坝，形成泥石流。

第四节　城市地下空间开发

一、城市地下空间开发概述

随着我国城市化进程的不断加快，城市发展与土地资源短缺的矛盾逐步加剧。因此，开发利用地下空间对我国城市的发展尤为重要。近年来，我国城市地下空间开发利用如城市轨道交通、地下综合管廊进入了快速增长阶段，其建设规模之大、速度之快均是空前的，位居世界前列。然而，我国幅员辽阔，地质环境十分复杂，不同地域地质环境存在明显差异，地面沉降、地裂缝、活动断裂及岩溶等特殊地质现象十分发育，是世界上地质灾害最为严重的国家之一。

特殊的地质环境条件决定了城市地下空间开发利用的布局、功能、规模及深度等各个方面，是决定城市地下空间开发利用是否科学合理的前提条件和重要基础。毫无疑问，我国的城市地下空间开发利用在规划、设计、施工以及后期运营维护方面均应考虑特殊地质环境的影响。从地质环境条件来看，我国目前大规模的城市地下空间开发利用面临着一系列亟须解决的特殊地质环境问题的挑战，如上海、西安及天津等城市的地面沉降问题，西安、北京、大同及太原等城市的地裂缝问题，西安、乌鲁木齐、福州及深圳等城市的活动断裂问题，以及武汉、长沙、广州及桂林等城市的岩溶问题等。这些特殊的地质环境条件制约了我国城市地下空间的开发与利用，并构成了严重的安全隐患和威胁。

在城市地下空间特殊地质问题研究方面，国外研究相对较早，主要在冻土对地下管道、活断层与地震对隧道以及砂土液化对地下建（构）筑物的影响等方面展开。而我国在这方面起步较晚，很多专家学者对特殊地质状况如地面沉降、地裂缝、活动断裂及岩溶对城市地下空间特别是城市轨道交通（地铁）的影响开展了一些研究，取得了一些重要成果。其中上海地面沉降、西安地裂缝对地铁的影响及防治研究最具代表性。

以下以西安地裂缝研究为例，简要阐述地下空间开发过程中的地质问题。地裂缝作为一种与地面沉降、基底构造或活动构造密切相关的近地表土层破裂的地质灾害现象或不良地质状况，其广泛分布给我国地下空间开发利用尤其是目前大规模城市轨道交通建设带来了前所未有的安全隐患和重大挑战。西安市是我国地裂缝灾害最为严重的城市，地裂缝是西安市最重要的特殊地质问题，可以说西安市是我国地裂缝灾害最为严重的典型代表城市（图5-20）。自从20世纪50年代末开始，对西安地裂缝的成因进行了系统的研究，目前得到的共识是西安地裂缝是受深部构造控制、抽取地下水诱导引起的。西安市中期规划的15条地铁线路与地裂缝纵横交织，交汇点近百处。

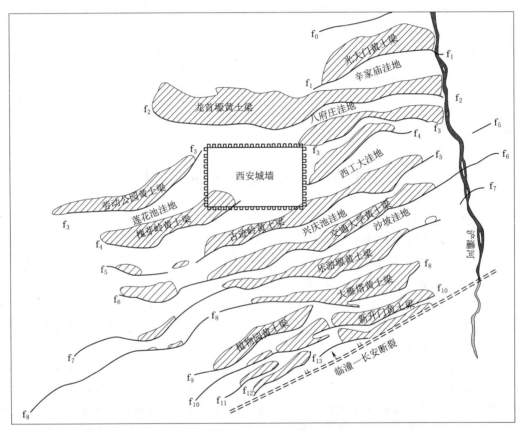

图 5-20　西安城市地裂缝分布图

 —地裂缝及编号；▨—黄土梁；⊥⊥⊥—断裂带；◿—河流

众所周知，地下空间开发成本高、技术难度大。但是，我国特殊地质环境下的城市地下空间开发利用策略、规划与设计理论方法和防灾减灾及应对关键技术方面仍然较为零散、不系统，而且存在诸多理论和技术空白。

二、地下空间是城市可持续发展的重要自然资源

人类利用天然洞穴防寒暑、避风雨、躲野兽始自远古。在人类社会发展历程中，始终未停止地下空间利用。但由于生产力和科技水平较低，地下空间利用尚不普遍。一般认

为，现代地下空间的利用始自产业革命后，多以伦敦 1863 年建成世界上第一条地下铁道为标志。有关资料表明，1963 年前的百年间，世界上修建地铁的城市有 20 多座，但到 1990 年则有百座城市有地铁运营或正在兴建，线路总长达 3000 多 km。

同期人们还修建了大量的水底交通隧道、地下电站和工业厂房、民用地下建筑（商业街、车库、民防工程、公众文体建筑等）、地下仓库、地下管网和大量的地下军事设施，城市地下空间开发进入了一个新阶段。我国的城市地下空间利用是以人防工程为先导，大城市自 20 世纪 60 年代起都建设了大量的人防工程，目前有许多城市的地下防空洞被改造为地下商业街。

我国地铁建设较发达国家大约晚了 100 年，北京市 1965 年开始建设地铁 1 号线，1969 年建成通车。伴随着城市化进程的加快，地铁在城市交通系统中发挥的作用愈发显著，是衡量城市发展水平的重要标志，凭借其安全性、快速性、舒适性、便捷性、经济性，已成为城市公共交通的重要组成部分。据统计，2019 年全国地铁运营线路长度达 5181km，同比 2018 年增长 19.0%，占城轨交通运营线路总里程的 76.8%。从主要城市来看，上海、北京地铁运营线路长度均超 600km，其中上海以 669.5km 的线路长度位居第一，2019 年地铁运营线路条数在 10 条以上的有北京、上海和广州，地铁线路条数分别为 20 条、15 条和 13 条。

改革开放的实践和知识经济时代的到来，人们越来越认识到树立正确观念的重要性，在实施城市可持续发展战略中，充分认识城市地下空间的自然资源属性，是搞好地下空间开发利用规划的基础。按联合国环境规划署 1987 年的定义：自然资源是指一定条件下，能够产生经济价值以提高人类当前和未来福利的自然环境因素的总称。虽然在一般的自然分类方案中未见有地下空间的位置，但按上述定义，地下空间应属自然资源。联合国自然资源委员会决议（1982）明确指出：地下空间是人类潜在的和丰富的自然资源。从理论上来说，地下空间的自然资源属性是清楚的，但在城市建设的实践中还远未受到应有的重视。

在进行城市规划时，一般将城市空间分成地面、地上和地下空间三个领域，但其界限并非截然。从国内外城市发展情况看，城市建设都是从地面空间利用开始，之后逐渐向上部空间发展，地下空间是城市扩展到一定程度才开始开发利用。决定这种进程的关键因素是经济效益和环境效益。在发达国家，随着人们对环境质量要求的提高，许多城市开始拆除对环境影响大的高架路，扩建地下交通网，这表明地下空间开发对改善城市环境质量具有特殊的重要性。

地下空间是以土体或岩体为介质和环境，这是与以空气为介质的地面、地上空间的根本差别，也是地下空间开发成本高、技术难度大的主要原因。但另一方面，地下空间具有恒温、恒湿、隐蔽性好等一系列的优点。国内外大量的实践表明，城市的大部分功能都可由地下空间来承担。但应认识到，现阶段地下空间开发的首要目的是缓解城市发展与有限地面空间的矛盾，一般应充分考虑地下空间的特性，尽量做到扬长避短，取得社会、环境和经济利益的协调。同济大学陈立道教授等提出，为创造城市优美的生活空间，地面以上应为生活区、步行区，地下空间建设行车、仓储、公用设施等。

三、城市地下空间开发与工程地质区划

前已述及，城市地下空间是以土体或岩体为介质和环境。因此，城市工程地质条件直接控制地下空间开发的难易程度；换言之，地质条件对地下工程的安全和经济起决定性作用。在城市的发展和建设过程中，城市工程地质条件对地面工程的影响已受到了普遍的重视，任何工程在建设前都必须开展工程地质研究工作，这已由有关法规予以确定。国内外隧道、矿山、地下电站等地下工程建设的经验教训表明，工程地质问题对地下工程施工建设和安全运营的重要程度远大于地面工程，对此，却尚未引起城市地下空间开发方面有关决策者和技术人员的重视。随着我国经济的高速发展和城市化进程的加速，城市地下空间开发的工程地质工作将成为广大城市工程地质技术人员的重任，其当务之急则是依据工程地质环境搞好地下空间规划。我国国土辽阔，具有复杂的区域地质环境，而处于不同地域的城市工程地质条件存在较大差异，见表 5-9。

表 5-9　　　　　　　　　　　我国部分城市的工程地质类型

城市类型	城市亚类型	代表性城市
滨海型	滨海平原亚型	广州、上海、福州、温州、南通、天津等
	滨海山地亚型	厦门、青岛、大连、秦皇岛、烟台、连云港、香港等
内陆河谷型	冲积平原亚型	沈阳、锦州、郑州、石家庄、合肥、成都等
	内陆河谷盆地亚型	重庆、宜昌、武汉、长沙、南京、南昌、太原、抚顺等
	山前倾斜平原亚型	北京、呼和浩特等
	内陆干旱、半干旱季节冻土区亚型	乌鲁木齐、呼和浩特、哈尔滨等
	黄土高原	兰州、西安、太原
	岩溶河谷亚型	南宁、桂林、贵阳
高原河谷盆地型	深切隔河谷亚型	渡口、下关
	高原寒冻河谷盆地亚型	拉萨、西宁

正确认识城市工程地质环境特征，是城市地下空间规划的基础。如滨海平原型城市多系海陆交互相软土沉积，而滨海山地型城市多坐落在基岩山地上，岩体和软土对地下工程的适宜性有本质的区别，这将使地下空间开发设计原则、施工方法等完全不同。又如天津和上海同是滨海平原型城市，但前者位于强震区，地震液化土层分布广，地下工程抗震必须认真处理；而后者地震烈度低，这方面问题则相对简单。

任何城市都是经过了长期的发展建设，且积累了大量的工程地质资料。但这些工程地质工作都是为地面工程建设要求而进行的，且多是从单项工程所需的点状资料。可以说绝大多数城市已有的工程地质成果尚不能满足城市地下空间开发规划需要。众所周知，工程规划是工程建设的战略决策阶段。国内外地下工程建设的经验教训表明，规划阶段对地质可题的认知程度将直接影响工程的施工建设和安全运营。这里需要强调的是，进行城市地下开发决策必须克服"人定胜天"的错误观念，树立工程与地质环境相协调的可持续发展理念。

四、城市地下工程地质问题

工程地质问题是人类工程活动与地质环境间不协调而危及工程的施工和安全运营的地质问题。由于工程类型的多样性和规模的差异性，加之工程地质环境的复杂多变性，可以说任何工程都会遇到一定的工程地质问题，也正是为解决工程地质问题而推动了工程地质学的发展。受人类工程活动和自然地质环境双重因素的制约，工程地质问题习惯上分为与区域稳定有关的工程地质问题、与岩土体稳定性有关的工程地质问题、与地下水渗流有关的工程地质问题和与淤积有关的工程地质问题几大类，进一步依工程类型和工程地质条件主因进行细分，又分为岩质边坡稳定问题、土坡稳定问题、黄土边坡稳定问题、膨胀土边坡稳定问题等。地质环境是自然历史形成的，具有一定的区域性特征，从而决定了某些工程地质问题只产生在特定地区的工程建设中。如与区域稳定有关的工程地质问题发生在构造活动带，与黄土有关的工程地质问题发生在黄土分布区等。人类工程活动类型虽然很多，但从与岩土体间的关系来看，可划分为移动土石（各类岩土体开挖）和改变岩土体赋存环境状态（应力状态、含水状况和温度场）两类，进而研究与之相关的工程地质问题。由于我国城市地下空间开发还处于初级阶段，关于城市地下工程地质问题的研究尚待开展，这里参考一般地下工程中地质问题，并结合城市地下空间开发特点，简列出城市地下工程地质问题的主要类型。

（一）城市地下区域稳定性问题

虽然总体上说地震对地下工程的破坏性要较地面工程小，但因其破坏力巨大，加之修复的困难性等。因此，城市地下区域稳定性问题是对位于构造活动带内的城市进行地下空间开发必须认真研究的重大工程地质问题。其中，主要有地下工程如何通过活断层和地裂缝带，地下空间周围易振动液化土层的评价处理问题等。另外地面沉降、岩溶塌陷也有人将其归为区域稳定性问题。对前者而言，我国已有许多城市不同程度地发生了地面沉降。由于地下工程多系刚性构筑物，与周围土层变形性差异显著，当地面沉降使地下工程周围土层变形达一定程度时，无疑将引起线性地下工程发生不均匀变形从而导致破坏，加之地下水及振动影响，使这方面问题会更突出。

（二）城市地下岩土体稳定性问题

由于地下空间是从岩土体中开拓出来的，因此城市地下岩土体稳定性问题就是城市地下空间开发中普遍存在的工程地质问题。但鉴于各城市的岩土体类型、工程特性、赋存环境等不同，使岩土体稳定的表现形式和程度有很大差别。如坐落在基岩区和软土区的城市地下空间稳定性问题，因岩体和土体的工程性质差别而不同，这是显而易见的。虽然人类开发城市地下空间历史较短，但在矿业、交通、能源、军事等诸多方面却已有长期的地下工程经验，广泛吸取这方面经验教训，并从城市的岩土体特征出发，解决城市地下岩土体稳定性问题是完全可能的。

（三）城市地下空间开发的地下水问题

绝大多数城市开发的地下空间是处于饱水岩土体中，地下水对岩土体工程性质具很强的物理、化学弱化作用，地下水引发的工程地质问题是城市地下空间普遍存在的重大问题。虽然近年来岩土体排水、堵水等防治水对地下工程岩土体稳定性影响的工程技术有了很大进展，但由于地下水引发的地下工程事故仍时有发生，其根本原因是对问题的复杂性和动态性认识不足，选用的工程措施与工程地质环境特征不协调。另一方面，解决岩土体地下水问题的岩体水力学、非饱和土土力学等理论尚在发展中，理论落后于实际工程需要也是原因之一。

（四）地面工程基础对地下空间开发的影响问题

由于城市地下空间开发远滞后于地面工程建设，修建地面工程时多未考虑地下空间开发，许多软土地区城市的高大建筑物多采用深入地下数十米的桩基，如上海的钻孔灌注桩已达80多米，协调地下空间开发与已有的地面工程基础间的关系，是城市地下空间开发不同于一般地下工程的特殊工程地质问题。如不能很好地解决这一问题，不仅影响地下空间开发，而且将影响地面工程的安全，近年许多城市都不同程度地发生了这类问题。由于问题的复杂多样，进行地下空间开发时，必须在查清已有工程基础的前提下，针对具体情况进行处理。

总之，城市地下空间是城市可持续发展的重要资源的观念应当成为城市发展的指导原则。城市地下空间开发规划应成为城市规划的重要组成部分，对加强城市工程地质区划研究及城市地下工程地质问题研究与提高地下岩土工程技术是城市地下空间开发的技术保证。

第五节 水 利 水 电 工 程

随着社会经济的发展、人口增加、工农业及城市对水资源需求的与日俱增，水资源的供需矛盾日益尖锐。在人类面临的水、能源和粮食三大危机中，水成为我国21世纪最为突出的问题。在目前水资源严重短缺条件下，为了满足生产和生活用水，超量开采或盲目开采地下水的现象普遍存在，由于有限的水资源量承受不了无节制的过量开采，造成水资源长期无序使用及一系列环境地质灾害问题，对水环境也产生巨大影响。水资源危机和超量开采地下水导致的环境问题不仅制约着社会和经济发展，而且威胁人类生存，导致严重的生态危机。合理开发利用水资源和保护自然生态环境，科学有效地管理地下水资源，是解决这一问题的关键。

一、水利水电工程特点

水利水电资源具有可再生、无污染、一次开发后运营成本低等优点。水利水电开发是流域开发的一个核心内容，它常兼顾防洪、航运、灌溉、供水、养殖、旅游等综合功能，并注重水资源开发的多重效益，要求具备开发资源、发展经济、保护生态三大效应。水利水电工程是一个系统工程，涉及影响人类生存、发展的地质环境（包括岩石环境、土环境和水环境）问题和生态环境（包括自然环境、工程环境及社会经济环境）问题，与地质灾害问题密切相关，并具有以下突出的特点：

（1）为充分利用水能资源，减少淹没损失，避免过多地形成高坝大库，降低水电站对河流生态影响，水利水电资源开发均采取梯级规划、滚动开发的方式。

（2）水利水电工程总是建设在江河流域之上，都需要修建拦河坝体，在江河上形成数公里、几十公里甚至几百公里长的水体，是改变水流运动的大型土木工程，涉及枢纽工程（包括边坡工程、地下工程及地基工程等）、水库工程、移民工程、附属与临建工程等。

（3）水利水电工程涉及自然科学、社会科学、管理科学与人文科学等领域，是水利水电工程、土木工程、地质工程、电气工程、交通运输工程、环境工程等的集成，与参建各方密切相关，需进行质量控制、进度控制、投资控制、风险控制与协调控制。

（4）水利水电工程中每个工程不仅规模大小、结构形式、功能与作用各不相同，工程地质条件及建设环境条件也千差万别。

（5）水利水电工程由于投资规模大、建设周期长，所面临的风险也较多，其中包括地质灾害风险，工程项目从规划设计到生产运行管理，整个生命周期中都必须重视地质灾害风险管理。

（6）水利水电工程开发建设是认识自然、利用自然、改造自然的过程，只有充分地认识自然，才能有效地利用和改造自然。

二、水利水电工程地质发展历史

新中国成立前，中国没有专业的工程地质人员，少量简单的道路、桥涵、房屋等建筑设计中涉及的地质问题，主要由土木工程师凭经验确定解决方案，有时也会聘请少数地质师进行咨询。至于水利水电建设的工程地质问题，由于没有建设什么现代意义上的水利水电工程，也就谈不上相应的地质勘查与研究，尤其是大坝建设中的工程地质勘查几乎是一片空白。新中国成立后，随着水利水电建设事业的发展，水利水电工程地质也应运而生，并日益发展壮大，大致经历了三个时期。

（1）20世纪50—60年代中期。这一时期中国建设了许多水坝，主要集中在中国东部和中部地区，如淮河流域的梯级水坝，板桥、石漫滩、响洪甸、梅山、佛子岭等，黄河上的三门峡、浙江的新安江、资水的柘溪、广东新丰江、江西上犹江等。这一时期所建大坝的主要特点：一是坝高不大，绝大多数都在100m以下；二是坝型以混凝重力坝和当地材料坝为主，对基础要求相对较低；三是地质条件相对较简单，火成岩、变质岩坝基占多数，很少遇到诸如岩溶坝基、缓倾角含软弱夹层坝基、断裂构造复杂的坝基、高地震烈度区，以及人工高边坡和大跨度地下洞室等可能遇到的复杂地质问题。这一时期也有少数大坝因地质勘查工作深度不够或缺乏经验，开工后因地质条件复杂而被迫停工；也出现了诸如梅山水库右坝肩岩体过量位移、新丰江水库诱发地震、柘溪水库塘岩光滑坡等事故。这一时期是中国水利水电工程地质锻炼队伍、积累经验、培养人才，为今后发展奠定基础的重要阶段。20世纪60年代初，由中国科学院和水电部水电建设总局联合组织从事水坝工程地质勘查，并有一定经验的专业人员，以地质力学、岩体结构等理论为指导，对120多个水坝的工程地质勘查成果进行了整理分析，对其中30多个大、中型工程进行了现场调查，在此基础上系统地总结了中华人民共和国成立以来水坝建设工程地质的实践经验，并分专题从理论上做了概括和总结提高，编写出版了《水利水电工程地质》一书。该书以工程实例为基础，以经验总结为主要内容，具有一定的学术水平和很高的参考价值，是多年来水利水电工程地质工作者重要的参考书，也是对我国水坝工程地质第一阶段发展水平的总结。

（2）20世纪60年代后期至80年代中期。这一时期，中国在一些地质条件复杂的地区，兴建了一批有代表性且规模较大的大坝，如在岩溶十分发育且构造复杂的乌江渡，兴建了我国第一座高达165m的岩溶坝基高坝；在各种地质条件均很复杂的青海龙羊峡建设了我国当时最高的重力拱坝——龙羊峡大坝；在白山水电站兴建了我国第一座大跨度地下厂房；在长江干流白垩纪红层上兴建了长江第一坝——葛洲坝水电站。上述工程建设及相应的工程地质勘查，全方位地为提高中国大坝建设的工程地质勘查与研究水平提供了条件。如乌江渡水电站的成功建设，从根本上克服了在岩溶地区兴建高坝的恐惧心理；葛洲坝大坝的建设，积累了软弱夹层坝基建坝的经验；龙羊峡大坝在拱坝坝基稳定性分析及地质缺陷处理、近坝库岸滑坡危害性评价及监测技术、泄洪雨雾对下游岸坡稳定的影响等多方面，为大坝工程地质勘查提出了新问题，提供了新经验。为适应这些复杂地基地质勘查工作的需要，勘查新技术、新方法的研究在这一时期也取得了明显的进步。如：为适应软弱夹层研究而研制的 $\phi1000$mm 的大口径取芯钻机、$\phi91$mm 的钻孔彩色电视、软弱夹层钻进和取样工艺、各类剪切带成因类型划分及相应力学参数的研究。这一时期列入国家"六·五"重点科技攻关项目的"复杂地基勘查技术研究"，是大坝建设工程地质勘查所取得的最重要的研究成果，对推动我国工程地质勘查技术和方法的进步起到了重要作用。

（3）20 世纪 80 年代后期至 90 年代。中国政府为进一步综合利用水资源和防治水害，相继决定兴建当今最引人瞩目的三个巨型水利水电工程，即雅砻江二滩工程、黄河小浪底工程和长江三峡工程。这三大工程具有以下共同点：一是无论从工程规模、综合效益和建筑物的复杂性都处于当今世界的前列；二是三个工程都有各自独特的复杂工程地质问题，如二滩工程的区域构造稳定性，坝址区高地应力及大跨度地下厂房；小浪底工程近水平含软弱夹层地层中，大跨度、高密度地下洞室群开挖；三峡工程永久船闸深开挖高边坡及水库移民环境地质问题等。三是三个工程都经历了数十年的工程地质勘查与研究，有庞大的勘查工作量和丰富的勘查研究成果。二滩工程和小浪底工程已分别于 1998 年和 1999 年建成发电，三峡工程的施工，已跨过了受地质条件控制的关键阶段，前期勘测所做的主要结论都已得到检验。这三大工程的成功建设，标志着中国水利水电工程地质的实践经验和学术水平，已登上世界水坝建设工程地质研究的前沿。1985—1995 年，国家在"七·五""八·五""九·五"重点科技攻关中，针对这三大工程的重大地质问题都列有专题进行研究。包括：区域构造稳定性评价和地震危险性分析；地震遥测台网建设及水库诱发地震研究；库岸滑坡的调查、稳定性分析计算、失稳判据研究、监测和预警系统；复杂地质条件下高重力坝及高拱坝坝基坝肩稳定性分析、地质概化模型及岩体力学参数取值原则与方法；人工开挖高边坡的稳定性评价、各种本构模型条件下的二维、三维计算、岩体时效变形效应；裂隙岩体渗流场及岩体水动力学；复杂地质条件下，如高地应力区、水平地层含软弱夹层地区大跨度地下洞室围岩稳定；大型不稳定块体的支护措施等。由于筑坝地区迅速扩大、坝型越来越丰富、施工水平快速提高，天然建筑材料愈来愈受到客观条件的限制，推动了天然建筑材料的研究。这一时期，为适应上述三大工程地质勘查与研究工作的需要，勘测新技术、新方法的引进、开发和推广工作也得到飞速的发展。如遥感技术、弹性波 CT 技术的广泛应用，大型地质力学模型试验，计算机技术和各种工程勘测软件的迅速开发，新一代钻孔彩色电视，高边坡快速编录技术，岩体质量分级及检测，GPS 和 GIS 的广泛应用等。上述大量的专题研究和新技术新方法的推广应用，不仅满足了二滩、小浪底、三峡三大工程复杂地质问题研究的需要，而且迅速将我国大坝工程地质勘查技术推进到了世界领先的前沿水平。

当前，随着科技的进步和社会的发展，地质工程理论在水资源开发、水利水电工程建设与运营中都起到了举足轻重的作用。

三、水利水电工程涉及的主要地质问题

对于水电资源开发利用的研究，理论上应涵盖所有与工程建设及运行相关的工程地质和环境地质问题，主要包括区域构造稳定性评价及地震危险性分析、水库区工程地质及环境地质、坝址及枢纽建筑物工程地质与水文地质、天然建筑材料。从世界范围来看，各国

对这四个问题所给予的重视程度和研究深度是不同的。但是在中国，由于特殊的社会经济和自然条件（人口众多、土地资源和水资源相对匮乏、多地震等）的制约，这四大问题中的任何一项都必须给予足够的重视，才能满足建坝的可行性论证和工程规划设计的需要，并确保工程施工和运行的安全。

1. 区域构造稳定性及地震危险性评价

中国是一个多地震的国家，尤其是中国东部的太行山、燕山山前地震带、台湾、西部的青海、宁夏、新疆以及西南的广大地区，地震活动性强，区域构造稳定性及地震活动性评价在这些地区兴建水坝时是第一位的工作。有些大坝，如三峡工程、小浪底工程、丹江口大坝等，虽然位于构造相对稳定、地震活动不强烈的地区，但由于工程的特殊性，对区域构造稳定性和地震活动性问题也进行相关研究。区域构造稳定性和地震活动性的研究包括区域地质背景（区域地层、构造、地貌、地质发展史等），深部地球物理场特征，新构造运动的性质及强度，断裂展布特征及活动性，历史地震及现代测震资料的收集、核查和分析，地震本底情况研究，地震危险性分析及地震动参数确定等。

随着中国水坝建设的重点向西部转移，以及二滩工程、三峡工程和小浪底工程的建设，有关水利水电工程区域构造稳定性和地震活动性的研究在中国取得了举世瞩目的成就。如二滩工程兴建在新构造和地震活动均很强烈的川滇南北向构造带上，中国的工程师和科学家通过深入研究，弄清工程区周缘几条主要断裂的性状及其活动性，提出了相对稳定地块的概念。三峡工程在地震方面的安全性曾引起世界范围的关注，中国的专家学者通过 30 多年的潜心研究，作了许多卓有成效的工作，在许多方面堪称世界之首。如三峡工程专用地震监测台网，已有 40 余年的测震资料，在世界上是少有的。为深入研究三峡地区大地构造背景和几条主要断裂的性质，采用人工地震测深的方法研究这一地区的地壳结构，各壳层界面特征，莫霍面的埋深及变化，几条主要断裂的切割深度及断距等，得到了极其宝贵的资料，从最基本的地壳结构及深部地球物理场条件澄清了许多颇有争论的重大问题。中国工程师根据三峡工程的实践，总结出"深部构造（深部地球物理场）是背景，区域地质条件是基础，区域断裂构造是骨架，新构造运动是表征，近场断裂活动是核心，地震活动性是脉搏，地震危险性分析是归宿"的研究思路和方法。

中国的新丰江水库 1961 年发生 Ms6.1 级水库地震，是世界上 4 个震级大于 6.0 级的水库地震之一，其后在中国大陆先后共有约 20 座水库发生过水库地震。中国政府及有关的生产、科研部门对此给予了高度重视，并投入了巨大的力量进行研究。中国对这一问题的研究是由地震学家和从事水坝建设的工程地质学家配合进行研究。研究内容包括水库诱发地震震例分析；水库诱发地震成因分类；库区岩性条件，构造、新构造条件，水文地质条件及岩体渗透性（碳酸盐岩构成的水库还包括岩溶发育情况）；地应力状态；区域地震活动水平、地震本底情况（包括河水位变化情况下）的监测以及建立水库诱发地震预测模型等。以上研究内容及方法，在近十余年中国数座发生过典型水库诱发地震的工程中，进一步得到发展和系统的应用。

2. 水库工程地质与环境地质

水库工程地质与环境地质问题的勘查研究是水坝建设中工程地质勘查不可或缺的重要内容。与国外的水坝建设相比，中国由于人口众多，水库区一般均有较多的移民搬迁和城镇迁建，加之土地资源相对匮乏，更增大了水库区工程地质与环境地质问题研究的重要性。水库区工程地质勘查研究的内容，因自然社会条件的不同而有所不同或侧重，主要有以下方面：库岸稳定性，主要是可能危及工程施工及安全运行的近坝库段的大型崩塌、滑坡、危岩体，以及可能影响水库正常运行和居民安全的大型滑坡；中西部山区泥石流对库区环境的影响也是一种常见的自然灾害；在特定地区，主要是华中及北方平原地区，水库蓄水引起的坍岸及浸没，常是水库工程地质研究的重点；矿产资源受水库直接淹没或因地下水位抬高对矿产开采的影响，在兴建水坝决策论证时必须全面作出评价；在岩溶地区，水库的封闭条件，库水有无向邻谷或向下游渗漏的可能及其规模，是在这一类地区兴建水坝必须首先做出明确结论的问题；有些地区由于水库蓄水，水库周边一定范围内地下水渗流场（水位、水温、水质）发生的变化及对当地工农业生产和人民生活带来的影响（正面的或负面的）也应作出评价；由于安置水库移民而大量兴建新的城镇及相应的工业、交通、通信和其他设施而引发的次生工程地质和环境地质问题，日益引起了中国政府的重视。

由于兴建水坝对下游地区可能带来的工程地质和环境地质问题，也引起了广泛的注意。三峡工程兴建后清水下泄对下游河床的冲刷，坍岸加剧且会危及部分堤防的安全；水位变化对江汉平原土壤潜育化的影响；长江与洞庭湖、鄱阳湖等大湖关系的变化，乃至对上海市和长江河口的可能影响，都进行了广泛而深入的研究。

3. 坝址及枢纽建筑物工程地质与水文地质

坝址及枢纽建筑物工程地质是水坝建设工程地质勘查的主体，主要涉及坝基、地下洞室和人工开挖边坡三大类型的工程地质问题的勘查与研究。

水坝坝基工程地质勘查的基本任务是确定坝基岩体可利用程度及范围，确定各种类型地质缺陷的位置、性状、范围和计算所需的其他各种地质边界，提供进行各种数值分析所需的岩体物理力学参数，确定地质缺陷处理的原则和方法。近年来，随着计算技术、试验和测试技术的不断进步，早期主要依靠工程地质学家凭经验评定建基岩体质量，确定坝基（肩）开挖深度的做法，已逐渐让位于通过建立岩体质量评价体系进行定量分类，根据建筑物的工作条件确定可利用岩体的部位和利用岩面的位置。深层抗滑稳定问题的研究主要是确定滑动边界条件及选取合理的力学参数。三峡工程左岸厂坝1～5号机组坝段由缓倾角结构面构成深层抗滑稳定问题，通过对块状岩体中闭合、不连续缓倾角结构面的位置、产状、规模、连通率及其构成的确定性滑移模式研究，使这一问题的研究有了突破性进展。龙羊峡重力拱坝坝肩地质条件复杂，坝肩深层抗滑稳定问题十分突出，为此采用了混凝土阻滑键、传力槽、断层带物质部分置换及化学灌浆等复杂的基础处理措施。葛洲坝工程位于产状平缓多夹层的半坚硬岩石上，针对坝基抗滑稳定所做的地质勘查、岩石物理力学试验、稳定分析和基础处理措施，为中国在类似条件地区兴建水坝提供了完整的经验。

深开挖高边坡的稳定性及其支护措施的研究，也是坝址及建筑物工程地质勘查的重点，包括坝肩边坡、厂房边坡、地下开挖进出口边坡、下游消力池两侧边坡及船闸开挖边坡等，边坡的形态、工作条件及构成边坡的岩体条件也千差万别。统计表明，人工开挖高边坡带来的问题远高于水利水电工程建设中其他工程建筑物所遇到的问题，因此高边坡稳定性的勘查研究在中国愈来愈受到重视，并成功地解决了工程建设中许多高边坡工程的工程地质和岩体力学问题。

水坝建设中的地下工程，包括导流、泄洪、引水、排沙、灌溉、交通洞室及地下厂房等，由于受到地形条件的限制，中西部地区大坝建设中地下工程的类型和数量愈来愈多，规模也愈来愈大，条件也愈来愈复杂。中国自 20 世纪 80 年代中后期开始，兴建了众多的抽水蓄能电站和大型地下厂房。与边坡工程相似，水坝建设中的地下工程类型多，规模和运行条件各异，地质条件千差万别，从坚硬完整的花岗岩到岩溶发育的碳酸盐岩，至一经开挖遇水就膨胀塑流的泥岩、断层夹泥或蚀变岩；从水平地层到强烈挤压带，以至高地应力、高地热地区，因此也是水坝建设中工程地质勘查的重点对象。

坝址地质勘查的其他内容，如河床深厚覆盖层、岩溶地区坝基防渗排水、高水头大流量泄洪下游冲刷坑等的勘查研究，都随着水电建设重点地区的西移和工程规模的增大而日益复杂。

4. 天然建筑材料

天然建筑材料勘查是水利水电工程地质勘查的一项重要工作。在中国早期的水利水电建设中，由于工程的规模较小，建设地点和条件优越，天然砂砾石料、土料及各类石料资源丰富，天然建筑材料相对比较容易解决。近年来，随着环境和生态保护的要求日益严格、工程地点不断向西部迁移、自然资源的限制等诸多因素的影响，天然砂砾石料土料已愈来愈无法就地取材，不得不转而研究新的料源和料种。其中，混凝土骨料发展最快的是人工骨料。在中国，很多种类型的坚硬岩石，如花岗岩、玄武岩、碳酸盐岩、变质岩、砂岩等，都曾用作人工骨料，以碳酸盐岩人工骨料最多。防渗土料已广泛使用砾石土、碎石土、风化残积土或其他混合料；高面板堆石坝的石料勘查也有别于过去常规堆石坝的要求。水利水电建设中天然建筑材料勘查所表现出的巨大的社会和经济效益，以及部分工程由于天然建筑材料选择失误所带来的损失，逐步引起了勘查设计部门对天然建筑材料勘查工作的重视。早期曾在中国甚为流行的一种做法，即地质工作将天然建筑材料放在次要地位的现象已逐步得到克服。

5. 当前水利水电工程建设中出现的几个突出地质工程问题

当前我国的水利水电工程呈现三个明显特点，一是大型水坝建设向西部地区转移，与之相应的区域稳定问题、边坡问题、大型洞室（群）和深埋洞室问题、高地应力和地热问题、深厚覆盖层问题日益突出；二是长大线性调水工程方兴未艾，如南水北调、引滦入津、引黄入晋、引江济淮等，与之相应的特殊土、长大深埋洞室、线路穿越煤矿采空区、水文地质环境等问题十分突出；三是受市场经济的驱动，工程勘查周期大大缩短，对工程勘查人员综合素质的要求越来越高，施工地质的地位越来越重要。

过去，我国水利水电工程多在地震烈度Ⅵ度或Ⅵ度以下地区，目前Ⅶ～Ⅷ度区的工程逐渐增多，加上近场区复杂的断裂构造，区域稳定评价工作的比重明显增大；一些引水工程的地下洞室长达数十公里、埋深达千余米，高地应力、高地温、高压水流将是洞室掘进时面临的三大问题，现有的勘探手段难以直接对洞身部位的地质条件进行了解；在河南、山西等地，引水工程能否从煤矿采空区通过、如何评价工程的安全性、基础如何处理，是近几年遇到的工程地质新问题；由于地下工程开挖和大量排泄地下水，造成周边地下水下降和水文地质环境恶化，已经引发数个工程部位的生态环境问题，如引滦入津工程。

四、水利水电工程地质研究方法

我国数十座高 100m 以上的大坝的成功建设和数个长大引水工程的实施，为广大的工程地质和相关学科的科技工作者从理论到技术方法上追求勘查技术的创新和发展提供了广阔的舞台，使水利水电工程地质勘查工作的水平得到了迅速提高。

1. 工程地质理论研究

几十年来，许多中国工程地质学者，努力从理论上建立一种可以指导工程地质实践、有助于认识和把握工程地质条件的学说。这种理论研究有两种类型，一种是有一套比较完整的思想观点和理论体系，用以全面指导勘查工作的实践和在较广泛的范围内解释复杂的工程地质现象；另一种是仅从一个方面提出一些新的观点和研究方法，服务于特定的专题，主要集中在以下一些工程地质问题上，如泥化夹层的成因演变及破坏机制的研究、高边坡失稳机制和破坏模式的研究、岩体结构及岩体质量分类研究、地下洞室围岩分类研究、裂隙三维网络模拟研究、岩溶河谷水动力类型分带及深部岩溶研究、裂隙水动力学的理论研究等。上述诸多的理论研究中，中国著名工程地质学家——谷德振院士通过大量的工程实践，提出岩体结构的全新概念——岩体结构制约岩体物理力学的性状和岩体变形破坏机制及控制岩体稳定性的著名论断，具有比较完整的学术观点和理论体系，在工作中形成了一套较完整的流程并得到了广泛的应用（图 5-21），推动了我国工程地质学的整体发展，为我国工程地质学树立了新的里程碑。

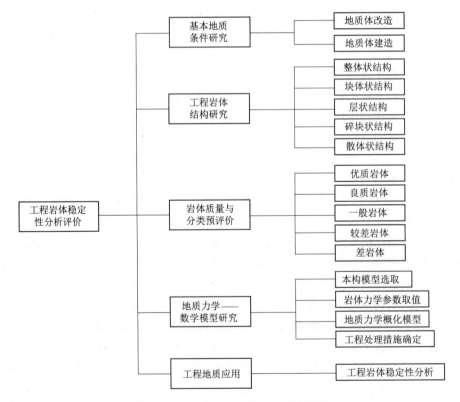

图 5-21 水利水电工程地质勘查流程

2. 遥感技术

遥感技术应用于中国的水利水电建设始于 20 世纪 70 年代后期。由于这一技术具有视域广阔、信息丰富、用途广泛等优点，在很短的时间内就在水利水电工程地质勘查工作中得到了广泛的应用。目前，在中国的水利水电工程地质勘查中，遥感技术已得到广泛的应用，主要用于：中小比例尺地质填图；区域地质构造研究；库岸稳定性及崩塌、滑坡、泥石流调查（图 5-22）；岩溶调查；地质环境调查与监测。

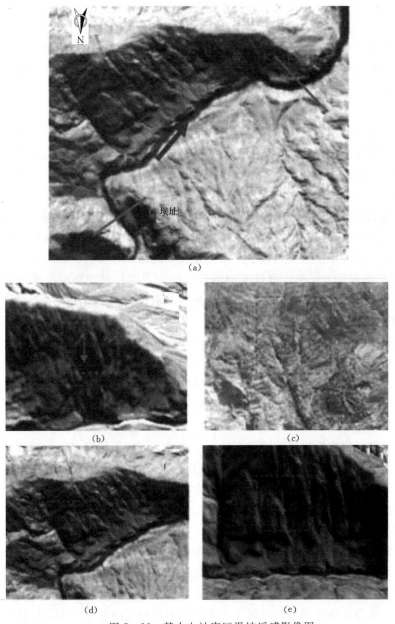

图 5-22 某水电站库区滑坡遥感影像图

（a）坝址内遥感影像倒视图；（b）Ⅰ号滑坡三维遥感影像图；（c）Ⅰ号滑坡实地照片；
（d）坝段Ⅲ号滑坡遥感影像倒视图；（e）坝段Ⅲ号滑坡三维遥感影像图

3. 钻探技术

钻探仍是水利水电工程地质勘查的主要手段。随着工程建设的地基条件日趋复杂，许多特殊的地质问题，如软弱（泥化）夹层的层位确定及取样，砂卵石地层特别是巨砾、漂砾地层的钻进，砂砾石层取样，砂层取原状样，特硬地层如燧石层、石英砂岩地层的钻进，钻孔岩芯定向等问题，依靠常规的钻探方法无法获得满意的结果。国外解决类似的特殊地层钻进问题，有的有成熟的设备机具，但价格很昂贵；有的则还没有可靠的方法加以解决。在国家科技攻关中，中国的工程师本着为生产服务、自力更生的原则，为解决上述难题做了大量的研究工作，取得一批在实践中获得良好效果的成果，包括：大口径钻进技术、金刚石套钻取芯技术、金刚石钻具砂卵石层中钻进技术、液动阀式双作用冲击回转钻进设备、各种类型的砂层和软土层钻进及取样技术等。此外，在绳索取芯、破碎地层取芯技术等许多方面，都已达到了国际先进水平，缩小了和国外技术的差距。

4. 工程地球物理勘探技术

在我国，水文地质工程地质物探与石油、矿山物探相比，起步较晚，约在20世纪50年代后期才有一些流域机构和部直属勘测设计院建立专业物探队伍开展工程物探工作。在改革开放和科教兴国政策的强力推动下，各水利水电工程勘测单位基本上都建立了专业物探机构，并相继从国外引进了一批较先进的工程物探仪器，开展了新技术方法的应用研究。同时，中国的科技人员结合工作中遇到的大量实际问题，开展了多方面的专题研究。如小口径钻孔彩色电视录像及图像处理系统的研究；浅层反射波法地震勘探及数据处理技术的研究；数字测井技术及全波列数字声波测井技术的研究；弹性波、电磁波层析成像技术（CT）研究；微伽重力仪在岩溶探测中的应用研究；瑞利面波勘探技术研究；超磁致伸缩声波震源发射装置。这些研究成果为推动我国工程物探的发展起到了重要作用。

5. 地质力学模型试验

地质力学模型是一种物理模拟研究方法，用于研究工程建筑结构和岩体结构的共同作用，定量或半定量地解决在工程荷载作用下建筑物、基岩的变形和稳定状态，以及在超载作用下的破坏过程和破坏机制，从而对建筑物的安全作出评价。中国将大型地质力学模型试验用于大坝工程建设始于20世纪70年代后期，首先应用于葛洲坝工程二江泄水闸的抗滑稳定，其后用在龙羊峡大坝的坝肩稳定、三峡工程永久船闸高边坡的开挖程序和变形状态、三峡工程左岸厂房坝段深层抗滑稳定性、小浪底工程地下厂房多裂隙层状介质岩体的稳定性评价、二滩水电站拱坝整体稳定和坝肩稳定，以及铜街子、构皮滩、小湾、隔河岩等工程，均进行了二维（平面）和三维的地质力学模型试验，取得了许多重要的成果，为建筑物设计提供了极有价值的资料。

6. 计算机技术应用与工程地质数值分析

近年来，随着计算机技术的迅速发展，中国的工程地质学科也迅速摆脱了长期以定性评价为主的局面，开拓了工程地质数值分析的新领域。尤其是大坝建设面临的如高双曲拱坝坝肩稳定性、高地应力区建筑物设计、高地震烈度区抗震设计、含众多软弱夹层及断层的坝基稳定性、大跨度地下洞室、高陡人工开挖边坡的稳定问题等，为计算机应用技术的发展提供了强大推动力。在这些条件下，基础岩体的应力状态十分复杂，采用传统的解析方法，无法考虑诸如岩体的各向异性、非均质性、不连续性、时效变形及复杂边界条件等情况。同时这些问题也促进了各种工程地质数值分析技术与方法的发展。中国水利水电工程地质勘查计算机技术和数值分析方法的应用，大体可分为三个层次：

（1）工程地质勘查原始数据的统计分析。利用计算机对工程地质勘查原始数据进行统计分析，目前应用较为广泛，它包括：原始资料和数据的统计、分类，各种分析试验成果的计算处理，各种工程地质条件的分类、分区、趋势分析和预测等。

（2）工程地质问题数值分析。工程地质问题数值分析是数值分析方法在工程地质领域应用的核心，主要包括两种类型的问题：一是工程地质现象形成机制和演化过程的数值模拟；二是工程岩体的稳定性评价和预测。复杂地质现象的数值模拟是用数值分析方法通过再现地质现象的形成和演变过程来揭示现象的内在规律。由于客观地质体不论其空间、时间尺度，还是物质条件和影响因素的复杂程度，都不是数值模拟所能准确再现的。因此，这种数值模拟方法的意义不在于具体成果的准确性，而在于规律探索，并预测其未来的发展趋势或失稳破坏的方式。由于数值分析方法不仅得到岩体变形（位移）和破坏的最终结果，而且可以获得工程岩体在外荷载作用下位移场、应力场的细部情况，可以在一定程度上模拟岩体的非均质性和各向异性，同时还可以通过对岩（土）体变形破坏规律和过程的模拟研究，评价岩体的稳定性现状并预测其未来的变化，因而不断发展和完善工程岩体稳定性的数值分析方法，是工程地质学今后发展的一个趋势（图5-23）。

然而，实践表明，由于工程岩体的特殊性和复杂性，完全依赖甚至主要依赖数值分析方法来解决大量的工程实践问题是不可取的。首先地质体是在漫长的地质历史时期形成的复杂体系，同时地质体高度的各向异性和非均质性也是任何其他材料所不能比拟的。因此，理论上的本构关系假定和必须简化的计算模型在解决这种问题时必然存在偏差，有时甚至表现得无能为力；同时人们对地质体的认识由于受到多种因素的限制，仍然有很大的局限性，因此，对与之相对应的数值分析方法自然不能期望过高；再者计算参数的选择在很大程度上决定了计算结果的可靠性，由于计算参数的不确定性，极大地限制了计算结果的准确性。因此，在进行数值分析时，应把握以下几个原则：

1）高度重视现场第一手资料的收集工作。任何工程地质数值分析的可靠性和准确性，很大程度上取决于对地质原型认识的正确性。

2）建立合理的地质概化模型和力学模型。任何数值分析都必须对地质体原型条件做合理的抽取、归并和概化，使之能较好地概括地质体的基本特征和环境条件，既突出工程地质问题的主导因素，同时又具有数值分析的可能性。

3）适时优化完善计算条件和参数。任何一项工程，特别是地质条件复杂的水坝工程的实施过程，都是一个不断加深认识和优化设计的动态过程。因此，要根据不断变化的地质情况，及时调整各种计算条件和参数，充分利用数值分析方法快捷、简便的优势，及时补充数据，修改和完善地质概化模型、力学模型和计算方法，使数值分析方法的优越性得到充分的发挥。

4）重视并充分运用岩体原位测试和变形监测技术。近年来，岩体原位测试和变形监测技术大量应用在大坝建设的各种建筑物的设计、施工和运行中，这是当前勘测、设计施工信息化的重要组成部分，如大坝CT技术、GPS监测技术、光纤监测技术、水下监测技术。另外，用反分析方法所确定的参数尽管其物理意义是模糊的，但用于优化设计则是可

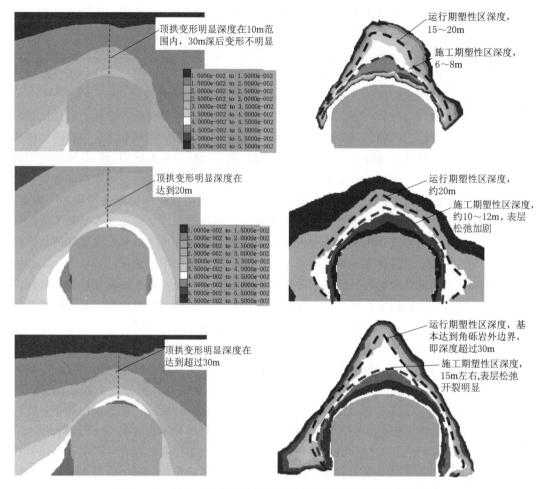

图 5-23　某水电站左岸地下厂房 B 类角砾岩区域稳定性分析

行的。因此，反分析计算也成为工程地质数值分析的一个重要手段。

5）正确估量数值分析成果的可靠性和应用条件。数值分析方法在解决复杂的工程岩体问题时，有很大的局限性。因此不能简单地将数值分析的成果应用于岩体工程的设计中。

（3）计算机辅助制图和工程勘查管理系统及仿真技术的应用。这是第三个层次的计算机技术应用。它虽然不直接回答各类工程地质问题的分析结论，但却是加快勘查工作进度、扩大勘查成果的应用领域、提高勘查成果服务水平的重要途径，也是推动工程地质学广泛接纳现代科学技术的重要方面。

图 5-24 所示为广东省水利水电勘测设计研究院开发研制的水利水电工程地质勘查数据处理及 CAD 绘图系统，该软件主要包括三个部分：

1）工程地质勘查数据录入，通过工程地质数据录入界面输入现场获得的各种试验资料；主要有钻孔数据录入界面，包括钻孔总体参数、地层分层数据、标准贯入试验数据、取样数据、动探试验、水文地质试验、裂隙统计、静探试验、十字板试验、声波测试等所

图 5-24 工程地质勘查数据处理及 CAD 绘图系统

有试验数据；平面数据录入，地质点数据录入，剖面数据录入等功能。

2）现场试验数据统计分析功能：有土工试验成果统计、标贯试验成果统计、动探试验成果统计、钻孔一览表、地层厚度统计、水文地质试验成果计算及统计、渗透稳定及液化判别等。

3）工程地质 CAD 绘图系统，主要功能有柱状图绘制，剖面图绘制，平面图绘制等。计算机辅助制图技术在工程地质领域的应用在近十多年来得到快速发展，目前基本地质图件均已实现计算机辅助制图，包括柱状图、剖面图、各类地质结构面的统计图、各种展视图及地质平面图等。

五、典型水利水电工程的地质研究简介

中国是一个水利水电资源蕴藏极为丰富的国家，水利水电工程从无到有，数量不断增多，取得了丰富而宝贵的成功经验，下面就我国各个时期、各种不同类型地区成功建成的几座大坝作简要介绍。

1. 乌江渡水电站——开创我国灰岩地区兴建高坝的先例

乌江渡水电站位于乌江中游，是乌江流域规划中确定开发的第一期骨干电站，也是我国在岩溶地区兴建的第一座高坝。因此乌江渡大坝的建设曾引起国内大坝建筑界的广泛关注，大坝的成功建设也为中国在石灰岩地区兴建众多的大坝开创了先例，并积累了丰富的经验，其中包括：

（1）石灰岩地区建坝，尽量选择坝址附近有可靠隔水层做防渗依托，成为在岩溶地区选择坝址的重要原则之一。

（2）重视岩溶发育规律和演变历史的研究，特别是河流发育过程、断裂构造和岩体水动力条件对岩溶发育的影响。

（3）在石灰岩地区利用地下水等水位线图指导研究岩溶发育状况是一种有效的方法。

（4）注意断层对隔水层隔水作用的破坏，是石灰岩地区大坝建设工程地质勘查时需认真注意的问题之一。

乌江渡大坝1979年建成，40余年的安全运行证明大坝建设十分成功。该项工程于1985年获国家科技进步一等奖。由于有乌江渡大坝成功建设的经验，消除了人们早期在岩溶地区建坝的恐惧心理。之后中国在石灰岩地区成功建设了一大批大型水电工程，如鲁布革、观音阁、隔河岩、东风、天生桥、万家寨等。

2. 长江葛洲坝水利枢纽——软弱夹层研究的范例

长江葛洲坝水利枢纽位于长江三峡出口南津关下游2.3km，下距宜昌市2.0km，是兴建在长江干流上的第一座水坝（图5-25）。坝基岩体中含大量的软弱夹层，特别是泥化夹层及由此而引起的坝基抗滑稳定问题是工程建设的关键性技术问题之一。为此做了大量的技术探索和研究工作：

图5-25　葛洲坝水利枢纽全貌

（1）软弱夹层的勘查。为准确查清软弱（泥化）夹层的层位、分布范围、性状及厚度在空间的变化等技术难题，进行了大量的科学研究。软弱（泥化）夹层的成因和后期演变，夹层的类型划分，矿物、化学成分和结构、构造的分析研究，为后来众多工程的软弱（泥化）夹层的研究打下了基础。

（2）夹层的物理力学性质研究。不仅为葛洲坝工程提供了重要的设计依据，也在不同程度上推动了我国岩石力学特别是软弱层带岩石力学特性研究工作的进展。

（3）施工期地基岩体变形的监测。不仅大大加深了对地基岩体工程地质特性的认识，而且对适时修改设计，调整施工方案，提出工程措施起到了极其重要的作用。

（4）基础处理。由于地基岩体为软硬相间，多层面、多软弱夹层的复杂岩组，且是长江干流上的第一坝，因此，采取了极为慎重的综合基础处理措施。工程建成后，近40年的运行及监测资料反分析表明，葛洲坝工程运行期的各项指标均在设计控制范围以内，工程的安全是有保证的。该工程的勘测、设计和施工，先后获国家科技进步特等奖等多个奖项。

3. 龙羊峡水电站——复杂地质条件的典型工程

龙羊峡水电站位于黄河上游青海省境内的龙羊峡峡谷进口段,大坝为混凝土重力拱坝,最大坝高178m。在龙羊峡水电站众多的工程地质问题中,最突出的是两大问题:一是坝肩岩体的抗滑稳定和基础处理;另一个是近坝库岸岸坡的稳定性及滑坡涌浪危害性评价。

(1)坝肩岩体抗滑稳定及基础处理。主要包括两岸坝肩几条陡、缓倾角的断层带设置混凝土抗滑键、传力洞(槽)塞,软弱破碎物质开挖置换,水泥、化学灌浆及复杂的防渗排水措施等。

(2)库岸的岸坡稳定及涌浪危害性研究。自坝前向上游长15.8km的河段内滑坡密布,约占库岸长度的80%以上。这些滑坡规模普遍较大,体积在数百万至上亿立方米之间。因此近坝库岸的岸坡稳定性及其在施工期、运行期的滑坡涌浪的危害性研究,成为龙羊峡工程的重大技术问题。这一问题的研究主要包括三个方面的内容:滑坡的地质背景及形成过程研究;滑坡涌浪危害性研究;滑坡监测及预报。通过多年的监测,取得了岸坡稳定性的重要资料,监测成果表明,滑坡不大可能产生高速滑动,引起巨大涌浪。

4. 二滩水电站——我国已建最高的双曲拱坝

二滩水电站位于长江上游金沙江的支流雅砻江下游,为雅砻江梯级开发的第一期工程。大坝为混凝土双曲拱坝,最大坝高240m。针对区域构造稳定性、地震活动性、高地应力和坝基(肩)岩体力学特性所做的专门性勘查、试验与科学研究工作,在许多方面都积累了重要的经验,推动了我国工程地质相关学科的发展。

(1)构造稳定性和地震活动性的研究。经过大量的调查、长期监测等深入细致的研究及对南北向构造带的分段剖析,二滩水电站区域构造稳定性和地震活动性得出了明确的结论。二滩水电站的区域构造稳定性研究为我国在西部地震活动比较强烈的地区兴建高坝,积累了重要的经验。

(2)关于高地应力及其对工程的影响评价。二滩水电站是我国最早系统研究地应力的工程。围绕坝区应力场及其对工程的影响进行了大量的专题研究。在钻孔和平洞中测量大量的平面和三维地应力,求得坝区不同高程、不同地貌单元、不同建筑物部位的地应力值,再通过三维有限元分析,得出全坝区的地应力场,从而为评价地应力对建筑物设计、施工的影响提供了重要的基础资料。同时,地应力对岩体工程性质的影响及合理利用地应力提供了宝贵经验。

5. 小浪底工程——平缓含软弱夹层地区建坝的新经验

小浪底工程位于黄河中游最后一个峡谷出口处,大坝为黏土斜心墙堆石坝,最大坝高154m。由于受到地形、地质条件的限制,工程总体布置,建筑物形式的选择及施工都必须面对许多无法回避的矛盾,也会遇到不利的工程地质条件和复杂的工程地质问题。其中最具特色和借鉴价值的是左岸单薄分水岭地下洞室群的围岩稳定及支护,以及泄水建筑物出口段边坡的稳定性问题。

(1)地下洞室群围岩稳定及支护设计。由于受到地形、地质条件和水工建筑物结构形式的限制,小浪底工程导流、泄洪、排沙、灌溉、发电等水工建筑物全部采用地下洞室形式，并集中布置在左岸单薄分水岭地段。由于洞室集中布置带来的复杂应力状态、岩体中众多的泥化夹层、软硬岩体本身强度的较大差异以及高倾角裂隙切割使得围岩稳定分析及支护设计极为复杂。小浪底地下工程的勘测、设计及施工，为在软硬相间，岩性极不均一，含大量软弱（泥化）夹层，且产状平缓的岩体中开挖大跨度地下洞室群提供了完整的经验。

（2）左岸泄水建筑物出口边坡稳定性及工程处理。岩性以细砂岩为主，次为粉砂岩和泥岩，并夹有众多软弱（泥化）夹层。岩层倾向下游（倾向泄水建筑物出口），因此存在出口边坡岩体沿泥化夹层或软弱层面产生较大面积平面滑动问题。上述边坡在施工期局部地段已发生不同程度的变形，表明边坡稳定问题的严重性。

在大量的勘查研究和多种方法的稳定分析计算的基础上，通过复杂的工程处理措施，泄水建筑物出口段边坡的稳定性得到了保证，监测成果表明，边坡未出现明显变形。

6. 三峡工程——世界上最大的水电站

三峡工程是当今世界上规模最大的综合性水利枢纽。最大坝高 181m，坝长 2309.5m，装机容量 18200MW，水库总库容 $39.3 \times 10^9 m^3$。工程地质勘查始于 20 世纪 50 年代中期，先后历时 40 年。

三峡工程的地质研究，采用了地面地质、遥感地质、钻探、工程物探、专门性工程地质水文地质观测、测试与试验、岩（土）体物理力学性质试验研究、高精度形变测量、物理模拟、数值解析、先进的分析鉴定技术、专用地震监测台网等技术方法，围绕区域构造稳定和地震活动性、水库诱发地震、水库区工程地质与环境地质、坝址及建筑物工程地质与水文地质、天然建筑材料等与工程建设关系密切的重大地质问题进行研究。其中：区域构造稳定性和地震活动性方面，关于深部地球物理场和地壳结构的研究、主要断裂活动性的研究、现代地壳运动性质的研究、地震活动特征与地震危险性分析的研究等；水库诱发地震方面，关于库区深孔地应力的实测、小孔径台网强化的观测，极近场地震动参数的研究，库盆应力场和应变场的数值和物理模拟的研究等；水库区工程地质与环境地质方面，关于库岸稳定性的综合研究、水库区移民选址的工程地质勘查、水库下游河道演变及环境影响；坝址区及建筑物主要工程地质条件的研究方面，关于风化壳工程地质特性的研究、断裂构造工程特性的研究、缓倾角结构面的工程地质研究、岩体卸荷带特征研究、大坝建基岩体结构及质量研究、深挖岩质高边坡稳定性研究、岩（土）体物理力学性质试验研究等；以及天然建筑材料的勘查研究，都极具特色，取得了许多有价值的成果。

三峡工程的地质勘查研究时间跨度长达 40 年，经历了不同勘查阶段的多次反复和交叉，参与三峡工程重大地质地震问题研究的单位、部门和学者，都是国内相关科学研究的权威部门和专家，在一定程度上代表了我国工程地质，尤其是水坝工程地质勘查与研究的水平。

第六节　矿产资源勘查与开发利用

矿产是在地球演化过程中形成的物质资源。矿产资源是人类赖以生存和发展的重要物质基础，开发利用矿产资源对人类社会的进步起到了巨大的推动作用。人们的生活水平随着矿产可利用价值的增加而提高。随着科学技术的进步，有用矿物的范畴将不断扩大，矿产资源的可用性成为社会财富的一种衡量指标。

矿产资源数量有限，但人类对矿产资源的消费量却在日益增长，所以随着开发利用的加强，有些矿物开始短缺，甚至枯竭，矿产资源开发利用的同时也不可避免地对环境造成各种各样的破坏性影响。因此，只有严格控制矿产开发利用的环境污染，努力降低矿产资源开发利用的环境代价，才能促进矿业和经济社会可持续发展。

一、矿产资源的概念及其特征

1. 矿产资源的基本概念

矿产资源，又名矿物资源，是指在地质作用过程中形成并赋存于地壳内（地表或地下）的有用的矿物或物质的集合体，其品位和储量适合工业要求，并在现有的社会经济和技术条件下能够被开采和利用呈固态、液态、气态的自然资源。矿产资源是一种非常重要的非再生性自然资源，是人类社会赖以生存和发展的不可缺少的物质基础。它既是人们生活资料的重要来源，又是极其重要的社会生产资料。广义的矿产资源指在内外力地质作用下，元素、化合物、矿物和岩石相对富集，人类开采后能得到有用商品的物质形态和数量。狭义的矿产资源是指自然界产出的物质在地壳中富集成具有开采价值或潜在经济价值的形态和数量。

2. 矿产资源的特征

（1）不可再生性。矿产资源是亿万年地质作用的产物，在短暂的人类社会历史中，矿产资源是不可再生的，蕴藏量也是有限的。随着人类的大规模开发利用，矿产资源在不断减少，有的甚至发生短缺和枯竭。不可再生性决定了矿产资源的宝贵性，因此必须合理开发、综合利用。

（2）相对性。在勘探、开发和冶炼技术落后的时代，低品位的矿石对人类而言如同岩石一样，不具有资源的意义；随着采冶技术的提高，人类能够从昔日低品位矿石中提炼有用的物质时，这些矿石才具有资源价值。因此，在不同的人类历史阶段，矿产资源具有相对性。矿石的埋藏深度亦决定其是否具有资源价值，不能被人类开采的地下深处的矿石即使品位很高，也不能称为矿产资源。

（3）复杂性。矿产资源绝大部分隐伏在地下，地质成矿、控矿作用极为复杂。所以，不管地质调查工作多么详尽，也只能求得相对准确的结果。因此，在资源勘探矿山建设时，不仅需要大量的资金和较长的周期，而且有一定的投资风险。

（4）地理分布的不均匀性与成矿规律性。不同类别的矿产资源其成矿地质条件是不同的。有色金属多与岩浆活动有关，而煤、天然气和石油等则都分布于沉积岩地区，反映了成矿的规律性。矿产资源的分布主要受各种地质、构造条件的控制，由于成矿地质作用的复杂性和特殊性，导致许多矿产资源在地壳中的分布具有局部集中的现象，矿产资源在地域分布上呈现出明显的不均匀性。如世界 1/3 的锡分布在东南亚，我国北方多煤，南方多钨等。

（5）矿产资源的伴生性。自然界的矿产资源在区域分布上，有的是由平均含量相差不大的若干矿种或元素组成，称之为其生矿。更多的情况是以某种矿种为主，另有相对含量较少的一种或几种矿种或元素组合在一起形成伴生矿，这类矿床虽然可以一矿多用，但是矿石的选冶技术条件十分复杂，开采利用难度较大。随着地质勘探工作的不断深入和采冶技术的不断发展，人类综合利用矿产资源的能力也在不断提高，矿产资源的品种在不断增加，利用范围在逐步扩大。

（6）生态性。矿产资源赋存于地质生态环境中，人工开发矿产资源后，会对周边地质环境产生影响，破坏原有的地质生态环境的平衡状态，严重的可诱发不良现象而导致灾害的产生。如矿产资源开发利用导致生态环境进一步恶化，土地沙化、地下水位下降、水土流失、沙尘暴、地面沉降、露天开采占用了大量的土地，原有地表植被遭破坏等。

二、矿产的种类与形成

（一）分类

矿产资源属于不可再生资源。据统计，当今世界 95％以上的能源和 80％以上的工业原料都来自矿产资源。为了合理开发利用矿产资源，根据矿产的性质、用途、形成方式的特殊性及其相互关系而分别排列出的不同次序类别和体系，称之为矿产资源分类。矿产资源一般包括能源资源和原料资源两类，能源资源即矿物燃料和核燃料，原料资源有金属原料（金属矿产）和非金属原料（非金属矿产）。根据矿产资源的成分可分为金属矿产和非金属矿产，在目前世界矿业生产总值中，燃料产值约占 70％，非金属原料约占 17％，金属原料约占 13％。人类社会对矿产资源的需求量约占自然资源需求总量的 70％。因此，地球上的矿产按用途可以分为三大类，即金属矿产、非金属矿产和能源矿产。

1. 金属矿产

金属矿产是指通过采矿、选矿和冶炼等工序从中可以提取一种或多种金属单质或化合物的矿产。金属矿产按工业用途及金属本身性质，还可进一步划分为：黑色金属矿产，如铁、锰等；有色金属矿产，如铜、铅、锌、钨等；贵金属矿产，如铂、钯、铱、金、银等；稀有金属矿产，如铌、钽、铍等；稀土金属矿产，如镧、铈、镨、钕、钐等。

2. 非金属矿产

非金属矿产是指那些除能源矿产外，能提取某种非金属元素或可以直接利用其物理化学性质或工艺特性的岩石和矿物集合体。工业上只有少数非金属矿产是用来提取某种元素如磷、硫等，大多数是利用非金属矿物的某种物理性质、化学性质或工艺性质。非金属矿产是人类使用历史最悠久、应用领域最广泛的矿产资源。非金属矿产可分为 4 类：①冶金辅助材料，如菱镁矿、萤石、耐火黏土等；②化工原料，如硫、磷、钾盐等；③建材及其他，如石灰岩、高岭土、长石等；④宝石，如玉石、玛瑙等。

3. 能源矿产

能源矿产又称矿物燃料，是指蕴涵某种形式的能量并可以转化为人类生产和生活所必需的光、热、电、磁和机械能的一类矿产，是人类获取能量的重要物质资源，是工农业发展的动力和现代生活的必需品。能源矿产包括煤、泥炭、石油、天然气、铀矿等。尽管水力、太阳能、海洋能、风能等越来越广泛地开发利用，但在能源消费结构中，能源矿产仍占 90％左右，是人们取得能量的主要来源。中国已发现的能源矿种可分为三类：①燃料矿产，又称可燃有机物矿产，主要包括煤、石煤、油页岩、沥青、石油、天然气和煤层气等；②放射性矿产，包括铀矿、钍矿；③地热资源。

（二）矿产成因

矿产的成因与整个地质循环密切相关，并与构造作用、地球化学循环以及地质流体（包括地表水、地下水和泉水）有密切关系。矿产的形成作用一般包括岩浆作用、变质作用、沉积作用、生物作用和风化作用等。虽然矿产种类有很大差别，但成矿的基本机理非常相似。

1. 岩浆作用

岩浆矿床是指岩浆经分异作用使其中的有用组分富集而形成的矿床。它可以形成具有经济价值的多种金属矿产，如铬、铜、镍、钴、铁等。有些矿床是早期晶体分离作用形成的，如橄榄石、铬铁矿；有些则是由晚期岩浆作用形成的，如钒钛磁铁矿等。

2. 变质作用

矿床经常在岩浆岩及其侵入围岩的接触带处发现，该区以接触变质作用为特征。区域变质作用和热液变质作用也可形成某些有用矿床。变质矿床是经变质作用改变了工艺性能和用途的矿床或岩石经变质作用后形成的矿床。如煤经变质后形成的石墨矿床，变质硅灰石矿床、蓝晶石类（红柱石、蓝晶石及矽线石）矿床等。

3. 沉积作用

沉积作用对聚集有价值的可开采的矿床具有重大意义。在搬运过程中，风和流水使沉积物按大小、形状和密度产生分选。用于建筑方面的最好的砂或砾石都是由风或流水的搬运、沉积而形成的。沉积作用还可以形成金和金刚石砂矿。机械沉积分异作用形成的砂矿床，化学沉积分异作用形成的盐类矿床等。

4. 生物作用

生物作用也可形成矿床。许多矿床是在被生物强烈改造的生物圈环境中形成的。有机物如贝壳和骨骼可形成含钙矿物，人们已鉴定出几十种生物生成的矿物。生物成因矿物对沉积矿床的形成意义甚大，如生物及生物化学汇积作用形成可磷块岩矿床。

5. 风化作用

风化作用也可以使些物质达到一定浓度，并具有开采价值，如红土型风化壳指上部具有较发育的黏土岩风化带或富含褐铁、赤铁矿的红土带（即最终水解带）的风化壳。富铝岩风化后产生的残留土壤，可使难溶的含水氧化铝和氧化铁相对富集，形成铝矿（铝土矿）。镍矿和钴矿也可在富铁镁火成岩风化后残留的土壤中找到。

（三）成矿时代

根据地史演化和有关的大地构造发展阶段，我国的成矿时代一般可划分为5期。

1. 前寒武纪成矿期（　—600Ma）

这是我国的一个重要成矿期，持续时间最长。太古代末到早元古代，华北、华南及西北塔里木等地进入地槽阶段；晚元古代，华北、伊陕等地转为地台。该期较为重要的矿产有北方诸省的变质铁矿（鞍山式含铁石英岩）、绿岩带金矿、变质磷矿床（辽宁）、滑石菱镁矿床（山东）和刚玉矿床等。还有裂谷火山岩型铜矿（云南、山西）、岩浆型钒铁磁铁矿床（河北）以及内蒙古和新疆等地的稀有金属伟晶岩矿床。

2. 加里东成矿期（500—410Ma）

此时我国地壳进入了一个新的发展阶段，境内稳定区和活动区均较发育。华北、西南进入相对稳定的地台时期，以产于浅海地带和古陆边缘海进层序底部的 Fe、Mn、P、U 等外生矿产为主，如宣龙式铁矿、瓦房子锰矿、湘潭式锰矿、昆明式、襄阳式磷矿等；中期海侵范围扩大，形成灰岩，白云岩矿床；晚期在海退环境下形成潟湖相石膏和盐类矿床；祁连山、龙门山、南岭等地进入地槽期，以内生矿床为主，也有变质矿床，如黄铁矿型铜矿（白银厂式）、镜铁矿型铁矿（北祁连山）、铬镍矿床、伟晶岩矿床以及气成热液矿床。

3. 海西成矿期（410—260Ma）

我国东部仍处于地台阶段，以稳定的浅海相、海陆交互相、潟湖相及陆相沉积为主，相应形成一系列重要的外生矿床，如南方泥盆纪的宁乡式铁矿，遵义式锰矿，石炭-二叠系的煤、铝土矿、黏土矿等；我国西部仍处于地槽发展阶段，以内生金属矿床为主，有秦岭和内蒙古的铬、镍矿床，内蒙古白云鄂博式稀土-铁矿床，阿尔泰、天山地区的稀有金属伟晶岩，与花岗岩有关的 W、Sn、Pb、Zn，南祁连的有色金属，川滇等地的 Cu、Ni、Zn 以及力马河 Cu-Ni 硫化物矿床。

4. 印支成矿期（260—205Ma）

印支运动结束了我国大部分地区的海侵状态，使之上升为陆地，出现一系列内陆盆地，形成许多重要的外生矿床，有铜、石膏、盐类、石油、油页岩等；西部地区尚有三江地槽褶皱系，松潘-甘孜地槽褶皱系、秦岭地槽褶皱系及海南岛地槽褶皱系，其中形成众多的内生矿床，如 Fe、Cu、Cr、Ni、稀有金属、云母、石棉等。

5. 燕山成矿期（205—96Ma）

燕山成矿期是我国最重要的内生矿产成矿期，特别是我国东部。该期由地台转入地洼（活化）期，构造、岩浆活动和火山活动相当强烈，形成大批与中酸性岩浆岩有关的 W、Sn、Mo、Bi、Fe、Cu、Pb、Zn 矽卡岩型和热液型矿床。晚期形成一系列与小侵入岩体有关的 Fe、N、Zn、Hg、Sb、Au、稀有金属、萤石、明矾石等矿床。喜马拉雅山地区及台湾仍处于地槽发展阶段，有与超基性及基性岩浆活动有关的 Cr、Ni、Cu、Pb、Ag 等矿床。在小型内陆盆地还有 Fe、Cu、U、煤、盐、油页岩等外生矿床产出。

6. 喜马拉雅期（96Ma 至今）

我国西部以地洼活动为主，另外中生代开始发展的喜马拉雅地槽和台湾地槽成为仍在强烈活动的地槽褶皱区，产出伴随基性-超基性岩浆活动的 Cr-Pt 矿床（西藏）、Cu-Ni 矿床、火山岩中的 Cu、Au 矿床（台湾）及 Pb、Zn、S 矿床（新疆西南部）等；外生矿床以沉积和风化淋滤矿床为主，主要有含铜砂岩、风化淋滤型镍矿、风化壳型铝土矿，各类砂矿、盐类，高岭土等，还有钾盐、煤炭和石油等。

三、矿产资源的供给现状

矿产资源是近代工业的基础，从绝对意义上说，地球的矿物是无穷无尽的。然而，由于技术水平与经济效益的限制，我们还不能从任何岩石中提取所需的物质。只有当某种元素富集到一定程度时，才具有可开采价值。例如铁矿，其可采的最低品位为 30%～40%，现已查明的世界储量为 1500 亿 t，仅为地壳中铁元素含量的二十万分之一。

（一）世界矿产的储量与生产状况

由于成矿时期和地质作用的复杂多变，矿产资源的分布很不规律。根据原国土资源部信息中心资料，目前世界 40 种主要矿种中，锰、铬、钴、钼、钒、铂族金属、锂、铌、钽、锆、稀土、钾盐、天然碱等有 3/4 以上的矿产储量集中在三个国家，钨、菱镁矿、钛铁矿、金红石、锡、锑、磷、硼、金刚石、重晶石等有 3/4 以上的储量集中在 5 个国家。40 种主要矿产中，储量排在前 3 位的国家，其储量占世界总储量的比例最低为 30.7%，最高为 9.5%，前 5 个国家的储量所占比例最低为 45.8%，最高约为 100%。从这个角度看，世界上几乎没有一个国家的矿产资源是可以自给自足的。矿产消费大国实施矿产资源全球化战略是其必然选择。

美国、加拿大、澳大利亚这三个国家及其他发达国家（仅包括储量排名在前 5 位的国家）控制世界储量 30%，50% 的矿产有 8 种：铅、锌、钛铁矿、金红石、银、锆、煤、铀，控制世界储量 50%，70% 的矿种有 4 种：钼、汞、钽、钾盐，控制世界储量 70% 以上的矿种有 1 种：天然碱。

地球的矿产资源储量虽是巨大的，但总是有限的。而且大多数资源可能将在 21 世纪内完全枯竭。尽管不同的计算方法或数据略有出入，但这个总趋势是基本相同的，即从现在起再过 100 年左右，绝大多数重要的不可再生资源如果不是消耗殆尽也将变得极端昂贵。

（二）中国矿产的储量状况

中国是世界上矿产资源比较丰富、矿种配套比较齐全的少数几个国家之一。截至目前，我国已发现矿产种类达到了 173 种。按矿种大类分，有能源矿产 13 种，金属矿产 59 种，非金属矿产 95 种，水气矿产 6 种。全国已发现并具有查明资源储量的矿产 162 种，亚矿种 230 个。中国矿产资源门类比较丰富，部分矿种储量居世界前茅，但人均为世界人均占有量的 58%，居世界第 53 位。

1. 能源矿产

能源矿产是我国矿产资源的重要组成部分。煤、石油、天然气在世界和中国的一次能源消费构成中分别为 9% 和 9% 左右。由于矿物能源在一次能源消费中占有主导地位，因而对国民经济和社会发展有特别重要的战略意义。已知探明储量的能源矿产有煤、石油、天然气、油页岩、铀、钍、地热等 8 种。中国煤炭资源相当丰富，2000m 深以内的地壳表层范围内，预测煤炭资源远景总量达 50592 亿 t。石油是工业的血液，是现代工业文明的基础，是人类赖以生存与发展的重要能源之一。中国 32 个油区探明地质储量有 181.4 亿 t。天然气（包括沼气）是重要能源矿产资源之一，也是国内外很有发展前景的一种清洁能源。中国铀矿资金源不甚丰富，我国铀矿探明储量居世界第 10 位之后，不能适应发展核电的长远需要。地热资源是一种清洁能源。中国地热资源分布较广，资源也较丰富，但目前开发利用程度较低。

2. 金属矿产

我国金属矿产资源品种齐全，储量丰富，分布广泛。其中已探明储量的矿产有 59 种。各种矿产的地质工作程度不一，其资源丰度也不尽相同。有的资源比较丰富，如钨、钼、锡、锑、汞、钒、钛、稀土、铅、锌、铜、铁等；有的则明显不足，如铬矿。

3. 非金属矿产

我国非金属矿产品种很多，资源丰富，分布广泛。已探明储量的非金属矿产有金刚石、石墨、自然硫等 95 种。

（三）矿产资源的需求

随着世界人口的不断增加和人们生活水平的提高，人类对矿产资源的需求量越来越大。当前，在发达国家与不发达国家之间，存在着矿物资源消费量的差异，世界人口的 20% 享受着整个世界资源的 80%。如美国仅占世界人口的 5%，每年却消耗全世界年所消耗的资源的 30% 左右；如果全世界每人的消费量要达到美国的水平，那么全球矿产资源的生产量就必须提高几倍。

四、我国矿产资源的特点

矿产资源是一种十分重要的非可再生自然资源，是人类社会赖以生存和发展的不可或缺的物质基础。它既是人们生活资料的重要来源，又是极其重要的社会生产资料。据统计，当今我国 95% 以上的能源和 80% 以上的工业原料都取自矿产资源。

新中国成立以来，在党和国家领导人的亲切关怀下，中国矿业发展突飞猛进。中国已发现矿产 173 种，探明储量的矿种从十几种增至 162 种，矿产资源储量大幅增长，成为世界上少数几个矿种齐全、矿产资源总量丰富的大国之一。煤炭、钢铁、有色金属、水泥、玻璃等主要矿产品产量跃居世界前列，成为世界最大矿产品生产国。中国积极实施对外开放，已成为世界最大的矿产品贸易国，为世界矿业发展作出了巨大贡献。经过多年的发展，总体上我国的矿产资源既有优势，也有劣势。其基本特点主要表现在以下几个方面：

（1）矿产资源总量丰富、品种齐全，但人均占有量少。截至 2018 年年底，全国已发现 173 种矿产，其中，能源矿产 13 种，金属矿产 59 种，非金属矿产 95 种，水气矿产 6 种。已发现矿床、矿点 20 多万处，其中有查明资源储量的矿产地 1.8 万余处。2018 年我国天然气、铜矿、镍矿、钨矿、铂族金属、锂矿、萤石、石墨和硅灰石等矿产查明资源储量增长比较明显。煤、稀土、钨、锡、钽、钒、锑、菱镁矿、钛、萤石、重晶石、石墨、膨润土、滑石、芒硝、石膏等 20 多种矿产，无论在数量上或质量上都具有明显的优势，有较强的国际竞争能力。但是我国人均矿产资源拥有量少，仅为世界人均的 58%，列世界第 53 位。

（2）大多矿产资源质量差，国际竞争力弱。与国外主要矿产资源国相比，我国矿产资源的质量很不理想。考虑矿石品位、矿石类型、矿石的选冶性能等综合因素，我国金矿、钾盐、石油、铅矿、锌矿的质量为中等；煤炭、铁矿、锰矿、铜矿、铝土矿、硫矿、磷矿的质量处于最差地位。从总体上讲，我国大宗矿产，特别是短缺矿产的质量较差，在国际市场中竞争力较弱，制约其开发利用。

（3）部分重要矿产短缺或探明储量不足。我国石油、天然气、铁矿、锰矿、铬铁矿、铜矿、铝土矿、钾盐等重要矿产短缺或探明储量不足，这些重要矿产的消费对国外资源的依赖程度比较大。虽然我国是全球第六大石油开采国，但 2018 年中国的石油进口量就超过了美国，成为了全球第一大石油进口国。2019 年，我国石油进口量为 5.06 亿 t，同比增长 9.55%，石油对外依赖度高达 72%。

（4）成分复杂的共（伴）生矿多，大大增加了开发利用的技术难度。据统计，我国有 80 多种矿产是共（伴）生矿，以有色金属最为普遍。例如，铅锌矿中共（伴）生组分达 50 多种，仅铅锌矿中的银就占全国银储量的 60%，产量占 70%。虽然共（伴）生矿的潜在价值较大，甚至超过主要组分的价值，但其开发利用的技术难度亦大，选冶复杂，成本高。因而竞争力低。

（5）大型、超大型矿和露采矿少，严重制约着矿产开发的规模效益。我国矿产资源总体上是矿产地多，但单个矿床规模大多偏小。拥有大型、超大型矿床的多为钨、铝、锑、铅锌、镍、稀土、菱铁矿、石墨等矿产；一些重要支柱矿产如铁、铜、铝、金及石油天然气等矿产，以中小型为主，不利于规模开发，单个矿床难以形成较大的产量，影响资源开发的总体效益。如煤矿可露采的储量仅占 7%，而美国、澳大利亚露采矿分别占总产量的60% 和 70%，因此生产效率、成本、回采率等，都难以与国外的相比。在金属矿产中，我国 70% 以上的铝土矿，80% 以上的铜矿，90% 以上的镍矿都需地下开采。而硫铁矿全国可露采的仅 15%。此外，由于矿床规模偏小，并以地下开采为主，不能形成规模开发。这些都是造成我国矿产资源开发效率和经济效益低的重要原因。

（6）矿产资源地理分布不均衡，产区与加工消费区错位。由于地质成矿条件不同，导致我国部分重要矿产分布特别集中。90% 的煤炭查明资源储量集中于华北、西北和西南，这些地区的工业产值占全国工业总产值的不到 30%，而东北、华东和中南地区的煤炭资源仅占全国 10% 左右，其工业产值却占全国的 70% 多；70% 的磷矿查明资源储量集中于云、贵、川、鄂四省；铁矿主要集中在辽、冀、川、晋等省，其开发利用也受到一定程度的限制。北煤南调、西煤东运、西电东送和南磷北调的局面将长期存在。此外，近年来在西部边远地区发现了一批大型、特大型矿区，开发难度亦大。基于矿产分布的不平衡态势，今后我国矿业发展战略重心西移已成必然之势。

（7）能源矿产结构性矛盾突出。我国能源行业现状，2017 年我国一次能源消费量31.32 亿 t 油当量，占全球能源消费比例 23%。煤炭在我国一次能源中占比达到 60%（图5-26）。我国资源禀赋特征"多煤、贫油、少气"条件决定了低热效率的煤炭在一次能源结构的主要地位。煤炭消费所占比例过大，能源效率低，煤炭燃烧还带来严重的环境问题。我国非能源矿产资源品种齐全，但存在着严重的结构性短缺，铁、锰、铜、铝等大宗矿产可采资源后备储量不足，铬、钾盐严重短缺；钨、锑、锡、稀土等优势矿产，富矿多，质量好，储量丰富，但存在生产及出口过量、不少矿产品出口价格偏低、储量消耗速度快、资源利用效率不高等问题，资源优势正在下降。

（8）贫矿多，富矿、易选的矿少，致使商品矿的成本大大增加。我国支柱性矿产大多存在这样的问题。我国铁矿平均品位仅 33%，比世界铁矿平均品位低 10%，而国外主要铁矿生产国如澳大利亚、巴西、印度、俄罗斯等，其铁矿石不经选矿品位就可达 62% 的商品矿石品位。我国锰矿平均品位仅 22%，不到世界锰商品矿石工业标准 48% 的一半，且多属难选的碳酸锰。我国铜矿平均品位仅 0.87%，而智利、赞比亚分别为 1.5% 和2%。我国铝土矿几乎全是一水硬铝石，生产成本远高于美、加、澳等国的三水或一水软铝石。磷矿全国平均品位仅 17%，富矿储量仅占 6.6%，且胶磷矿多，选矿难度大。我国硫矿以硫铁矿为主，贫矿多、富矿少，一级品富矿储量仅占 4.3%，而国外大多以自然硫和回收油气副产硫为主。钾盐我国严重短缺，现在利用的盐湖钾镁盐，根本无法与国外固态氯化钾开发的成本效益相比。

（9）成矿地质条件良好、找矿潜力大。我国地处环太平洋、古亚洲和特提斯三大成矿

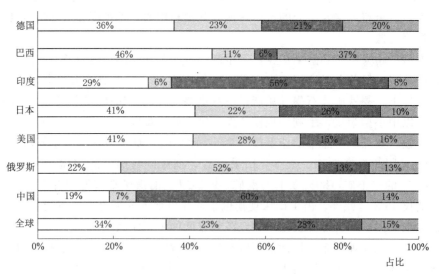

图 5-26　我国一次能源消费结构与全球主要国家对比图

□ 石油　▨ 天然气　▨ 煤炭　▨ 其他

域交汇处，构造岩浆活动频繁，演化历史复杂，成矿条件良好。20 世纪 50 年代以来，我国地质工作发现了大量的物化探异常和矿化点，大部分尚未查验和评价，具有很大的找矿潜力。我国西部地区矿产调查勘查程度很低，但成矿条件很好，有很大的找矿余地。中东部地区已知的重要成矿带盲矿床及新类型矿床、老矿山深部与外围资源找矿潜力大。

五、矿产开采中的地质工程问题

矿产资源是人类社会文明必需的物质基础。矿山开采可大致分为两种类型，即露天开采和地下开采（图 5-27）。露天开采，又称为露天采矿，是从敞露地表的采矿场采出有用矿物的过程。露天开采作业主要包括穿孔、爆破、采装、运输和排土等流程，按作业的

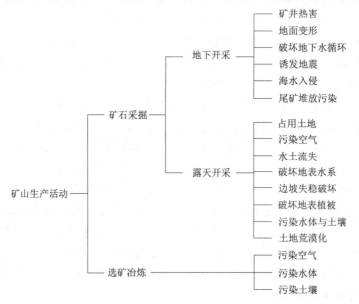

图 5-27　矿山开采涉及的主要地质问题

连续性，可分为间断式、连续式和半连续式。地下开采是指从地下矿床的矿块里采出矿石的过程，通过矿床开拓、矿块的采准、切割和回采 4 个步骤实现，地下采矿方法分类繁多，常用的以地压管理方法为依据，分为三大类自然支护采矿法、人工支护采矿法以及崩落采矿法。

矿山地质工程研究的主要任务是对矿山建设及开采过程中可能会遇到的地质工程问题和工程地质条件进行预报，从而保证矿山的安全高效生产。矿山建设和生产过程中经常遇到的地质工程问题有露天矿边坡稳定性问题、井巷及采场围岩稳定性问题等。而要控制以上两个问题的关键性工程地质条件有如下 4 项：软弱、破碎岩体及软弱夹层；软弱结构面，包括断层带、层间错动及贯通较长的大节理；地下水；地应力。这 4 个工程地质条件是控制上述矿山地质工程问题的关键，在矿山地质工程研究中必须查明。

另外，需要强调的是，开采矿产是人类在生产过程中与自然环境相互作用最强烈的形式之一。一个国家或地区的环境污染状况，在某种程度上总是与其矿产资源消耗水平相一致的，所以，矿产资源开发所产生的环境问题，日益引起各国的重视。一方面是要践行"绿水青山就是金山银山"的发展理念，保护矿山地质环境；另一方面是要合理开发利用，保护矿产资源。

（一）露天开采涉及的地质问题

与地下开采相比，露天开采的优点主要体现在：操作灵便、采收率高、开采成本低、作业安全、生产效率高、劳动条件优越，适合于大规模开采。矿产资源开发总量中 $50\%\sim60\%$ 的煤、$85\%\sim90\%$ 的金属矿产、50% 的化学矿山原料、100% 的非金属和建筑材料，都是露天开采。露天开采对地质环境的影响主要表现在：泉水枯竭、河水改道、边坡失稳发生崩塌、滑坡；矿山剥离堆土及矿渣堆积占用土地；淤塞河道、导致水患和矿山泥石流；矿山"三废"（矿渣及尾矿、矿水及尾水、选冶废气）造成的土壤、水体及大气污染；破坏地貌景观，形成矿山荒漠化，加速水土流失等。其中，边坡稳定性问题是露天开采的主要地质工程问题之一。

在露天矿设计中，首要的问题是确定合理的边坡角。边坡角是在垂直边坡走向的剖面上从最上一个台阶的坡顶线到最下一个台阶的坡底线的连线与水平线的夹角。边坡角愈小，剥采比愈大。大型露天矿边坡角每增加 $1°$ 可减少剥岩量几千万吨，节省投资 2000 万～3000 万元。但是，露天矿边坡角如果设计过陡，将产生边坡破坏。加强露天矿边坡稳定性问题研究，合理地确定边坡角是露天矿工程中的一项重要任务。露天开采人为地塑造了边坡，随着开挖深度的加大，边坡的规模也不断扩大，这既严重地破坏了地应力的自然平衡，同时也导致了人工边坡的变形、破坏和滑移。露天矿边坡的破坏主要有两大类：具有明显滑动面的边坡失稳破坏和蠕变-坍塌变形破坏。前者包括平面滑动模式、楔形体滑动模式和曲面滑动模式，后者有倾倒破坏模式、溃屈破坏模式（图 5 - 28）。此外，还有上述不同模式之间的相互组合而形成的复合式破坏模式。边坡岩土体中软弱结构面的发育程度及其组合关系是控制露天矿边坡稳定性的主要地质因素。

中国辽宁抚顺西露天矿是一座大型矿山，东西长 6600m，南北宽 2200m，设计最终采深 400m。于 1914 年投产，1927 年首次出现滑坡；尔后，相继发生边坡变形、滑坡、倾倒，几乎遍布采坑四周，采场揭露的不同埋深的各类岩体均发生过变形破坏。其中北帮

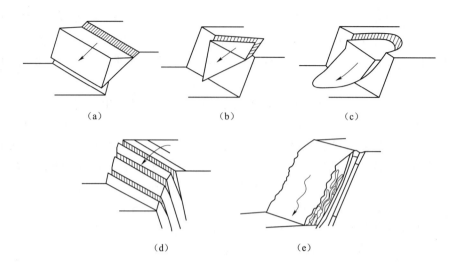

图 5 - 28　露天矿边坡破坏模式示意图

（a）平面滑动模式；（b）楔形体滑动模式；（c）曲面滑动模式；（d）倾倒破坏模式；（e）溃屈破坏模式

西区 1960—1984 年先后发生过 13 次滑坡，多次破坏采掘平台、运输线路和车辆、排水系统及输电设备，甚至发生机车脱轨事故。位于河北省的首钢迁安水厂露天矿，自投产以来边坡发生 109 处滑塌和变形失稳，其中 35 处受断层、节理等软弱结构面控制。

　　露天矿边坡失稳破坏的影响因素主要有岩石性质、岩体结构、地质构造、水文地质条件、风化条件、边坡形状、爆破震动等。边坡失稳防治的原则是以防为主，综合整治。在边坡开挖和采矿过程中，应及时排除地表水、深降强排地下水，减少爆破次数、降低爆破强度，合理确定不同深度岩体的边坡角，适时修整边坡轮廓，提高边坡稳定性。对大型采矿边坡，还需构筑抗滑挡土墙、抗滑桩、灌注水泥砂浆及减载、排水等工程措施。

　　（二）地下开采涉及的地质问题

　　地下采矿是一个复杂而特殊的典型地下地质工程系统，它由竖井、巷道、采场三大类地下工程组成。竖井包括垂直的竖井和倾斜的斜井，其功用有运输和通风两种，前者又称为主井，后者又称为副井，竖井属于半永久性工程。巷道一般指在煤层或围岩内挖掘的水平或缓倾斜分布的地下通道，为半永久的或者为采掘服务临时性的，主要用于运输、通风等。采场是采矿的工作空间，采矿直接活动的工作面称为掌子面，矿产资源采出后的空区称采空区，掌子面和采空区构成采场，采空区是保留时间很短的临时性工程。对于地下矿产开采主要涉及的地质问题主要有井巷围岩破坏、冲击地压、采场顶底板破坏、地下水系统破坏、采空区地面塌陷与地裂缝等。

　　1. 井巷围岩破坏

　　为了采矿需要，必须开掘并维护大量的地下空间——井巷。就目前来说，维护的方式主要有锚喷、架棚和砌碹等几种类型。根据不同的条件及用途，通过上述几种方式的单一实施或联合实施，绝大部分都达到了支护的目的。

　　（1）巷道破坏的显现特征。从整体上说，其显现特征有两大类：一类是动压区，巷道上履岩层正处于剧烈运动和破坏阶段。另一类是静压区，巷道尚未受采动影响，或是采动影响已经停息上覆岩层处于稳定状态。

静压巷道破坏方式大致有两种：一是巷道开掘后产生的周边应力大于围岩强度，岩石随掘即冒。二是巷道开掘后产生的周边应力小于围岩强度，巷道完整，但随着时间推移产生大量变形，最后破坏。

动压区巷道也有两种，一种是在动压内即开的巷道，一种是采动影响下的静压巷道。它们的破坏方式类似于静压巷道，不同的是又受到了支承压力及岩层扰动，其形式有三种：①巷道围岩（支护）强度小于支承应力作用，随采动呈层状剥落，但巷道移近量并不明显。②受采动影响时，巷道（支架）产生大量缩变，但不冒落。③在采动过程中，伴附着移近量增加，支架破坏，巷道产生大面积冒落。

综上所述，巷道破坏的外部特征可归纳为4种：一是有明显的移近量，断面缩小但未冒落，二是随断面缩变发生冒落，三是无移近量而冒落，四是表层剥落。

（2）破坏原因。

1）围岩应力的重新分布及作用。巷道开掘后，原始的岩体应力平衡状态被破坏，造成应力重新分布。在双向等压应力场中，孔的切向应力沿极径方向衰减，但我们的巷道多不是圆形，加之不均匀地应力的作用，等应力圆将在巷道外接圆及以外的围岩中分布。分布的结果反映到巷道周边，往往是既不均匀也不对称的，产生了一系列剪切力面，以致岩石与岩体分离，在巷道周边发生剥落，并逐渐向纵深发展。这就是脆性岩石产生层状剥落的原因，是由拉应力和剪应力引起的。

2）围岩松动圈的对巷道破坏的影响。巷道的开掘爆破，三向应力变为二向应力，不仅使岩体抗破坏强度明显降低，并且产生应力集中。如果这种变化超过了岩石的强度，将会先在巷道周边应力集中较大的地区发生变形、破坏，导致邻近区受力条件更差，继而产生破坏。如此循环，直至围岩应力小于岩石强度，围岩不再松动和破坏为止。这样的一个围岩松动、破裂的范围称之为围岩松动圈。岩石越软松动圈越大，岩石越硬（强度越大）松动圈越小。松动圈大，巷道的变形量就大，破坏程度就高。实质上，松动圈形成和发展的过程就是巷道破坏的过程。这就是巷道随着时间增长移近量增大的原因。当摩擦抗力不足以抵抗某些岩块的应变时，岩块就要坠落，继而造成邻近岩块发生冒落，这就是伴随着移近量增加发生冒落破坏的原因。

3）岩石的变形特征。岩石具有在载荷作用下，组成岩石的基本微粒之间，相对位置发生变化的特征。当载荷不断增大超过围岩强度或者随着某一恒定载荷作用时间的增长，便会导致岩石破坏。因为岩石的各种应力和应变都与时间有关。有时尽管围岩应力小于围岩强度，但随着时间的增长同样会破坏（蠕变）。巷道刚掘进时，一般都不易立即冒落，而是经过一段时间才会发生的。在各种变形中，岩石的蠕变性对巷道的破坏危害最大，蠕变是静压巷道破坏的主要原因。

4）岩层移动、破坏的影响。随着回采面的连续推进，顶板岩层逐渐被破坏移动，一是给巷道附加了较大的支承载荷，二是使巷道围岩连带移近。反映到巷道中，某些地段的顶板岩层局部上升出现"反弹"。而另一些地段的顶板岩层则受到附加载荷作用而出现"压缩"。两种现象随工作面推进而相互交替，时张时弛，这是采动致使巷道破坏的主要原因。对于倾斜、急倾斜煤层开采下的巷道，这种扰动影响更大（超百米），平行于煤层倾向布置的巷道较平行于煤层走向布置的巷道影响小。前者可随岩层移动在巷道轴向方向发生整体移动；后者则在巷道断面内移动，周边围岩受力不均，有压有拉，且移近速度不均衡，致使岩层沿弱面滑移，这是巷道变形增大最后破坏的原因。

2. 地下水系统破坏

井巷开掘，使地下水的赋存状态发生变化；矿床疏干排水改变了地下水的天然径流和排泄条件，同时导致地下水资源的巨大浪费，使区域地下水水位大幅度下降，造成矿区水文地质环境的恶化。此外，疏干碳酸盐围岩含水层时，其溶洞则构成了地面塌陷的隐患；当塌陷区或井巷与地表储水体存在水力联系时，甚至会酿成淹没矿井的重大事故；岩层疏干影响的预测和设计不合理时，还会导致露天边坡、台阶的蠕动和过滤变形而发生灾害。矿床开采必然会改变岩体的原始应力场，由此引起的水文地质条件和环境的影响范围，按开采规模有时可达数千平方公里，影响深度露天开采时可达 $500 \sim 700\mathrm{m}$，地下开采时可达 $1500 \sim 2500\mathrm{m}$。

（1）矿井突水。许多矿床的上覆和下伏地层为含水丰富的石灰岩，特别是石炭二叠纪煤系地层，不仅煤系内部有含水性强的地层，还有下伏的巨厚奥陶纪灰岩。随着开采的延深，地下水深降强排，产生了巨大的水头差，使煤层受到来自下部灰岩地下水高水压的威胁，在一些构造破碎带和隔水层薄的地段发生突水，严重威胁着矿井和职工的生命安全。

1984 年开滦范各庄矿，一次淹井损失近 5 亿元；2003 年 9 月 2 日 0 时 30 分许，河南省伊川县奋进煤矿黄村分矿 10111 工作面流水巷发生底板寒武系灰岩水突水事故，20min 内突水量达 $9800\mathrm{m}^3$，造成 16 人死亡，直接经济损失初步估算为 1234.1 万元；2015 年 1 月 30 日 18 时 55 分，淮北矿业集团公司朱仙庄煤矿 866-1 采煤工作面发生突水事故，事故当班该采煤工作面出勤 34 人，27 人安全升井（其中 7 人轻伤），7 人被困（由于瞬间突水量大，来势凶猛，最终遇难），事故直接原因是在特殊地质环境条件下，866-1 工作面顶板岩层充水条件发生变化形成离层水体，在水压、矿压及 8 煤层上覆岩土体自重应力等共同作用下突然溃出，造成事故发生。

有些新井因水的威胁长期不能投产，也达不到设计生产能力。在北方岩溶区，煤矿约有 150 多亿 t 储量，铁矿约有 3 亿多 t 储量因受水威胁而难于开采。当采矿平洞通过河流、水库下部，并有地表水和地下水连通通道时，不仅突水极为严重，而且还造成水库渗漏等问题。如中国四川奉节县后涝水库，库区煤层被挖掘开采，揭穿水库底部裂隙通道，发生大量突水，不仅煤层无法继续开采，而且造成水库渗漏而报废。

（2）海水入侵。为了保证地下采矿巷道的安全，必须对采矿区的地下水进行疏干。在沿海地区，因疏干排水常使地下水位低于海平面，结果导致海水入侵，破坏了当地的淡水资源，影响了生活供水和生态环境。海水入侵的范围随疏干排水的强度增大而不断扩大。如中国辽宁省的金州湾石棉矿、复州湾黏土矿矿区均因疏干排水而出现了海水入侵现象。

（3）区域地下水位下降。为了保证矿山的开采，必须对进入井巷内的地下水或威胁井巷安全的含水层的地下水进行疏干排水，从而使矿区附近的浅层地下水被疏干，附近的地表水也因排水或河流的人工改道而被疏干。结果造成区域地下水位下降，生态环境恶化，植物难以生长，有的矿区甚至出现土地石化和沙化。因采矿疏干排水还造成矿区附近水源缺乏，严重影响人民生活和经济发展。矿坑突水有时也会造成区域地下水位下降，如开滦范各庄矿突水后，以突水点为中心的 10 余 km 范围内，水位下降了 20～30m，使厂矿、工业和生活供水原有系统失灵，发生吊泵，形成无水可供的局面。

3. 采空区地面塌陷与地裂缝

对于地下开采的矿山，由于采空区上覆岩土体冒落而在地表发生大面积变形破坏并伴随地表水和浅层地下水漏失的现象和过程，称为矿区地面变形。如果地面变形呈现面状分布，则为地面塌陷；如为线状分布，则为地裂缝。矿区地面塌陷造成大量农田损毁，地表建筑物遭受严重破坏。

据初步统计，中国因采矿引起的地面塌陷已超过 180 处，累积塌陷面积达 1150km²。中国发生采矿塌陷灾害的城市近 40 个，造成严重破坏的 25 个，每年因采矿地面塌陷造成的损失达 4 亿元以上。山西省大同市形成 450km² 的煤矿采空区，河北省开滦煤矿累计地面塌陷面积约 1 万 hm²；20 世纪 80 年代以来，由于受地面塌陷影响而迁移村庄 31 处，迁建费用近 2 亿元。由于地面发生大面积变形塌陷（沉陷）和积水，致使大量农田废弃，村庄搬迁。例如，辽宁省本溪市在已采空的 18.7km² 中有 6.5km² 的地面建筑物遭到破坏。采空区地表平均下沉达 2m，最深的达 3.7m。造成建筑物墙体移位、断裂、房屋倾斜，甚至倒塌，地上和地下的供水、排水、供热、通信、人防等管网和设施遭到了不同程度的损坏。又如，由于采煤，宁夏石嘴山市城区形成南北长 4.1km、东西宽 1.7km、面积达 4.97km² 的塌陷区，最大塌陷深度达 20m。塌陷区裂隙交织，地面到处可见塌陷形成的陡坎、裂缝，一般裂缝长 20～40m，宽 0.13m 左右，深约 5m。最大裂缝长 100 余 m，宽 0.4m，深达 15m 左右。

矿层开采后，采空区主要依靠洞壁和矿柱维持围岩稳定，但由于在岩体内部形成一个空洞，使其周围的应力平衡状态受到破坏，产生局部的应力集中。当采空区面积较大、围岩强度不足以抵抗上覆岩土体重力时，顶板岩层内部形成的拉张应力超过岩层抗拉强度极限时产生向下的弯曲和移动，进而发生断裂、破碎并相继冒落，随着采掘工作面的向前推进，受影响的岩层范围不断扩大，采空区顶板在应力作用下不断发生变形、破裂、位移和冒落。从平面上看，地表塌陷区比其下部引起塌陷的采空区范围大，塌陷区中央部位沉降速度及幅度最大，无明显地裂缝产生；内边缘区下沉不均匀，呈凹形向中心倾斜，为应力挤压区；外边缘区下沉不明显，多数情况下形成张性地裂缝，为应力拉张区。从剖面上看，塌陷呈现漏斗状，破裂角和极限角决定了"漏斗"的开口程度（图 5-29）。如果矿体埋藏浅、厚度不大，冒落带直达地表则在采空区正上方形成下宽上窄的地裂缝。

4. 采矿诱发地质灾害

高陡临空地形地貌部位，由于山崖或山脚的采矿活动，常造成上覆山体开裂变形，甚至发生崩塌灾害。此类崩塌灾害的特点是，崩塌前岩体内的开裂和崩塌后形成的后缘边界多沿岩体内原有的构造裂隙面或卸荷裂隙面发生和发展；表现为蠕变—倾倒—坍塌模式。其破坏机制是原有裂隙规模扩大并由闭合发展为张开状态，或产生新的裂隙，继而产生倾倒变形、膨胀，局部出现滑移，最后出现坍塌。矿区山体崩塌形成灾害的事例在世界各地均有发生。中国湖北盐池河磷矿山体崩塌、四川鸡冠岭山崩，以及长江西陵峡链子崖山体

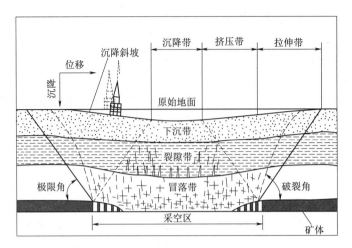

图 5-29　矿山采空区地面塌陷示意图

开裂等均与山脚采矿活动有关。

湖北省宜昌盐池河矿区巨型山崩发生于 1980 年 6 月 3 日凌晨 5 时，100 多万 m³ 的岩体从 300m 的高处急剧下落，在山脚形成厚达 20 多 m 的块石堆积体；山崩摧毁了位于崖下的矿务局和坑口的全部建筑，造成 284 人丧生，损失惨重。1994 年 4 月 30 日，四川省武隆区鸡冠岭发生巨大的山崩，崩塌体总体积为 397 万 m³，分布面积为 17.85 万 m²。崩塌岩体入江时形成涌浪高达 30 余 m，当即形成一拦河坝，使乌江断流半小时。7 月 2—3 日，鸡冠岭地区下了一次暴雨，诱发乌江鸡冠岭崩塌堆积体大规模坍滑，坍滑量 180 万～200 万 m³，部分块石入江，加高、增宽了原来的堵江乱石坝，使乌江的客货运输完全中断。山崩摧毁了刚刚投产的兴隆煤矿（年产 6 万 t），将 1 条拖轮、1 条载货量 160t 的驳轮和 2 只渔船击沉，另 1 条载货量 230t 的驳船被落石砸坏，并推向对岸。山崩还造成 30 多人伤亡，直接经济损失 1089 万元，间接经济损失无法统计。

对于地下采矿诱发山体开裂、崩塌等灾害的研究，应重点调查山坡岩体性质、结构特征、构造地质条件和地下水作用特征，分析采矿引起的应力应变特征、边界条件、岩体剪切滑动及破坏特征等；同时，分析、研究采矿方法、顶板管理方法、采矿强度、采空巷道形状和采空区面积等要素对水体开裂的影响程度。

5. 采矿诱发地震与岩爆

采矿诱发地震是指开采地下固体、液体矿产过程中出现的地震。据其成因不同，矿震可分为诱发构造型矿震、诱发塌陷型矿震及掌子面岩爆、煤爆诱发矿震等三类。

（1）诱发构造型矿震。这是因采矿导致断层的复活和弹性能量的提前释放造成的地震。可进一步分为采矿直接引发矿震和抽水采矿诱发矿震两类。采矿直接引发矿震是由于采矿使地下应力失去平衡而诱发的地震。采矿形成的自由空间使采空区周围的岩体由原来的三向受压变成两向或单向受压，引起应力的重分布，在采空区范围内沿原有断裂形成应力集中地段，促使地壳岩体应变能提前分散释放，从而诱发地震。例如，辽宁省北票煤田台吉井区，历史上从未发生过破坏性地震活动，微震活动也少见。1921 年台吉井开始采煤；截至 1970 年，当采掘到距地面 500～900m 深时，井区开始出现微震活动；到 1981

年 8 月 20 日，井区共记录到 Ms≥0.5 级地震 160 次，其中有感地震 37 次，造成不同程度破坏的地震有 4 次。另外，采矿抽水也可诱发地震。抽水后，断裂面（带）失去水压而发生卸荷作用，形成偏差应力。当偏差应力大于断面的抗剪强度时，即诱发地震。湖南省恩斗桥矿区抽水前无地震活动记载，但抽水疏干后，相继发生了 16 次有感地震活动；震中靠近恩口向斜中部，震源深度相对较大。

（2）诱发塌陷型地震。矿区诱发塌陷地震多起因于采空区和顶板陷落。地震波由顶板块体脱落敲击底板而产生，矿震分布范围较小，震源极浅，大多处于开采平面上。震级小但震中烈度高。例如，具有 80 多年开采历史的山西省大同煤矿，1956—1980 年间因顶板塌落而产生的有感地震达 40 多次；最大震级 Ms3.4 级，释放能量约 1.0×10^9 J。塌陷型矿震在岩溶发育地区经常出现。中国南方的粤、鄂、湘、桂、赣及浙等省（区）的岩溶充水矿区普遍存在地面塌陷，因塌陷而引起的冲击震动也时有发生。

（3）岩爆。岩爆又称冲击地压，是地下采矿诱发的一种特殊的动力工程地质现象，它所辐射的能量，从煤岩微小裂纹破裂的 10^{-5} J，到大尺度岩体破坏的 10^9 J。冲击地压发生时，围岩迅速释放能量，煤岩突然被破坏，造成暴风、冒顶片帮、支架折断、巷道堵塞、地面震动、房屋损坏和人员伤亡。它是由于开采活动破坏了原岩应力状态，导致围岩应力高度集中，矿层及围岩产生急剧变形，当其单位面积上压力增加到引起变形率超过矿层及围岩塑性变形最大可能速率时，矿层及其围岩中积蓄的弹性能突然释放，矿层及围岩产生大位移和破坏，伴随发生震动（矿震）、冲击波、破裂声响等动力工程地质现象，这种动力工程地质现象在金属矿山及非金属矿山都有所见，而以煤炭矿山尤为突出。因此，下面以煤炭矿山为对象，对这一问题展开讨论。

冲击地压是特殊的矿山压力现象，也是煤矿开采面临的最严重的灾害之一。对煤炭矿山来说，从 20 世纪 30 年代以来，先后在我国抚顺、开滦、枣庄、北票、门头沟、南桐等煤矿开始陆续发生冲击地压。这是煤矿井工开采深度加大伴随发生的一种工程地质灾害现象。而且随着采深不断增加，冲击地压产生的次数日益增多，成灾强度日益猛烈，危害程度愈益严重。京西煤矿的门头沟矿 1947 年开始发生冲击地压，据统计，该矿自 1976 年 9 月到 1980 年年底，由月平均 53 次增加到 498 次，其中产生矿震里氏震级 2.2 级以上的由月平均 24.2 次增加到 83.9 次。山东省目前有冲击地压矿井 43 处，占全国 30%；埋深超过 1000m 的冲击地压矿井 20 处，占全国 47%，是全国冲击地压灾害最严重的省份。2011 年以来，山东省共发生 9 起煤矿冲击地压事故，造成 36 人死亡，13 人受伤。仅 2018 年，山东龙郓煤业"10·20"事故就造成 21 人死亡。可以说，煤矿冲击地压防治工作形势十分严峻。

冲击地压既可以发生在回采工作面，也可以发生在掘进工作面。如抚顺煤矿井工开采多数发生在回采工作面，天池煤矿则多发生在掘进工作面。冲击地压与采掘深度关系极大，如枣庄八一矿井开采深度为 140m 时，冲击地压发生不明显；采深达 185m，煤巷掘进时，出现少量冲击地压；当采深达 370m 时，冲击地压明显地增加；而采深达 500m 时，冲击地压显现十分剧烈。大量事实表明，冲击地压发生存在有一个临界深度。上述的枣庄矿为 185m，抚顺煤矿为 280m，天池煤矿为 240m，门头沟煤矿为 240m，开滦煤矿和唐山煤矿为 500m，大同煤矿忻州窑矿为 236～270m，南桐煤矿的砚石台矿采深达

160m 时才出现。

在冲击地压防治领域，2016 年 10 月以来，国家煤矿安全监察局先后发布《煤矿安全规程》和《防治煤矿冲击地压细则》，对煤矿安全生产和冲击地压防治工作作出了规范。这两个规范性文件实施后，对预防冲击地压事故发生，提升煤矿企业冲击地压灾害预防和治理能力发挥了重要作用。2019 年 7 月 30 日，山东省政府发布了《山东省煤矿冲击地压防治办法》（省政府令第 325 号，以下简称《办法》），该《办法》自 2019 年 9 月 1 日起施行。作为我国目前第一部专门规范煤矿冲击地压防治工作的政府规章，《办法》的颁布实施，对加强煤矿冲击地压防治工作，有效防范冲击地压事故，保障煤矿职工生命和财产安全，促进山东省煤炭行业可持续发展具有重要意义。

冲击地压的产生实际上有地应力和煤及围岩力学性质两个条件。为了消除第一个条件，一方面需要从巷道布置、巷道断面选型着手，尽量消除巷道周边产生大的切向应力的可能；另一方面，采用适当的岩体改造措施，减小煤和围岩内的应力差。为了实现第二个条件，可以采取适当的岩体改造措施降低煤和围岩材料的刚度或提高其强度。为了降低材料的刚度可采用注水技术使系统内材料软化或采用高压水劈裂的方法降低系统的刚度；为了提高材料强度可采用灌浆或预应力锚索方法加固。当然，究竟采用何种处理技术需要根据施工技术和经济条件的综合比较来确定。

另外，利用钻屑法、地球物理法、位移测试法、水分法、温度变化法等多种方法进行预测预报，合理选择洞轴线和洞室断面形状，施工中采取超前应力解除、喷水或钻孔注水软化围岩，减少岩体暴露的时间和面积的扩展并及时支护围岩等措施，可有效防治岩爆及其危害。图 5-30 为天地科技股份有限公司研发的冲击地压应力在线监测系统，可以通过实时在线监测工作面前方采动应力场的变化规律，找到高应力区及其变化趋势，实现冲击地压危险区和危险程度的实时监测预警和预报。

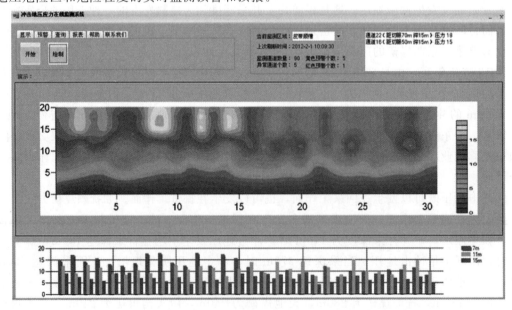

图 5-30　冲击地压应力在线监测系统

第七节 城市地质调查

一、概述

城市地质调查是一项服务于城市规划、建设和管理的基础性工作，其主要目标任务是查明城市的地质、资源和环境基本状况，评价城市发展的资源与环境承载能力，为城市可持续发展提供基础支撑。自 2003 年起，中国地质调查局与地方政府合作开展了北京、上海、杭州、天津、南京和广州等六个城市地质调查试点工作，建立了一套系统的城市地质调查方法技术体系和技术标准体系，为全国开展城市地质调查积累经验和提供示范。

党的"十九大"指出，坚定不移地贯彻新发展理念，实施区域协调发展战略，以城市群为主体构建大中小城市和小城镇协调发展的城镇格局；加快生态文明体制改革，建设美丽中国，要求推进绿色发展，着力解决突出环境问题，加大生态系统保护力度和改革生态环境监管体制。中央要求城市工作要贯彻五大发展理念，转变城市发展方式，完善城市治理体系，提高城市治理能力，着力解决城市病等突出问题，提高城镇化水平。

城市地质工作是城市规划建设的重要基础，贯穿于城市运行管理的全过程。做好城市地质工作，对推进我国新型城镇化建设具有非常重要的现实意义和战略意义。近年来，党中央国务院对城市地质工作提出了明确指示要求。2016 年 7 月 5 日，在湖南岳阳召开的部分省份防汛工作会议上，要求国土资源部（现自然资源部）牵头，抓紧进行详查，加快摸清城市地下情况。在 2016 年政府工作报告中，明确提出要统筹城市地上地下建设，加强城市地质调查。这是城市地质调查工作首次出现在中央政府工作报告中，具有里程碑式的意义。2017 年全国国土资源工作会议上强调，把加强城市地质工作作为战略任务来抓，明确要求开展地下空间三维调查、城市地下空间利用示范，评估城市地下空间资源潜力和利用前景，加快查清城市地下三维地质结构，推进城市立体发展和地下空间安全利用。在 2017 年全国地质调查工作会议上，提出要精准了解新型城镇化对城市地质工作的需求，加大力度推进调查工作。

二、国内外城市地质工作概况

（一）发达国家城市地质工作趋势

1862 年，奥地利地质学家 Eduard Suess 编写的《维也纳市地质》，是城市地质的第一本学术专著。现代意义上的城市地质工作主要是在"二战"以后发展起来的。随着工业化和城镇化的不断推进，城市地质在工作区域、工作思路、工作内容、调查评价方法、调查成果服务等方面都发生了巨大变化。

工作区域从单个城市扩展到城市群地区乃至国土规划经济开发区。工作思路从调查分析单一的地质问题转变为从整体上综合考虑城市规划、发展的需求，超前服务于城市社会经济的可持续发展。工作内容从单纯查清地质条件到涵盖废弃物处置、水土污染防治、地质灾害风险性评估、地下水脆弱性评价、多目标地球化学、生态地质调查等多种内容的综合调查研究。工作方法从利用地球化学和物探技术为勘探开发服务拓展为多学科、多种先进的勘查、检测、分析技术相互结合，评价与编图从定性描述深入到定量评价。地质信息从编制纸介质的图件、报告提升到建立空间数据库和 GIS 平台上的地学信息系统，实现信息及时更新、动态评价和社会共享。

21 世纪开始，以整体观点研究城市地质问题的工作得以深化，以适当的指标体系定量表征城市地质质量，进而建立和健全相应的监测系统，并将其纳入城市环境总体管理的轨道。英国、德国、法国、美国、加拿大、日本等发达国家城市地质工作的基础好，城市地质调查和填图任务已基本完成，开始向广度和深度发展。"动态化、超前化"是近年来这些国家城市地质工作的特点。现代城市地质工作有以下几个发展趋势：

一是城市地质工作重心将倾向于已有地质数据的管理、更新与重构，构建城市三维或四维地质模型。发达国家已经完成了国内大部分主要城市的城市地质工作，如英国已在40 个城市开展了城市地质填图工作，目前倾向于针对各个城市已有数据的整理与三维模型化，构建城市地质数据库并进行更新、管理与维护，并在此基础上建立了全国尺度的区域性三维地质模型。

二是城市地质数据与信息将倾向于地质模型结合已有的网络软件（如 Google Earth）进行发布，并构建数据交流平台。采用已有的网络软件可让非专业人员在无须培训的情况下查询、缩放和选择地质数据与地学信息。通过构建数据交流平台，了解不同部门开展的相关工程活动，集成其他成果数据，吸收用户反馈意见，完善城市地质成果，提升各类地下数据及地质成果的可用性等。

三是城市地质调查工作内容和服务对象在不断扩展，面临着解决成果应用服务机制的问题。城市地质所涵盖的内容是逐渐发展、动态的，其工作重点由最初的城市规划所需地质信息逐渐发展为囊括城市决策层在城市规划、发展、建设和管理过程中对地质资源利用、地质安全保障和地质条件优选等方面所需的系统的、全面的地质信息。而伴随着城市地质数据与成果的丰富，如何让数据与成果在非专业的政府管理者及社会公众得到有效利用将会是城市地质工作需要解决的难点。

四是城市地质学术研讨、成果交流与项目合作等将得到进一步加强，国际社会组织在这方面将起着越来越重要的作用。在城市地质工作的发展过程中，国际社会组织通过实施研究计划、组织学术研讨、编撰城市地质专著等活动，促进了各国城市地质工作方法、成果等方面的交流，极大地提升了城市地质工作在城市规划、建设和管理等过程中的有效应用，提高了城市地质工作的影响，对城市地质研究工作的发展中起到了至关重要的促进作用。伴随着世界各国城市地质工作的大力发展，国际社会组织将为学术研讨、成果交流与项目合作提供更多的契机。

（二）我国城市地质工作现状

1. 现有工作基础

自 1999 年实施国土资源大调查以来，国土资源部门在城市地质调查方面主要开展了五方面工作：

（1）完成了 306 个地级以上城市地质环境资源摸底调查。2004—2012 年，开展全国主要城市环境地质调查，初步查明了滑坡崩塌泥石流、地面沉降、水土污染、活动断裂、矿山地质环境问题等各类城市环境地质问题，摸清了地下水、地热、矿泉水、地质景观等地质资源状况。

（2）完成了 6 个城市三维地质调查试点。2004—2009 年，与上海、北京、天津、广州、南京、杭州等市政府合作，开展三维城市地质调查，系统建立了城市地下三维结构，建立了三维可视化城市地质信息管理决策平台和面向公众的城市地质信息服务系统。

（3）与地方政府合作，推广试点工作经验。在总结试点城市地质工作经验的基础上，从2009年开始，采用部、省、市的多方合作模式，完成了福州、厦门、泉州、苏州、镇江、嘉兴、合肥、石家庄、唐山、秦皇岛、济南等28个城市地质调查工作。

（4）以城市群为单元，推进综合地质调查。2010年以来，为服务国家区域战略和主体功能区划的需求，组织开展了京津冀、长三角、珠三角、海峡西岸、北部湾、长江中游、关中、中原、成渝等重点城市群综合地质调查工作。

（5）瞄准国家重大需求，强化精准服务。打破专业界限，创新成果表达内容和方式，编制了一系列国土资源与环境地质图集、对策建议报告，在服务城市和城市群的空间布局、产业发展、生态环境保护、重大地质问题防治等方面发挥了重要支撑作用。其中，北京城市副中心、雄安新区、京津冀、粤港澳大湾区等地质成果服务成效尤为明显。

2. 取得的工作经验

以上海市为代表的大城市地质调查试点工作经验，开创了城市地质成果服务规划国土资源、重大工程安全运营和地质灾害防治的技术路径，构建了地质工作服务城市规划管理的常态机制，实现了地质调查成果服务融入政府管理主流程。以福州、厦门、嘉兴、丹阳为代表的中小城市地质调查工作经验，探索了自然资源部中国地质调查局、省级自然资源主管部门、城市人民政府等三方合作的有效机制，充分发挥了三方积极性，建立了在全国可推广可复制的工作模式。大型城市群综合地质调查工作经验，以京津冀、长三角、珠三角等重要城市群为代表，瞄准重大需求，聚焦重大问题，打破专业界限，统筹部署工作，创新表达方式和表达内容，增强了城市地质在国家重大战略实施中的基础支撑作用和决策建议话语权（图5-31）。

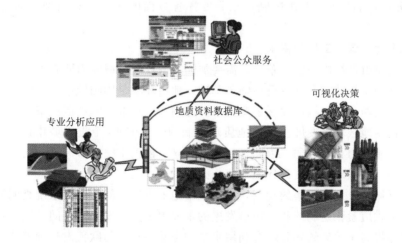

图5-31　城市地质信息化建设

城市地质调查技术要求逐渐得到规范，形成了以一模（三维城市地质结构模型）、一网（地质环境监测预警网）、一平台（综合地质信息服务平台）为主体的技术方法体系，发布了城市地质调查行业标准。

3. 存在的主要问题

近年来，我国城市地质调查工作取得长足发展，但仍存在一系列问题，主要体现在以下几点：

（1）城市地质调查工作理念落后，难以适应新型城镇化的要求。中央提出了"创新、协调、绿色、开放、共享"的发展理念，但是城市地质工作理念还停留在服务工业社会发展的阶段，缺乏大资源、大环境、大数据的工作意识，不能满足城市地上地下统筹规划、资源环境协调开发与保护等后工业化时代的新要求，难以支撑集约、智能、绿色、低碳、安全的新型城镇化建设。

（2）城市地质信息精度低更新慢，难以满足城市规划建设管理需求。我国仅 34 个城市开展了三维城市地质工作，尚有 300 多个城市未推进系统的城市地质工作，已开展的城市地质调查中小比例尺多，大比例尺少。不同部门存储的地质资料分散管理，没有及时汇交和更新城市地质信息，难以起到提高城市地质信息精度的作用，城市空间布局、资源开发、环境保护、灾害防治等方面需要的地质信息不足。

（3）未形成标准化成果产品体系，成果服务难于融入城市行政管理主流程。针对城市总体规划、详细规划和专项规划，缺乏相应地质调查评价报告和图件。针对工程建设市场，缺乏系统的地质信息资料服务产品。针对城市日常运行管理，缺乏重大地质安全、资源环境承载能力、生态文明建设绩效、地质灾害风险等监测预警产品。城市地质调查成果与城市规划建设管理工作融合仍然存在一定困难。

（4）城市地质调查工作机制不完善，难以充分调动各方工作积极性。上海等不同城市地质调查工作过程中，由于城市管理体制机制各异，探索形成的工作运行机制，在全国推广存在困难。需要进一步探索中央和地方联动、公益性和商业性地质工作融合发展、政府多部门协调等方面的有效工作机制，充分发挥各方面的作用，共同推进城市地质调查工作。

三、城市地质调查工作的需求

（1）优化城市群结构和空间布局，需要加强资源环境承载能力调查评价，建立监测预警体系。土地和水是城市发展的重要资源基础，地质环境是影响城市安全的重要因素。总体上看，华北、西北地区城市发展主要受水资源制约，东部沿海地区城市发展主要受土地资源制约，西南地区城市发展主要受地质环境制约。我国 19 个重点城市群中，8 个城市群资源环境承载能力相对较弱。因此，合理优化城市群国土空间布局，迫切需要开展土地资源、水资源、地质环境等资源环境承载能力评价。

（2）提升城市土地资源集约利用，拓展城市地下发展空间，需要系统查明城市地质条件。地表土地供应紧张是制约我国城市发展的重要因素。开发地下空间是城市再开发的必然要求，也是提高土地集约化和综合利用水平的必然要求。与欧美发达国家相比，我国城市地下空间利用程度总体较低，开发深度较浅，地下空间开发具有巨大潜力。科学规划地下空间开发利用，需要了解城市地下空间资源禀赋特征，注重城市地下空间资源与共生资源的协同开发，监控可能诱发的地质环境负效应。

（3）建设绿色低碳城市，提高城市宜居水平，可以充分利用有利的地质资源条件。我国地级以上城市每年可开采的浅层地温能资源量折合标准煤 7 亿 t，可实现建筑物供暖制冷面积 320 亿 m^2，相当于现状总建筑面积的两倍以上。在城市新区、重大工程、新农村建设及旧城改造过程中，可以加大浅层地温能供暖制冷利用力度，有效降低二氧化碳排放。我国城市及周边地区有地质遗迹 798 处，具有较高的旅游、科普、生态价值。充分利用这些地质资源，可以提高城市宜居水平，改善公众生活质量。

（4）提高城市安全保障水平，需要加强重大地质问题调查与监测，采取针对性的防控措施。我国地级以上城市受滑坡崩塌泥石流灾害威胁人口 61 万人，威胁财产 185 亿元，18 个城市受威胁人口大多超过 1 万人。我国 102 个城市发生地面沉降，9 个城市 2015 年最大沉降量超过 50mm。我国 41 个城市受岩溶塌陷影响大，42 个城市受活动断裂影响较大，7 个城市土壤重金属污染在中度以上，54 个城市地下水中发现"三致"有机物超标。解决以上重大城市地质问题，需要加强调查评价和风险管控。

四、城市地质调查主要任务

城市地质调查工作任务主要包括以下几个方面：

（1）查明城市工程建设与地下空间开发条件、地质资源、水土环境质量、地质灾害等。

（2）构建三维可视化地质模型。

（3）建设城市地质资源环境监测预警网络。

（4）建立城市地质信息服务于决策支持系统。

（5）提供支持城市发展的地质服务产品。

五、城市地质调查的主要内容

城市地质是一项涉及多专业、多领域、多学科的综合性地质工作，中国 6 个试点城市地质调查重点开展了以下 6 个方面的工作。

1. 城市三维地质结构调查

主要调查城市所在区的三维地层结构、工程地质结构、水文地质结构，建立三维地质结构模型。在三维地质结构调查基础上，综合分析城市地下区域地壳稳定性、岩土工程地质条件、地下水对工程的影响，进行地下空间可利用适宜性评价。

2. 地质灾害调查

查明主要活动断裂、地裂缝、地震活动、地面沉降、岩溶塌陷、黄土湿陷、滑坡、泥石流、海岸侵蚀、港口淤积、海水入侵、河湖塌岸等地质灾害的分布及活动规律，评价其对城市安全的危害性，为城市减灾防灾提供科学依据。

3. 水土地球化学调查与环境质量评价

重点查明地表水体和土壤化学元素背景及污染状况；结合区域环境地质、地质基础条件等方面因素，进行区域环境规划，综合评价城市的环境质量状况，为土地资源的规划、合理利用及城市功能合理布局提供基础资料。开展垃圾填埋场的污染现状调查，评价现有垃圾填埋场产生的淋滤液对土壤、地下水和地表水水质构成的潜在威胁，调查城市垃圾场选址地的地质环境适宜性，提出拟选垃圾填埋场选区建议。

4. 地质资源调查

调查城市地下水资源、地热、地下空间资源、矿产资源、建筑材料以及地质遗迹等，查明城市地区的资源状况及对城市发展的保障力，为城市的科学规划及可持续发展提供基础资料。

5. 城市地质信息管理与服务系统建设

利用数字模拟、大型数据库系统、三维可视化和 GIS 等现代计算机技术，对城市区域地质、水文地质、工程地质、环境与灾害地质、地球物理、地球化学、遥感等多专业的地质信息和成果进行集成管理；构建城市地质结构三维可视化模型，建立城市地下空间资源、地质灾害、地下水资源与质量和生态环境分析评价和模拟预测，为城市规划决策、地质调查研究和社会地质信息服务搭建可视化信息服务平台。

6. 地质资源环境承载能力综合评价

从城市安全、可持续发展的角度，对城市存在的不良地质因素的危害性进行综合性分析评价，对城市的地质资源保障程度进行分析评价。开展城市地壳稳定性评价、地下空间适宜性评价、土地利用适宜性评价、城市资源承载力和环境容量评价、城市安全性风险性评价等为城市规划、建设与可持续发展提出相应的对策建议。

六、城市地质调查的主要勘查技术

城市地质涉及多学科、多专业，遥感、钻探、物探、化探等各种技术是城市地质调查中常见的重要手段，但各种手段的适用性和效果各不相同。

1. 遥感技术

遥感技术是城市地质研究中最常用的手段。主要通过不同时期的遥感资料，研究城市的发展变迁、水体的变化、土地的变化、江湖海岸的侵蚀和淤积变化、城市地貌的演变等。通过遥感资料圈定地质体和地质构造、水污染等。同时，利用遥感数据对建筑物的判别，结合建筑学规范，推测建筑物地基占有的地下空间情况。

2. 钻探技术

钻探技术是了解地下地质结构最直接的方法手段。通过岩芯编录、原位测试和样品的测试分析，可以获得地下所有的地质、工程和水文地质资料。

3. 地球物理勘探技术

许多城市地质问题不仅涉及地下深层的地质构造，还包括浅层的精细结构，地球物理勘探技术是最重要的手段之一。地震、重力、磁法、电法是圈定地下地质体，连接地质构造，勾绘地下三维地质图的重要资料。在岩溶、活动断裂、已被掩埋的垃圾填埋场、地下水调查等方面，地球物理勘探技术已被证明是较为经济和有效的方法。特别是在城市建成区，地面建筑和设施已全面覆盖的情况下，钻探无法施工，更显出无损勘探物探方法的重要性。最主要的地球物理勘探包括重力方法、磁法、电法、地震方法、放射性方法以及一些相关学科的研究方法。

4. 地球化学勘探技术

一般应用于土壤、地表水、地下水和大气环境调查与监测，也可进行动植物地球化学污染的调查。了解城市地区地球化学元素场的分布情况，建立城市地区元素地球化学数据库，指导城市土地利用规划和环境保护与治理。

5. 试验测试技术

城市地质调查要进行大量的试验和测试，主要有岩矿鉴定、古生物化石鉴定、岩石与土体地球化学测试、水化学测试、同位素测年等。工程地质调查包括工程原位测试，工程应力测试，室内土工试验和室内岩石试验。土工试验主要为土的物理试验、土的强度试验、土的流变试验、土的动力特性试验。原位试验测试包括岩土力学性质及地基强度的原位测试，岩土体中应力测量和水文地质试验。

6. 信息处理技术

充分利用地理信息系统、网络技术、虚拟现实、数据库技术及数据存储和图形显示技术，实现各类资料组织管理、分析评价和可视化显示。

七、城市地质调查的主要方法体系

城市地质调查是一项综合性地质调查，需要借助于不同勘查技术的有效组合，建立科学的方法体系。

1. 三维地质结构调查主要方法

城市三维地质结构调查包括基岩三维地质结构，松散层三维地质结构、三维工程地质结构和三维水文地质结构调查。调查所采用的主要方法包括地表填图、钻探和地球物理勘查。以钻孔精细研究地质体的垂向结构，以地球物理剖面连接钻孔结构划分，最终构成三维地质结构体。三维地质结构调查，依据城市功能分区和地质特征，采用平面分区、垂向分层的原则，分层次开展调查。

（1）工程地质结构调查。工程地质结构调查主要包括工程地质钻探、地球物理勘查、原位测试、土工试验、工程地质层划分和三维工程地质建模。主要调查地下 100m 以浅，在利用已有的地质、水文及工程钻孔以及地球物理资料，补充开展钻探及浅层勘查。一般按照城市功能分区分为重点工程建设区、中心城区和新城规划区、其他地区。重点工程建设区调查精度一般为 1∶1 万比例尺，每百平方千米施工 800～1200 个钻孔。中心城区和新城规划区调查精度一般为 1∶2.5 万比例尺，每百平方千米施工 240～360 个钻孔。其他地区调查精度一般为 1∶5 万比例尺，每百平方千米施工 80～120 个钻孔。视地质条件复杂程度适当增减钻孔密度。

（2）第四纪松散沉积物层结构调查。在充分收集整理和分析已有的各种地质资料的基础上，补充开展钻探、物探及测试分析等多种方法的综合调查，调查方法和精度视松散层厚度而定。松散沉积层在 0～100m 深度范围的，主要以钻探方法为主，调查精度一般为 1∶5 万比例尺，每百 km² 施工 80～120 个钻孔。100～500m 深度范围的，采用地球物理勘探和钻探手段相结合方法；松散沉积层厚度超过 500m 时，主要以地球物理勘探手段为主，通过少量的钻探验证。第四纪松散沉积层调查要从分运用现代地质学、层序地层学理论及方法，以岩石地层研究为基础，开展岩石地层、层序地层、生物地层、年代地层、化学地层、磁性地层、气候地层等多重地层划分对比研究。查明松散沉积物种类、岩性组合、物质成分、厚度、成因类型、接触关系、沉积结构、空间展布及变化规律，系统厘定填图单位。建立地层层序、区域对比标志、地层格架和古气候演化序列。研究全新世以来气候变化、海平面升降和海岸线变迁规律与发展趋势，构建松散沉积层三维地质结构。

（3）基岩地质结构调查。在充分利用已有钻孔和地球物理勘探资料的基础上，补充开展地球物理勘探和钻探，主要调查基岩面埋深，隐伏地质体岩性、时代及其展布特征，主要隐伏断裂特征与空间延伸，编制基岩地质图。通过地球物理资料圈定隐伏地质体和构造的界限，通过钻孔了解岩性特征。

（4）水文地质结构调查。在第四纪地质结构和基岩地质结构调查的基础上，通过水文地质钻孔和地球物理勘查，圈定主要含水层和含水构造。调查地下水补给、径流、排泄条件及其变化，地下水动态特征及其影响因素，地下水水文地球化学特征，评价地下水质量，评价富水地段地下水开采资源与开采潜力，初步论证地下水应急水源地。

2. 地质灾害调查主要办法

对于裸露地表的活动断裂、地裂缝、地震活动、地面沉降、岩溶塌陷、黄土湿陷、滑坡、泥石流、海岸侵蚀、港口淤积、海水入侵、河湖塌岸等地质灾害调查，主要采用遥感和地面实际填图方法调查，对正在发生的地质灾害采用遥感、GPS 及水准测量的方式，建立监测网。对于隐伏的地质灾害主要采用地球物理和钻探相结合方法调查。地球物理圈定灾害范围，如活动断裂和岩溶可用人工地震和电法测量。最后通过钻探进行验证。

3. 水土地球化学调查与环境质量评价

水土环境地球化学调查，重点查明地表土壤和水体化学元素背景及污染状况。调查对象为土壤（表层 20cm，深层 150cm）、湖泊沉积物、滩涂（含潮间带）、10m 以内近岸海域沉积物等中的 54 种元素和指标的地球化学含量及空间分布特征。在调查结果的基础上，发现和圈定污染区。结合大气降尘地球化学测量，查明污染元素来源、追踪异常元素迁移途径、评价城市水土和大气环境质量，预测生态系统安全性变化趋势，并对可能发生的生态危害事件进行预警。查明城市区主要有益元素的分布，为都市绿色农业发展，提供科学依据。重点针对垃圾填埋场的污染开展调查和研究，通过水土地球化学测量，调查填埋场产生的淋滤液对土壤、地层、地下水和地表水水质构成的潜在威胁。图 5 - 32 为安徽省某市主城区土壤重金属空间分布三维模型。

4. 地质资源调查

主要开展城市地下水资源、地热、地下空间资源、矿产资源、建筑材料以及地质遗迹等地质资源调查。地热、矿产资源、建筑材料等地质资源调查，主要采用地球物理和钻探的方法，参照相关的矿产资源勘查技术要求进行。从城市安全的角度，重点开展了应急地下水源地的调查和评价。对于地下空间资源调查，主要依据三维地质结构调查结果，针对主要地质灾害和不良地质体的空间分布特征，评价地下空间开发和利用的适宜性。一般按照 0.15m、15.30m 和 30.60m 三个层次分别评价。评价方法可按软土地基、液化砂、地裂缝等单要素进行评价，也可按照多要素加权综合评价。

5. 城市地质信息综合管理与服务平台建设

城市地质调查需要建立一个集信息录入、数据管理、空间数据分析和可视化表达于一体的综合管理平台，实现以下三个层次的功能和服务。

（1）实现对城市地质及相关数据的有效管理。城市地质信息涉及地上、地表、地下三维空间信息，地质、地球物理、地球化学、遥感、钻探等多元、异构、海量数据。要实现这些数据的科学管理，必须建立在先进的数据库和管理平台上。6 个试点城市的信息管理系统分别采用了 Oracle 数据库和 Mapgis 三维数据管理平台，实现这些数据的科学管理。

（2）提供对城市地质及相关数据的可视化处理和专业分析。在科学有效地管理城市地质及相关数据的基础上，采用可视化技术直观、形象地表达地质数据的时空展布特征，建

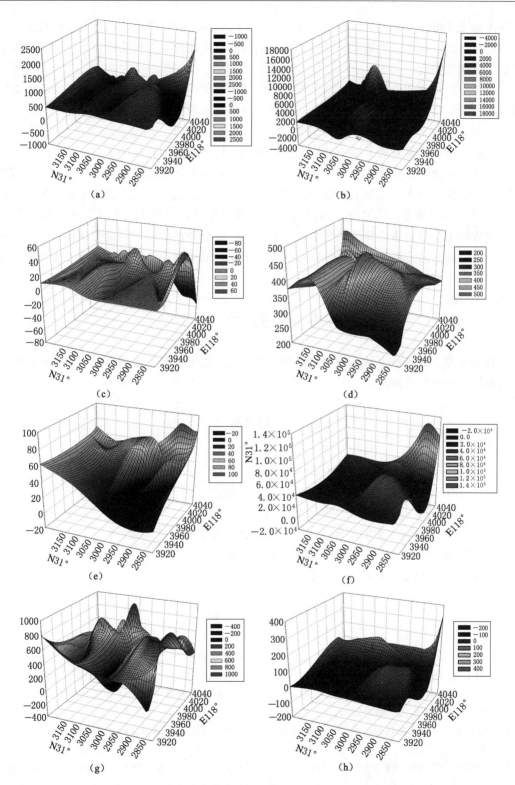

图 5-32 安徽省某市主城区土壤重金属空间分布三维模型

(a) Pb；(b) Ni；(c) Cd；(d) Co；(e) As；(f) Fe；(g) Mn；(h) Cr

立各类地质数据的三维模型。开发了地下复杂空间结构与关系的表达，以及空间数据的分析和处理功能。如进行土地质量评价、地下空间适宜性评价等分析系统，为政府规划决策提供了可视化平台。

（3）面向社会公众服务的信息发布系统。基于现代网络技术，开发研制三维城市地质信息公共查询和社会发布，为社会公众提供地质信息服务。

6. 地质资源环境承载能力综合评价

目前，我国主要开展了城市地壳稳定性评价、地下空间适宜性评价、土地利用适宜性评价、城市安全性风险性评价等。评价方法主要有单要素评价和综合评价两类。单要素评价主要依据某一要素在空间上的影响程度进行分区评价。而对综合评价主要采用层次分析法，基于 GIS 三维可视化平台，通过对众多属性数据整理、分类与分析研究，获得各因子层的重要度，通过决策评价系统中的专家评判法获取各评价因子的最优权值，并基于模糊集思想，确定各定性指标和定量指标的隶属级别，最后利用空间叠置分析方法完成综合评价。

本 章 关 键 词

地基工程、地基稳定性、崩塌、滑坡、泥石流、地下工程、水利水电工程、矿产资源开发利用、城市地质调查

思考题

1. 地质工程在国民经济建设中的重要性。
2. 结合有关地质灾害实例，简述其成因及其防治。
3. 常见水利水电工程地质问题及其防治。
4. 城市地下空间开发的重要意义及其涉及的主要工程地质问题。
5. 试述我国矿产资源开发利用现状、存在问题及对策。
6. 城市地质调查工作的要点及其重要意义。

参 考 文 献

［1］　潘懋，李铁锋. 灾害地质学：2 版［M］. 北京：北京大学出版社，2012.
［2］　钟立勋. 中国重大地质灾害实例分析［J］. 中国地质灾害与防治学报，1999，10（3）：1-10.
［3］　许强，黄润秋，殷跃平，等. 2009 年 6·5 重庆武隆鸡尾山崩滑灾害基本特征与成因机理初步研究［J］. 工程地质学报，2009，17（4）：433-444.
［4］　刘传正. 重庆武隆鸡尾山危岩体形成与崩塌成因分析［J］. 工程地质学报，2010，18（3）：297-304.
［5］　黄润秋. 20 世纪以来中国的大型滑坡及其发生机制［J］. 岩石力学与工程学报，2007，26（3）：433-454.
［6］　许强，李为乐，董秀军，等. 四川茂县叠溪镇新磨村滑坡特征与成因机制初步研究［J］. 岩石力

学与工程学报，2017，36（11）：17 - 33.

［7］ 邵崇建，李芷宇，李勇，等. 茂县滑坡的滑动机制与震后滑坡形成的地质条件［J］. 成都理工大学学报：自然科学版，2017，44（4）：385 - 402.

［8］ 张涛，杨志华，张永双，等. 四川茂县新磨村高位滑坡铲刮作用分析［J］. 水文地质工程地质，2019，46（3）：142 - 149.

［9］ 许强. 四川省 8·13 特大泥石流灾害特点、成因与启示［J］. 工程地质学报，2010，18（5）：596 - 608.

［10］ 胡凯衡，葛永刚，崔鹏，等. 对甘肃舟曲特大泥石流灾害的初步认识［J］. 山地学报，2010，28（5）：628 - 634.

［11］ 谢韬. 遥感和 GIS 技术支持下的大石峡水电站库区滑坡敏感性评价［D］. 成都：成都理工大学，2007.

［12］ 颜其林. 乌东德水电站左岸地下厂房 B 类角砾岩区域稳定性分析［J］. 水利建设与管理，2019，39（1）：7 - 16.

［13］ 钟登华，李明超，刘杰. 水利水电工程地质三维统一建模方法研究［J］. 中国科学：技术科学，2007，37（3）：455 - 466.

［14］ 王自高，何伟. 水电水利工程地质灾害问题分类［J］. 地质灾害与环境保护，2011，22（4）：35 - 40.

［15］ 刘义华，李发源. 水利工程地质灾害成因及预防措施探析［J］. 河南水利与南水北调，2016，（12）：96 - 97.

［16］ 陈德基，蔡耀军. 中国水利水电工程地质［J］. 资源环境与工程，2004，18（3）：5 - 13.

［17］ 陈德基. 关于全流域地质环境多层次、全方位的研究：以长江流域为例［J］. 工程地质学报，2003，11（2）：217 - 219.

［18］ 长江岩土工程总公司长江三峡勘测研究院. 长江流域水利水电工程地质［M］. 北京：中国水利水电出版社，2012.

［19］ 杨连生. 水利水电工程地质［M］. 武汉：武汉大学出版社. 2004.

［20］ 赵鹏大，陈建平. 21 世纪矿产资源经济展望［J］. 自然资源学报，2000，15（3）：197 - 200.

［21］ 陈毓川. 矿产资源展望与西部大开发［J］. 地球科学与环境学报，2006，57（1）：1 - 4.

［22］ 罗梅，徐争启，马代光. 矿产资源勘查与开发概论［M］. 北京：地质出版社. 2011.

［23］ 阳正熙，高德政，严冰. 矿产资源勘查学：3 版［M］. 北京：科学出版社. 2015.

［24］ 赵本钧. 冲击地压及其防治［M］. 北京：煤炭工业出版社. 1995.

［25］ 布霍依诺 G. 矿山压力和冲击地压［M］. 李玉生，译. 北京：煤炭工业出版社. 1985.

［26］ 潘一山，李忠华，章梦涛. 我国冲击地压分布、类型、机理及防治研究［J］. 岩石力学与工程学报，2003，22（11）：1844 - 1851.

［27］ 姜耀东，潘一山，姜福兴，等. 我国煤炭开采中的冲击地压机理和防治［J］. 煤炭学报，2014，39（2）：205 - 213.

［28］ 孙培善. 城市地质工作概论［M］. 北京：地质出版社，2004.

［29］ 金江军，潘懋. 近 10 年来城市地质学研究和城市地质工作进展述评［J］. 地质通报，2007，26（3）：366 - 370.

［30］ 段金平，刘维. 我国城市地质工作成绩斐然，基本完成上海、北京、天津、杭州、南京、广州城市地质调查试点［J］. 城市地质，2010，（4）：24 - 24.

［31］ 李烈荣，王秉忱，郑桂森. 我国城市地质工作主要进展与未来发展［J］. 城市地质，2012，7（3）：1 - 11.

［32］ 程光华，翟刚毅，庄育勋. 中国城市地质调查技术方法［M］. 北京：科学出版社，2013.

［33］ 程光华. 中国城市地质调查工作指南［M］. 北京：科学出版社，2013.

[34]　程光华，翟刚毅，庄育勋. 中国城市地质调查成果与应用［M］. 北京：科学出版社，2014.

[35]　吕敦玉，余楚，侯宏冰，等. 国外城市地质工作进展与趋势及其对我国的启示［J］. 现代地质，2015，（2）：466-473.

[36]　林良俊，李亚民，葛伟亚，等. 中国城市地质调查总体构想与关键理论技术［J］. 中国地质，2017，44（6）：1086-1101.

[37]　王金婷. 城市地质调查概述［J］. 华北国土资源，2018，86（5）：111-112.

[38]　张茂省，王化齐，王尧，等. 中国城市地质调查进展与展望［J］. 西北地质，2018，51（4）：5-13.

[39]　翁家杰. 地下工程［M］. 北京：煤炭工业出版社，l995.

[40]　陈立道. 朱雪岩. 城市地下空间规划理论与实践［M］. 上海：同济大学出版社，1997.

[41]　张敬渔. 关于制定北京市区地下建设总体规划的几点思考［J］. 城市规划，1994，（6）：51-54.

[42]　童林旭. 城市地下空间利用的回顾与展望［J］. 城市发展研究，1999，（2）：8-11.

[43]　赵晋友，黄松. 城市地下空间开发面临的机遇与挑战［J］. 地质与勘探，2013，49（5）：964-969.

[44]　黄强兵，彭建兵，王飞永，等. 特殊地质城市地下空间开发利用面临的问题与挑战［J］. 地学前缘，2019，26（3）：85-94.

[45]　韩文峰，谌文武，宋畅. 城市地下空间开发利用的工程地质与岩土工程［J］. 天津城建大学学报，2000，6（1）：1-5.

[46]　荣耀，吴江鹏，阳栋，等. 城市地下空间开发利用关键地质影响因素分析［J］. 桂林理工大学学报，2018，38（2）：79-84.

[47]　刘玉海. 中国城市工程地质类型划分及城市环境工程地质问题的探讨［J］. 长春地质学院学报（水文地质工程地质专辑），1986，39-46.

[48]　钱七虎. 可持续城市化与地下空间开发利用［C］// 中国岩石力学与工程学会. 中国岩石力学与工程学会第五次学术大会论文集. 北京：中国科学技术出版社，1998.

[49]　章立峰，闫自海，彭加强，等. 杭州地下空间发展展望与研究［J］. 隧道建设（中英文），2015，35（4）：285-291.

[50]　饶平平，李镜培. 合肥城市地下空间开发中的若干问题分析［J］. 地下空间与工程学报，2010，6（3）：444-448.

[51]　许圣泽. 城市地下空间开发利用规划研究［D］. 青岛：青岛理工大学，2010.

[52]　薛禹群，张云，叶淑君，等. 中国地面沉降及其需要解决的几个问题［J］. 第四纪研究，2003，23（6）：585-593.

[53]　王景明. 地裂缝及其灾害的理论与应用［M］. 西安：陕西科学技术出版社，2000.

[54]　彭建兵，卢全中，黄强兵，等. 西安地裂缝灾害［M］. 北京：科学出版社，2012.

[55]　彭建兵，卢全中，黄强兵，等. 汾渭盆地地裂缝灾害［M］. 北京：科学出版社，2017.

[56]　张培震，邓起东，张竹琪，等. 中国大陆的活动断裂、地震灾害及其动力过程［J］. 中国科学 D 辑：地球科学，2013，43（10）：1607-1620.

[57]　徐锡伟，于贵华，冉永康，等. 中国城市活动断层概论［M］. 北京：地震出版社，2015.

[58]　袁道先. 中国岩溶学［M］. 北京：地质出版社，1994.

[59]　Brekhman I Y，Krasovitskii B A. Thermal Interaction Between a Pipeline and The Surrounding Frozen Ground［J］. Journal of Engineering Physics，1984，46（2）：149-155.

[60]　Samata S，Ohuchi H，Matsuda T. A Study of The Damage of Subway Structures During the 1995 Hanshin-Awaji Earthquake［J］. Cement & Concrete Composites，1997，19（3）：223-239.

[61]　Kun M，Onargan T. Influence of The Fault Zone in Shallow Tunneling：A Case Study of Izmir Metro Tunnel［J］. Tunnelling and Underground Space Technology，2013，33：34-45.

[62]　Kiani M，Akhlaghi T，Ghalandarzadeh A. Experimental Modeling of Segmental Shallow Tunnels

in Alluvial Affected by Normal Faults [J]. Tunnelling and Underground Space Technology, 2016, 51: 108 - 119.

[63]　Wen K, Shimada H, Sasaoka T, et al. Numerical Study of Plastic Response of Urban Underground Rock Tunnel Subjected to Earthquake [J]. International Journal of Geo - Engineering, 2017, 8 (1): 28.

[64]　Peng J B, Huang Q B, Hu Z P, et al. A Proposed Solution to The Ground Fissure Encountered in Urban Metro Construction in Xi'an, China [J]. Tunnelling and Underground Space Technology, 2017, 61: 12 - 25.

[65]　李勤奋, 王寒梅, 陆衍, 等. 上海地面沉降模型研究及存在问题 [J]. 上海国土资源, 2002, (4): 11 - 15.

[66]　张阿根, 魏子新. 上海地面沉降研究的过去、现在与未来 [J]. 水文地质工程地质, 2002, 29 (5): 72 - 75.

[67]　王寒梅. 上海市地面沉降风险评价体系及风险管理研究 [D]. 上海: 上海大学, 2013.

[68]　晏同珍. 西安地面沉降及地裂缝阶段预测 [J]. 现代地质, 1990, (3): 101 - 109.

[69]　董克刚, 徐鸣, 于强, 等. 天津地面沉降区地下水资源超采和涵养恢复阈值的讨论 [J]. 地下水, 2010, 32 (1): 30 - 33.

[70]　吴怀娜, 顾伟华, 沈水龙. 区域地面沉降对上海地铁隧道长期沉降的影响评估 [J]. 上海国土资源, 2017, 38 (2): 9 - 12 + 25.

[71]　黄强兵. 地裂缝对地铁隧道的影响机制及病害控制研究 [D]. 西安: 长安大学, 2009.

[72]　刘妮娜. 地裂缝环境下的地铁隧道地层地震动力相互作用研究 [D]. 西安: 长安大学, 2010.

[73]　黄希强, 刘辉东. 断裂与广州地铁建设 [J]. 广州建筑, 2006, (5): 25 - 26.

[74]　闫培, 张永固, 周昌贤, 等. 厦门本岛轨道交通线路地震断层破坏效应评判 [J]. 工程地球物理学报, 2012, 9 (3): 322 - 325.

[75]　赵颖. 通过活断层区地铁隧道地震反应分析 [D]. 哈尔滨: 中国地震局工程力学研究所, 2014.

[76]　屈若枫. 武汉市地铁穿越区岩溶地面塌陷过程及其对隧道影响特征研究 [D]. 武汉: 中国地质大学 (武汉), 2017.

[77]　高诗明. 下伏岩溶地层地铁盾构隧道结构受力特性研究 [D]. 武汉: 中国地质大学 (武汉), 2017.

[78]　张勤, 朱代洪, 苟联盟, 等. 小浪底水利枢纽库坝区主要环境工程地质问题分析 [J]. 水利水电科技进展, 2001, 21 (6): 33 - 35.

[79]　张勤, 李磊, 赖道平, 等. 地质工程理论在小浪底地下厂房研究和建设中的应用 [J]. 水利水电技术, 2001, 32 (11): 28 - 30.

[80]　张勤, 厉渝生. 黄河小浪底水利枢纽工程及其特点 [J]. 河海科技进展, 1993, 13 (3): 40 - 43.